21世纪环境类专业新编数字融合系列教材
校企合作项目式教材

水环境监测

主　编　赵小娟　叶　云
副主编　牛青松　叶秀雅

武汉理工大学出版社
·武汉·

内容简介

本书重点介绍了水环境监测相关知识，主要内容包括水环境监测基础知识、水环境监测技能训练和综合能力训练三大模块，以项目的形式深入浅出地介绍了水环境监测概述、水环境相关标准、监测实验室质量保证、地表水监测、城镇污水监测、工业废水监测、水体综合监测与评价等内容。本书以相关工作任务和岗位职业能力分析为核心，以水环境监测能力培养为主线，以“任务引领，理实一体”的课程设计思路，根据岗位职业需求，结合学生学习特点编写而成，以实践性内容为主，以测定项目有关的“必要、够用”的理论知识为辅，通过项目任务整合相关知识、技能、素养，体现了“教学做”一体化培养高素质、技能型人才的要求。

本书可作为高职高专及高等职业本科院校环境监测技术、环境工程、资源环境科学以及其他环境类相关专业的教材和非环境类专业的环境素质教育教材，也可作为在环境保护领域工作的在职人员培训教材和学习参考资料。

图书在版编目（CIP）数据

水环境监测 / 赵小娟，叶云主编. -- 武汉 ：武汉理工大学出版社，2024. 11. -- ISBN 978-7-5629-7086-6

Ⅰ. X832

中国国家版本馆 CIP 数据核字第 2024TY6061 号

项目负责人：彭佳佳　徐　扬　陈军东　　**责任编辑**：彭佳佳
责任校对：王　威　　**封面设计**：兴和设计
出版发行：武汉理工大学出版社
地　　址：武汉市洪山区珞狮路 122 号
邮　　编：430070
网　　址：http：//www. wutp. com. cn
经　　销：各地新华书店
印　　刷：武汉市洪林印务有限公司
开　　本：787×1092　1/16
印　　张：18
字　　数：460 千字
版　　次：2024 年 11 月第 1 版
印　　次：2024 年 11 月第 1 次印刷
定　　价：49.60 元

凡购本书，如有缺页、倒页、脱页等印装质量问题，请向出版社发行部调换。
本社购书热线：027-87391631　87664138　87523148

21世纪环境类专业新编数字融合系列教材

编审委员会

出版说明

早在2002年我社就组织了全国十多所院校参与编写本套教材，时任教育部高等学校环境工程专业教学指导委员会秘书长、清华大学张晓健教授担任系列教材编审委员会名誉主任。全套教材各门课程的教学大纲、具体内容均由教学指导委员会审订，并将该系列教材确定为教学指导委员会向全国推荐的重点教材。

该系列教材正式出版后，已被众多学校选用，同时也得到了广大师生的一致好评。其中有6种教材被列为普通高等教育"十一五"国家级规划教材，它们是《大气污染控制工程》《环境工程微生物学》《环境工程基础》《噪声控制工程》《环境监测》《水污染控制工程》；在2014年推出的新1版中，《环境监测》《环境信息技术与统计分析》《环境影响评价》《噪声控制技术》被列为第一批全国环境保护优秀培训教材；还有多种教材荣获教育部全国高等学校优秀教材奖或优秀畅销书奖。这充分说明了教材编审委员会关于教材的定位、内容、结构和编写宗旨是符合专业教学需要和专业建设需要的。

随着时代的发展、科技的进步、教学的改革和知识的更新，该系列教材部分内容也渐渐变得陈旧，亟待再次修订。于是我社自2023年开始重新进行大规模调研，并整合相关资源后，组织相关院校的一些知名教授、教学名师，根据当前高等院校的最新教学改革要求，参考国家最新标准重新进行了一次较大的、全面的修订。

此次修订工作中，我们扎实推动党的二十大精神进教材，发挥课程思政在人才培养过程中的引领作用，注重思政元素在教材中的编排与体现。在技术方面，我们积极引用数字融合出版的各类新技术，使教材在课堂教学活动中以更丰富更生动的方式进行知识内容的迁移与转化。此外，我们还依据最新教学模式和教学方法，突出案例教学，牢牢把握住"理论够用、实践为重"的原则，并吸收近年来国内外环境治理工程的最新技术、最新方法，更加强调依据培养目标培养一线从事生产、服务和管理的应用型、技能型人才。

我们将切实做好为教学服务、为科研事业服务的工作，加强与行业的联系，使系列教材能及时地反映国家环保政策的变化、学术界最新的理论成果、行业应用的新设备及工艺流程，以达到提高专业人才培养质量的目的。

我们诚挚地希望使用该系列教材的师生对教材提出批评和建议，以便我们不断修订、完善、精益求精！

武汉理工大学出版社

2023年5月

前　　言

“水环境监测”是职业（本科）院校环保类及相关专业的核心课程。本书是以职业院校环境监测技术专业课程标准中“水环境监测”课程标准为依据，以相关工作任务和岗位职业能力分析为核心，以水环境监测能力培养为主线，以“任务引领，理实一体”的课程设计思路，根据岗位职业需求，结合学生学习特点编写而成。在编写过程中，以实践性内容为主，以与测定项目有关的“必要、够用”的理论知识为辅，通过项目任务整合相关知识、技能、素养，体现了“教学做”一体化培养高素质、技能型人才的要求；以真实工作任务为导向设计教学过程，将要求掌握的教学内容，设计成三大模块，每个模块包括若干项目，每个项目由若干任务组成，将理论知识融于实践中，每个任务按活动内容组织教学，在完成任务的过程中培养学生的职业能力，养成良好的职业规范，满足学生就业和职业发展的需要。教材中采用的测定方法全都来源于岗位上使用的国家标准，使教材内容更贴近岗位实际，能帮助学生尽快地上岗工作。

模块一水环境监测基础知识：项目一主要介绍水环境监测概述内容，从认识环境监测，到了解水资源及水污染状况，再熟悉水环境监测，知道水环境检测技术；项目二了解水环境相关标准，项日三熟悉监测实验室质量保证。模块二水环境监测技能训练，包括地表水监测、城镇污水监测和工业废水监测三大项目，每个项目下又包括若干检测任务。模块三综合能力训练：对校园景观水体水质监测、评价及净化方案进行综合探索。

本书突出实践性教学环节，以任务为核心，每个实操任务通过任务目标、任务分析、知识链接、任务实施、任务评价、练习巩固等栏目的编写，为学生讲解理论、安排实训任务，使学生边做边学，达到“做中学、学中做”的目的，促使学生在学习过程中发现问题、提出问题、思考问题，加强师生、生生之间的交流和讨论，注重任务中的过程评价，做到对操作过程完成度、实验结果准确度、知识掌握程度的全方位评价，促进学生全过程发展。

本书由广东轻工职业技术大学赵小娟、叶云担任主编，青海省科学技术信息研究所有限公司牛青松、广东轻工职业技术大学叶秀雅担任副主编。教材编写中得到了企业技术人员的支持，特别是广东思绿环保科技股份有限公司廖勇强（参与编写项目一、项目六任务一至任务二）、青海省科学技术信息研究所有限公司牛青松（参与编写项目二、项目七）、广东长天思源环保科技股份有限公司李孔贺（参与编写项目四任务一至任务三，项目五任务一至任务二）、广东贝源检测技术股份有限公司刘奔（参与编写项目三）等技术人员提供了很大的帮助，在此谨向所有朋友致以衷心的感谢。其余内容由广东轻工职业技术大学赵小娟、叶云、叶秀雅编写，全书由赵小娟进行统稿。

由于编者水平有限，书中难免存在疏漏和错误，敬请读者批评指正。

编　者

2024 年 6 月

目　录

模块一　水环境监测基础知识

项目一　水环境监测概述

项目概述

水环境是环境的最重要和最活跃的组成部分，也是环境中与人类关系最为密切、交互最活跃的部分，是环境监测中的重点和难点。影响水环境的因素有很多，目前人类活动成为影响水环境的最活跃的因素，甚至成为主要的影响因素。

本项目主要包括环境监测的基本内容、水环境污染及其危害、水环境监测概述、水环境监测技术等相关内容。

水环境监测是对水体的各种指标和水体中各种污染物进行系统观测和分析的过程，旨在评估水质状况、监测水环境变化，并为水资源管理和环境保护提供科学的数据支持。水环境监测的主要目标是确保水体的安全、健康和可持续利用。它对包括河流、湖泊、水库、地下水、海洋等在内的不同类型的水体进行监测。监测的内容主要涉及水质、水量、水文学特征、水生态系统等方面。而水质监测是水环境监测的重要组成部分，它涉及对水体中的物理、化学指标（如 pH 值、溶解氧、浊度、温度等）和生物学指标（如浮游植物、浮游动物、底栖动物等的种类及数量）进行监测，以评估水体的水质状况和寿命。水质监测还包括对有害物质（如重金属离子、有机污染物、微生物等）的监测，以及对水中如氮、磷等溶解盐浓度的监测。

水环境监测技术在全球范围内得到广泛应用，不仅在政府部门（例如环境管理机构）中发挥重要作用，也在水资源开发、工业企业、农业生产和环境保护等领域中得到广泛应用。通过监测水环境，我们可以及时发现水体污染问题、掌握水质变化趋势和了解生态系统健康状况，有助于采取针对性的措施，保护水资源、改善水环境质量，实现可持续发展目标。

另外，随着科技的不断进步，水环境监测也在不断发展创新。新兴技术，如无人机、遥感技术、传感器网络和人工智能等，为水环境监测提供了更高效、精准和自动化的手段，如自动监测站、遥感技术监测、分子生物学检测法等，可对水体进行实时或定期监测，并通过数据处理和分析提供准确的监测结果。这些技术的应用将进一步提升监测数据的质量和时空分辨率，为决策者和环境管理者提供更全面、准确的信息，以便更好地保护和管理水资源，实现水资源的可持续发展。

总之，水环境监测是保护水资源、维护生态平衡和保障人类健康的重要手段。通过系统的监测和数据分析，我们可以更好地了解水环境的状况和变化趋势，为做好环境保护决策提供科学依据，推动可持续的水资源管理和水环境保护。

思维导图

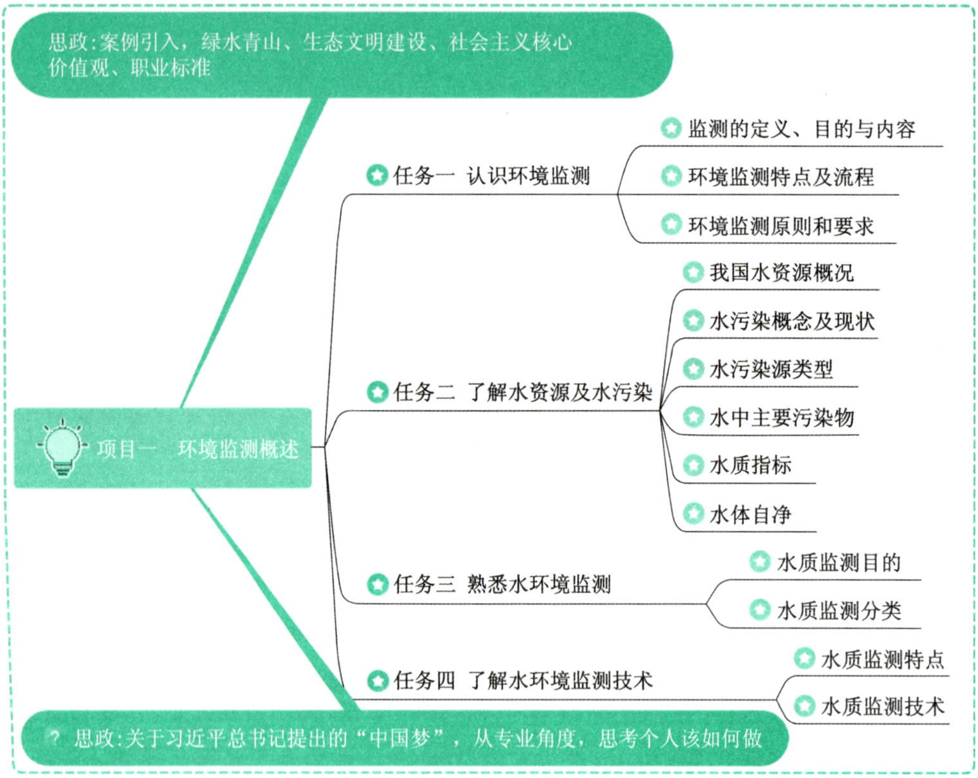

学习目标

1. 知识目标

(1)了解环境监测的技术方法和发展；

(2)熟悉环境监测的对象与特点；

(3)熟悉水环境监测的基本流程；

(4)掌握水环境监测的目的和内容。

2. 技能目标

(1)能够说出环境监测的概念、特点；

(2)能够说出水环境监测的目的和内容；

(3)能够说出水环境监测分类和要求；

(4)能够说出水环境监测的基本程序或工作过程；

(5)能选择正确的水环境监测项目和方法。

3. 素质目标

(1)培养学生的环境保护意识及环境道德观念，树立正确的环保理念；

(2)培养学生作为环保人的使命与担当，树立正确的人生观与社会主义核心价值观；

(3)培养学生的专业自信与个人自信。

学习任务

任务一　认识环境监测

我们都知道环境监测，但环境监测主要是做什么的呢？为什么要进行环境监测？如何进行环境监测呢？

本次任务，主要介绍环境以及环境监测的相关内容，包括环境监测的定义、目的、内容，环境监测的特点和流程等。

一、环境相关基本概念

(一)环境

一般而言，环境是指围绕中心事物的周围事物。不同的学科，对环境有不同的定义。环境科学所称的环境主要是指人类的生存环境，其含义是以人类社会为主体的外部世界的总体。环境包括了已经为人类所认识的，直接或间接影响人类生存和发展的物理世界的所有事物。它既包括未经人类改造过的众多自然要素，如阳光、空气、陆地、天然水体、天然森林和草原、野生生物等；也包括经过人类改造过和创造出的事物，如水库、农田、园林、村落、城市、工厂、港口、公路、铁路等。它既包括这些物理要素，也包括由这些要素构成的系统及其所呈现的状态和相互关系。

环境保护法所指的环境与通常意义上所说的环境有所不同。我国现行《中华人民共和国环境保护法》规定："本法所称环境，是指影响人类生存和发展的各种天然的和经过人工改造的自然因素的总体，包括大气、水、海洋、土地、矿藏、森林、草原、野生生物、自然遗迹、人文遗迹、自然保护区、风景名胜区、城市和乡村等。"这个定义中的"环境"，主要有如下两层含义。

首先，环境的范畴不是无限的，它仅相对于人类而言，特指对人类的生存与发展有影响的那些自然因素的总体，而不包括社会或经济等其他因素在内；它是有一定范围的、并能够通过法律手段来保护的环境。

其次，这一定义把环境分为两大类：一类是“天然的自然因素总体”，即通常所说的自然环境，其特点是天然形成、无人工干预；另一类是“经过人工改造的自然因素总体”，即在天然的自然因素基础上，人类经过有意识地劳动而构造出的有别于原有自然环境的新环境，如人文遗迹、风景名胜区、城市和乡村等。我国环境保护法对这两类环境均予以保护。

（二）环境要素

构成环境整体的各个独立的、性质各异而又服从总体演化规律的基本物质组分称为环境要素，也叫环境基质。环境要素分自然环境要素和社会环境要素。

目前研究较多的环境要素通常是自然环境要素，包括水、大气、生物、土壤、岩石、阳光等。环境要素组成环境结构单元，环境结构单元又组成环境系统，例如由水组成河流、湖泊和海洋等水体，地球上的全部水体又组成水圈（水环境整体）；由土壤组成农田、草地和林地等土体；由岩石组成岩体，全部岩石和土壤构成岩石圈或称土壤-岩石圈；由生物体组成生物群落，全部生物群落构成生物圈。

环境要素具有一些非常重要的属性，这些属性决定了各个环境要素间相互联系和作用的性质，是人们认识环境、改造环境的基本依据。

（三）环境质量

所谓环境质量，一般是指一处具体环境的总体或某些要素对于人群的生存和繁衍以及社会发展的适宜程度，是反映人群对环境要求和环境状况的一种描述。环境质量通常要通过选择一定的指标（环境指标）对其量化。自然灾害、资源利用、废物排放以及人群的规模和文化状态都会影响甚至改变一个区域的环境质量。

（四）水环境

水环境是指围绕人群空间及可直接或间接影响人类生活和发展的水体及其正常功能的各种自然因素和有关的社会因素的总体。

水环境主要由地表水环境和地下水环境两部分组成。地表水环境包括河流、湖泊、水库、海洋、池塘、沼泽、冰川等水体及环境要素；地下水环境包括浅层地下水、深层地下水等水体及环境要素。水环境是构成环境的基本要素之一，是人类社会赖以生存和发展的最重要的场所，也受人类影响和破坏最严重。

（五）水环境要素

水环境要素是指构成水环境整体的各个独立的、性质不同的而又服从整体演化规律的基本物质单元。

（六）水环境质量

水环境质量是指水环境对人群的生存和繁衍以及社会经济发展的适宜程度，通常指水环境遭受污染的程度。

（七）水环境监测

水环境监测就是按照水的循环规律（降水、地表水和地下水），对水的质和量以及影响生态与环境质量的各种人为和自然因素所进行的统一的定时或随时监测。

二、环境监测的定义、目的与内容

（一）环境监测的定义

环境监测是在环境分析的基础上发展起来的一门学科，是环境学科的一个重要分支学科。环境监测是运用现代科学技术方法检测和监测代表环境质量与变化趋势的各种数据，即通过对影响环境质量因素的代表值的测定，确定环境质量（或污染程度）及其变化趋势，分析其环境影响过程与程度。

（二）环境监测的目的

环境监测的目的是准确、客观、及时地揭示环境因子的时空分布和变化规律，对环境质量及其变化做出正确的评价。环境监测的实质是用环境质量指标对环境介质进行表征，围绕环境质量指标是什么、如何测以及有何用，开展环境介质的监测。

（三）环境监测的内容

根据环境监测的定义，环境监测的内容主要包括以下五个方面：

①通过对环境因子长期、定时、定点监测，为研究环境背景值、环境容量、污染物总量控制、环境目标管理和环境质量预测及预报提供基础数据。

②根据污染物的分布特点、迁移规律和影响因素，追踪污染源，预测污染趋势，为控制污染提供依据。

③为开展科学研究或环境质量评价提供依据。

④为保护人类健康，保护生态环境，合理使用自然资源，制定环境法规、标准、规划等提供依据。

⑤通过应急监测为正确处理污染事故提供服务。

（四）环境监测的对象

环境监测的对象包括反映环境质量变化的各种自然因素；对人类活动与环境有影响的各种人为因素；对环境造成污染危害的各种成分。具体来说，主要包括水体、大气、土壤、生物、噪声和辐射等环境要素。

从 20 世纪 70 年代以来，随着人们对环境问题的日益关注，环境监测的范围、精度、准确度不断提高，而新的规范标准、新技术、新理论极大地促进了环境监测学科的发展，环境监测的概念不断地深化，监测项目也日益增多，监测范围不断地扩大，从断面发展到一个城市、一个区域、整个国家乃至全球。

三、环境监测的特点及流程

（一）环境监测的特点

①综合性：体现在三个方面，包括监测手段，监测对象，以及对监测数据的处理。其中监测手段涵盖了化学、物理、生物、物理化学、生物化学及生物物理等学科，监测对象包括大气、水体（江、河、湖、海及地下水）、土壤、固体废物、生物、噪声、辐射等。对监测数据的处理主要指对监测数据进行统计处理、综合分析，涉及该地区的自然和社会各个方面

情况。

②连续性：坚持长期测定，揭示变化规律。

③追踪性：保证数据的准确性和可比性。

④生产性：数据就是环境监测的基本产品。

(二)环境监测的基本程序

环境监测的构成环节包括确定目的、现场调查、制定方案、实施方案、评价结果、报告结果等。如图1.1所示。

①接受、熟悉监测任务(明确监测目的、要求)。

②根据监测目的，进行现场调查，收集相关信息和资料(地理位置、水文、气候、地质、地形、地貌、气象、社会经济发展状况、城市人口分布等，以及环境概况、污染源、污染物及排放情况)。

③根据监测技术路线，设计并制定监测方案(包括监测项目、监测网点、监测时间、监测方法等)。

④实施方案(布点采样、样品预处理、样品分析测试等)，具体包括优化布点(监测点位置、数量)、样品采集(设备、方法)、样品运送保存(方法、条件)、分析测试(样品预处理，分析测试方法，条件)，制定质量保证体系。

⑤进行数据处理，由于监测误差存在于环境监测全过程的始终，只有在可靠的采样和分析测试的基础上运用数理统计的方法处理数据，才可得到符合客观要求的数据；

⑥环境质量综合评价，编制并提交报告。

注意，必须进行全流程的质量控制。

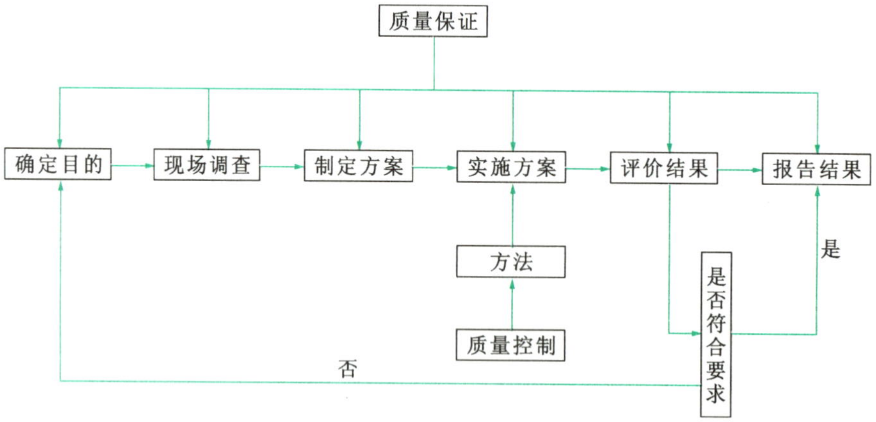

图1.1 环境监测的一般工作程序

四、环境监测的原则和要求

(一)环境监测的原则

环境中污染物质种类繁多，环境监测不能分析监测所有的污染物。环境监测应根据需要和可行性，合理选择监测对象。因此，环境监测应遵循优先监测的原则。对优先污染物进行的监测称为优先监测。优先污染物是指难以降解、在环境中有一定残留水平、出现频率较高、具有生物积累性、毒性较大且现代已有检出方法的化学品。

综上所述，优先监测原则就是对下列污染物实行优先监测。

①对环境影响大的污染物。

②已有可靠的测试手段和有效的分析方法，能获得准确、可靠、有代表性的数据的污染物。

③已有环境标准或其他依据的污染物。

④在环境中的含量已接近或超过规定的标准浓度，且污染趋势还在上升的污染物。

⑤环境样品有广泛代表性的污染物。

(二)环境监测的要求

环境监测是环境保护技术的主要组成部分，它既能为了解环境质量状况、评价环境质量提供信息，也能为制定管理措施，建立各项环境保护法令、法规、条例提供决策依据。因此，环境监测工作一定要保证监测结果的准确、可靠，能科学地反映实际。具体地说，环境监测的要求就是监测结果要具有"五性"。

1. 代表性

代表性是指在具有代表性的时间、地点，按规定的采样要求采集有效样品。

2. 准确性

准确性指测定值与真实值的符合程度。监测数据的准确性会受到试样的现场固定、保存、运输、实验室分析等环节影响，一般以监测数据的准确度来表征。准确度常用以度量一个特定分析程序所获得的分析结果(单次测定值或重复测定值的均值)与假定的或公认的真值之间的符合程度。准确度用绝对误差或相对误差表示。

3. 精密性

精密性指测定值有无良好的重复性和再现性。精密性以监测数据的精密度表征。精密度是使用特定的分析程序在受控条件下重复分析均一样品所得测定值之间的一致程度。精密度通常用极差、平均偏差和相对平均偏差、标准偏差和相对标准偏差表示，较常用的是标准偏差。

4. 可比性

可比性指用不同的测定方法测量同一污染物时，所得出的结果的吻合程度。可比性不仅要求各实验室之间对同一样品的监测结果应相互可比，还要求每个实验室对同一样品的监测结果应该达到相关项目之间的数据可比。相同项目在没有特殊情况下，历年同期的数据也应是可比的。要求实现时间、空间上的可比性，并实现国际、行业间数据的一致性。

5. 完整性

完整性强调工作总体规划的切实完成，即保证按预期计划取得有系统性和连续性的有效样品，而且无漏缺地获得这些样品的检测结果及有关信息。

任务二　了解水资源及水污染

日常生活中我们都离不开水，但大家真正关注过水资源情况吗？当前的水污染包括哪些呢？水体主要污染物又主要包括什么？

本次任务，就给大家介绍水资源概况以及水污染情况及危害，水污染源的类型及主要污染物，以及常规水质监测指标等内容。

水环境的污染和破坏已成为当今的主要环境问题之一。水环境问题是由于自然因素和人为影响，水体的水文、资源与环境特征向不利于人类利用的方向演变而产生的。当前面临的水环境问题主要有洪涝灾害、干旱缺水、河流干涸、河口淤积、水体污染、水土流失、地下水位持续下降、海咸水入侵等。水环境同其他环境要素，如土壤环境、生态环境、大气环境等构成了一个有机的综合体，它们之间彼此联系、相互影响、相互制约。当改变或破坏某一区域的水环境状况时，必然引起其他环境要素发生变化。如实施调水工程将改变调入或调出地区的水环境特征，从而导致该地区的土壤、小气候和植被发生变化等问题。

一、我国水资源概况

PDF

我国水资源概况

水资源问题是当今全世界最受关注的焦点问题之一。我国幅员辽阔、水资源十分丰富，但属多水患国家并且人均占有量少。随着我国经济的快速发展和水资源开发活动的大力开展，水资源保护压力越来越大。

二、水污染及其危害

（一）水污染概念

水污染是指某种物质进入水体，导致水体的化学、物理、生物等方面特性的改变，从而影响水的有效利用，危害人体健康或者破坏生态环境，造成水质恶化的现象。水污染有多种含义，但其基本要点是指在一定时期内引入水体中的某种污染物所造成的不良效应。造成水体污染的因素是多方面的，如向水体排放未经妥善处理的城市污水和工业废水，化肥、农药及城市地面的污染物进入水体，其他污染物被雨水冲刷随地面径流进入水体，随大气扩散的有毒物质通过重力沉降或降水过程而进入水体等。

（二）水污染现状

没有水，就没有生命。但是，现代社会人口增长、工农业生产活动和城市化急剧发展，对有限的水资源及水环境产生了巨大的冲击，被视为生命之源的水受到污染后，成了威胁人类健康的“头号杀手”。据世界卫生组织估计，仅饮用了不安全的水以及缺乏卫生用水而得的疾病导致的死亡总人数每年在500万以上。然而，地球上极有限的淡水，正越来越多地受到污染。

2023年《联合国世界水发展报告》显示，在水污染方面，未经处理的废水是最大的污染源，全球范围内，平均有80%的废水没做任何处理就被排放到生态环境中，而在一些发展中国家，该比例甚至高达99%。

全世界每天约有数百万吨垃圾被倒进河流、湖泊和小溪，1L废水会污染8L淡水。美国40%的水资源流域被加工食品废料、金属、肥料和杀虫剂污染；欧洲检测过的55条河流中仅有5条水质勉强合格。淡水资源本就紧缺，还遭受污染，无异于雪上加霜。然而，与陆地水污染不同的是，海洋水污染则具有污染源多、持续性强、扩散范围广、难以控制的特点。海洋水污染的来源包括工业废水排放，化肥农药流入，生活污水，石油泄漏，核废水等，主要还是人类活动产生的污染物造成的。

此前，日本将核废水排放入海也引起了全世界愤怒。这些含有放射性物质的核废水排放入海，对海洋生物资源、渔业和人类健康产生巨大威胁。据国际组织对日本福岛核电站附近海域监测显示，核电站周边海域中放射性物质含量明显高于其他物质，受核辐射影响，动植物可能会产生变异。

另外，还有石油泄漏。每年排入海洋的石油污染物约1000万吨，主要是由工业生产，包括海上油井管道泄漏、油轮事故、船舶排污等造成。但如果是一些突发性的事故，一次泄漏的石油量就可达10万吨以上。

（三）水体污染对水环境的破坏

20世纪70年代后，随着全球工业生产的发展和社会经济的繁荣，水体污染日益严重。水体污染的主要来源有以下几方面。

工业生产过程的各个环节都会产生废水，除了工业废水直接注入水体引起污染外，废物和废气也会污染水体。影响较大的工业废水主要来自冶金、化工、印染、电镀、造纸、制革等行业。

农业污染首先是由于耕作、开荒等致使土地表面疏松，在土壤和地形还未稳定时降雨，大量泥沙流入水中，增加水中的悬浮物。还一个重要原因是化肥和农药使用量日益增多，而使用的农药和化肥只有少量附着或被吸收，其余绝大部分会残留在土壤里，或漂浮在大气中，再通过降雨回到地面。这些残留物经过地表径流的冲刷进入地表水和渗入地下水造成水污染。

城市污染是由城市人口集中，城市生活污水、垃圾和废气造成的。特别是生活污水，其中包括厨房、浴室和厕所排出的污水。来自医疗单位的污水也是一类特殊的生活污水。

工业生产过程中产生的固体废弃物含有大量的易溶于水的无机物和有机物，这些物质受雨水冲淋进入水体也会造成水体污染。事实上，水体会同时受到多种性质的多重污染，并且各种污染之间还互相影响，不断地发生着分解、化合或生物沉淀作用。

水体污染主要通过两种方法来确定：一是看水体是否呈现各种不正常的颜色，水面上是否有异常漂浮物；二是闻水面是否散发出臭味、腥味等异味；当然，通过用专业仪器测试、分析来确定是最为科学的手段。

（四）水污染的危害

水体污染会破坏水环境，对人类健康以及农业、渔业等经济活动造成严重的危害。据联合国卫生组织估计，目前全球1/4的人口患病是由水污染引起的。每天约有2.5万人因饮用被污染了的水而死去，其中大部分是抵抗力和免疫力弱的儿童，每年仅因饮用污染的水而死于腹泻的儿童就有460万人左右。

1. 病原体污染

病原体污染物主要是指病毒、病菌、寄生虫等，主要危害表现为传播疾病。病菌可引起痢疾、伤寒、霍乱等；病毒可引起病毒性肝炎、小儿麻痹症等；寄生虫可引起血吸虫病、钩端螺旋体病。

2. 富营养化污染

含植物营养物质的废水进入天然水体，会造成水体富营养化，藻类大量繁殖，使水中缺氧，导致鱼类死亡。水中含氮化合物的增多，还对人畜健康带来很大的影响，轻则中毒，重则致癌。

3. 无机物污染

这种污染使水体pH值发生变化，破坏其自然缓冲作用以及消灭或抑制细菌及微生物生长的作用，从而阻碍了水体自净能力。同时，增加水中无机盐类的浓度和水的硬度，给工业和生活用水带来不利因素，并引起土壤盐渍化。重金属无机物如汞、镉还会造成水俣病、骨痛病等公害病。

4. 有机物污染

有机物污染物因须通过微生物的生化作用分解和氧化，所以会大量消耗水中的氧气。微生物快速繁殖，使水中缺氧，引起有机物的嫌气发酵，使水质变黑发臭，毒害鱼类和其他水生生物。

5. 油类污染

油类污染的危害在于原油或其他油类在水面形成油膜，隔绝氧气与水体的气体交换，在漫长的氧化分解过程中会消耗大量的水中溶解氧。这不仅不利于水的利用，还会造成鱼类死亡，危害水栖鸟类生存。

三、水污染源类型

（一）按污染源排放时间分类

包括连续性污染源、间断性污染源和瞬时性污染源。连续性污染源又可分为连续均匀性污染源和连续非均匀性污染源。

（二）按污染源在空间分布方式分类

包括点污染源（如城市污水和工矿企业、船舶等废水排放口）和面污染源（如农田排水、地表径流）。

点源是指以点状形式排放而造成水体污染的发生源，如一般工业污染源排放的工业废水和生活污染源排放的生活污水等通过管道、沟渠集中排入水体。这种点源含污染物多，成分复杂，其排放特点一般具有连续性，水量的变化规律取决于工矿的生产特点和居民的生活习惯，一般既有季节性，又有随机性。

面源是以一定面积的形式分布和排放污染物而造成水体污染的发生源。如农田排水、矿山排水，城市和工矿区的路面排水等。这些排水有时由地面直接汇入水体，有时通过管道或沟渠汇入水体。其特点是发生时间都在降雨形成径流之时，具有间歇性，其变化遵循降雨和形成径流的规律，并受地面状况（植被、铺装情况、坡度）的影响。

(三)按污染源位置分类

包括固定污染源和流动污染源。固定污染源数量多、危害大，是造成水污染的最主要污染源。

(四)按污染物属性分类

包括物理污染源、化学污染源、生物污染源（致病菌、寄生虫与卵）以及同时排放多种污染物的复合污染源。

(五)按污染物分类

包括无机污染源、有机污染源、热污染源、放射性污染源等。

其中，无机污染物分无直接毒害作用的无机污染物和有直接毒害作用的无机污染物两类。

①无直接毒害作用的无机污染物大致有三种类型：砂粒、矿渣类颗粒状物质，酸、碱无机盐类，氮、磷等营养物。这类污染物并不是绝对无毒害作用，当这些污染物达到一定浓度，也会呈现出毒害作用。水中酸、碱达到一定浓度将对人、畜、水生生物造成危害，此外，对管道和污水处理设备有腐蚀作用。氮、磷是导致湖泊、海湾、水库等缓流水体富营养化的主要物质。污水中的氮可分为有机氮和无机氮，前者是含氮化合物，如蛋白质、尿素等，后者有氨氮、硝酸氮等。硝酸盐本身无毒，若在人体中被还原为亚硝酸盐，再与仲胺作用会形成亚硝胺，而亚硝胺则对人体有害，是致癌、致变异和致畸的“三致”物质。

②有直接毒害作用的无机污染物主要包括非重金属无机有毒物质和重金属离子。非重金属无机有毒物质主要有氰化物和砷化物，重金属主要有汞(Hg)、镉(Cd)、铬(Cr)、铅(Pb)、锌(Zn)、铜(Cu)、镍(Ni)、锡(Sn)、铁(Fe)、锰(Mn)等。氰化物、砷化物和汞(Hg)、镉(Cd)、铬(Cr)、铅(Pb)是国际上公认的六大毒性物质，此类物质在污染控制中必须严格控制，绝对不容许超标排放。

城市污水中的有机污染物按生物降解的难易程度可分为易于生物降解的有机污染物和难以生物降解的有机污染物。

①易于生物降解的有机污染物多包括碳水化合物、蛋白质、脂肪等自然生成的有机物。这类物质不稳定，任何条件下，它们都要向稳定的无机物质转化。在有氧条件下，在好氧微生物作用下进行转化；在无氧条件下，则在厌氧微生物作用下进行转化。

②难以生物降解的有机污染物多属于人工合成的有机物质，如农药(DDT、六六六及有机氯农药等)、醛、酮、酚以及聚氯联苯、芳香族氨基化合物、塑料、合成橡胶、人造纤维和染料等。这类物质不易为微生物所分解，都对人类健康有害，只是危害程度和作用方式不同。

(六)按导致水污染的人类社会活动分类

包括生活污染源、农业污染源、工业污染源。其中，工业污染源是造成水污染的最主要来源。由于工业门类繁多，生产过程复杂，因此污染物种类多，数量大，毒性各异，污染物不易净化，故对水环境危害最大。

四、水体主要污染物

当污染物进入河流、湖泊、海洋或地下水等水体后，其含量超过了水体的自净能力，使水质和底质的物理、化学性质或生物群落组成发生变化，形成了直接或间接损害人类健康的物质，从而降低了水体的使用价值、减少了水体的使用功能。有些污染物进入水体后通过化学反应、物理和生物作用会转变成新的危害更大的污染物质，也可能降解成无害的物质。

水的污染有两类：一类是自然污染；另一类是人为污染。当前对水体危害较大的是人为污染。水污染可根据污染杂质的不同而主要分为化学性污染、物理性污染和生物性污染三大类。水污染物类型的特点如表1.1所示。

表1.1　水污染物类型的特点

类型	化学性污染		物理性污染	生物性污染
	有机污染	无机污染		
主要特点	氧化分解； 腐殖质、异味； 有毒的物质	溶解盐； 酸碱； 有毒的物质	色相污染； 浊度污染； 水温污染； 悬浮物； 泡状物； 放射性污染； 气体溶解	病原细菌、寄生虫； 污水中产生的菌类； 其他污水产生的微生物

（一）化学性污染物

1. 无机污染物质

污染水体的无机污染物质有酸、碱和一些无机盐类。酸碱污染使水体的pH值发生变化，妨碍水体自净作用，还会腐蚀船舶和水下建筑物，影响渔业。

2. 无机有毒物质

污染水体的无机有毒物质主要是重金属等有潜在长期影响的物质，主要有汞、镉、铅等元素。

3. 有机有毒物质

污染水体的有机有毒物质主要是各种有机农药、多环芳烃、芳香烃等。它们大多是人工合成的物质，化学性质很稳定，很难被生物所分解。

4. 需氧污染物质

生活污水和某些工业废水中所含的蛋白质、脂肪、酚和醇等有机物质可在微生物的作用下进行分解。在分解过程中需要氧气，故称之为需氧污染物质。

5. 植物营养物质

主要是生活与工业污水中的含氮、磷等植物营养物质，以及农田排水中残余的氮和磷。

6.油类污染物质

主要指石油对水体的污染，尤其海洋采油、油轮事故污染最甚。

(二)物理性污染物

1.悬浮物质污染

悬浮物质是指水中含有的不溶性物质，包括固体物质和泡沫塑料等。它们是由生活污水、垃圾和采矿、采石、建筑、食品加工、造纸等产生的废物泄入水中或农田的水土流失所引起的。悬浮物质影响水体外观，妨碍水中植物的光合作用，减少氧气的溶入，对水生生物不利。

2.热污染

来自各种工业过程的冷却水，若不采取措施，直接排入水体，可能引起水温升高、溶解氧含量降低、水中存在的某些有毒物质的毒性增加等现象，从而危及鱼类和水生生物的生长。

3.放射性污染

由于原子能工业的发展，放射性矿藏的开采，核试验和核电站的建立以及同位素在医学、工业、研究等领域的应用，使放射性废水、废物显著增多，造成一定的放射性污染。

(三)生物性污染物

各种致病性微生物、寄生虫等都属于生物性污染物，它们主要来自生活污水、医院污水、制革、屠宰及畜牧污水。

生活污水，特别是医院污水和某些工业废水污染水体后，往往可以带入一些病原微生物。例如某些原来存在于人畜肠道中的病原细菌，如伤寒、副伤寒、霍乱细菌等都可以通过人畜粪便的污染而进入水体，随水流动而传播。一些病毒，如肝炎病毒、腺病毒等也常在污染水中发现。某些寄生虫病，如阿米巴痢疾、血吸虫病、钩端螺旋体病等也可通过水进行传播。防止病原微生物对水体的污染也是保护环境、保障人体健康的一大课题。

五、水质指标

水的质量简称水质，它是指水和其中所含的杂质共同表现出来的综合特性。描述水质量的参数就是水质指标，水质指标表示水中所含杂质的种类、成分和数量，它是描述水质状况的一系列标准。同时，针对水中存在的具体杂质或污染物，提出了相应的最低数量或最低浓度的限制和要求。

水质指标项目繁多，因用途的不同而各异。其中有的水质指标从名称就可以看出具体的杂质成分，如汞、镉、砷、硝酸根、氰化物等；有的水质指标反映了若干杂质成分共同影响的结果，如碱度、硬度等；有的水质指标则是许多污染杂质的综合性指标，如浑浊度、生化需氧量、化学需氧量等。

水体污染有时可以直接地察觉到，例如，水改变了颜色，变得浑浊，散发出难闻的气味，某些生物的减少或死亡，某种生物的出现或骤增等。但有时水体污染是直观察觉不出来的，需要借助仪器观察分析或调查研究。通常采用水质指标来衡量水质的好坏和水体被污染的程度。水质指标项目繁多，一般分为物理指标、化学指标和生物指标三大类。

（一）物理指标

1. 感官物理性指标

如温度、色度、嗅味、浑浊度和透明度等。

2. 其他物理性指标

如总固体、悬浮固体、电导率等。

①总固体：水样在 103～105 ℃下蒸发干燥后所残余的固体物质总量，也称蒸发残余物。

②悬浮固体和溶解固体：水样过滤后，滤样截留物蒸干后的残余固体量称为悬浮固体；滤过液蒸干后的残余固体量称为溶解固体。

③挥发性固体和固定性固体：在一定温度下（600 ℃）将水样中经蒸发干燥后的固体灼烧而失去的重量，称为挥发性固体，可略表示有机物含量；灼烧后残余物质的重量称为固定性固体。

④电导率：电导率是指某一温度下一定体积溶液的电导，即在 25 ℃时面积为 1 cm^2，间距为 1 cm 的两片平板电极间溶液的电导。

（二）化学指标

1. 一般化学性水质指标

如 pH 值、碱度、硬度、各种阴阳离子、一般有机物等。

2. 有毒化学性水质指标

如氰化物、多环芳烃、各种农药等。

3. 有关氧平衡指标

如溶解氧（DO）、生化需氧量（BOD）、化学需氧量（COD）、总需氧量（TOD）等。

4. 营养元素指标

如氨氮、硝态氮、亚硝态氮、有机氮、总氮、可溶解性磷、总磷、硅等。

5. 金属化合物指标

如汞、铜、铅、锌、镉、铬等。

（三）生物指标

生物性水质指标，如细菌总数、总大肠菌群数、各种病原细菌、病毒等。

六、水体自净

水体本身有一定的净化污水的能力，即经过水体的物理、化学与生物的作用，使污水中污染物的浓度得以降低，使水体由不洁恢复为清洁，经过一段时间后，水体往往能恢复到受污染前的状态，这一过程称为水体的自净过程。如图 1.2 所示。

地面水的自净过程主要包括混合、日光照射、稀释、沉降、挥发、逸散、中和、有机物的分解、耗氧与复氧以及微生物死亡等。水体自净的结果是感官性状可基本恢复到污染前的状态，分解产物稳定，水中溶解氧增加，生化需氧量降低，有害物质浓度降低，致病菌大部分被消灭，细菌总数减少等。但水体的自净作用有一定限度，超过此限度，水质无法有效自净，从而进一步恶化。

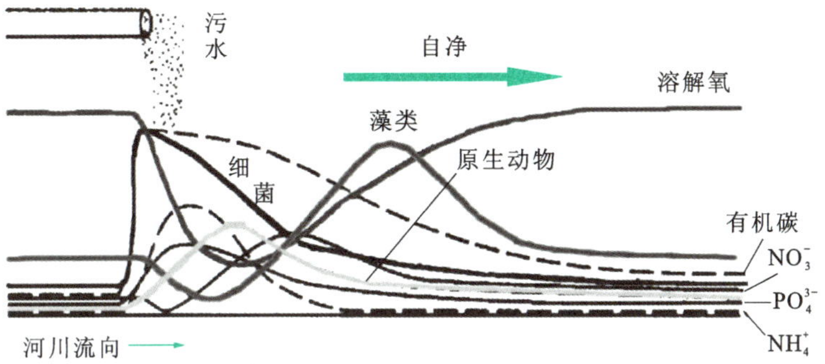

图 1.2　水体自净过程

水体自净的定义有广义与狭义两种：广义的水体自净指受污染的水体，经过水中物理、化学与生物作用，污染物浓度降低，并基本恢复或完全恢复到污染前的状态；狭义的水体自净指水体中的微生物氧化分解有机物而使得水体得以净化的过程。

有机物自净过程，一般分为三个阶段。如图 1.3 所示，第一阶段进行的是易被氧化的有机物的化学氧化分解，该阶段在污染物进入水体以后数小时之内即可完成。第二阶段进行的是有机物在水中微生物作用下的生物化学氧化分解，该阶段持续时间的长短随水温、有机物浓度、微生物种类与数量等的不同而不同，一般要延续数天，但被生物化学氧化的物质一般在 5 天内可全部完成。第三阶段进行的是含氮有机物的硝化，这个过程最慢，一般要延续一个月左右。

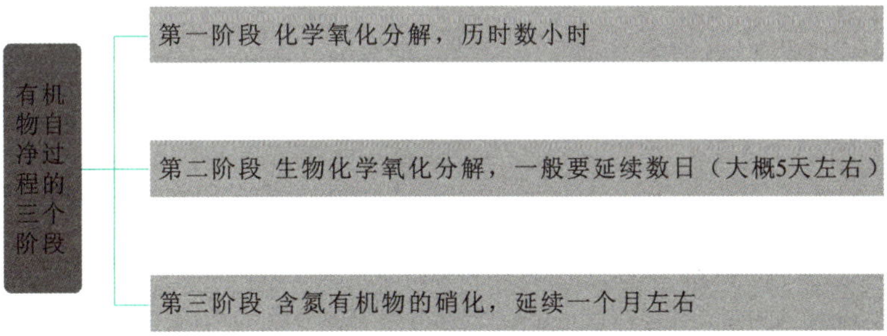

图 1.3　有机物自净过程

废水或污染物一旦进入水体，就开始了自净过程，其特征如图 1.4 所示。该过程由弱到强，直到趋于恒定，使水质逐渐恢复到正常水平。全过程的特征是：

①进入水体中的污染物，在连续的自净过程中，总的趋势是浓度逐渐下降。

②大多数有毒污染物经各种物理、化学和生物作用，转变为低毒或无毒物。

③重金属类污染物，从溶解状态被吸附或转变为不溶性化合物，沉淀后进入底泥。

④复杂的有机物，如碳水化合物、脂肪和蛋白质等，在溶解氧富余或缺氧条件下，都能被微生物利用和分解，先降解成较为简单的有机物，再进一步分解为二氧化碳和水。

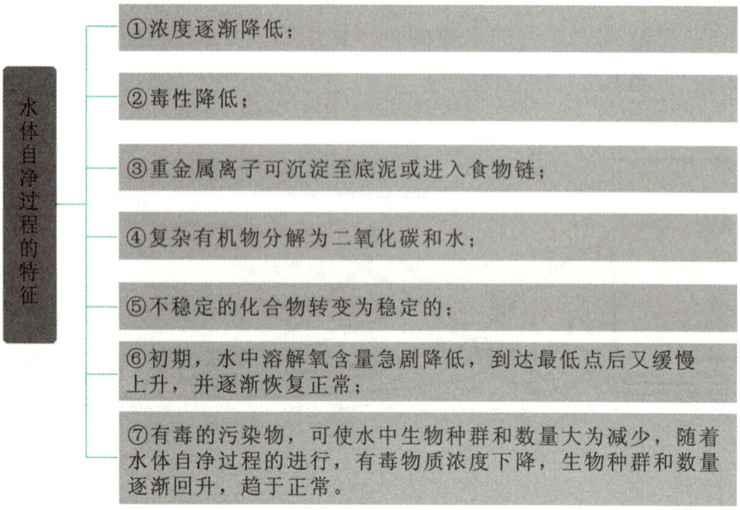

图 1.4　水体自净过程的特征

⑤不稳定的污染物在自净过程中转变为稳定的化合物。如氨转变为亚硝酸盐，再氧化为硝酸盐。

⑥在自净过程的初期，水中溶解氧数量急剧下降，到达最低点后又缓慢上升，逐渐恢复到正常水平。

⑦进入水体的大量污染物，如果是有毒的，则会导致生物不能栖息，如不躲避就要死亡，水中生物种类和个体数量就要随之大量减少。随着自净过程的进行，有毒物质浓度下降，生物种类和个体数量也逐渐随之回升，最终趋于正常的生物分布。进入水体的大量污染物中，有机物如果过多，那么微生物就可以利用丰富的有机物为食料而迅速地繁殖，溶解氧随之减少。例如，使纤毛虫之类的原生动物有条件取食于细菌，则细菌数量又随之减少；而纤毛虫又被轮虫、甲壳类吞食，使后者成为优势种群。

任务三　熟悉水环境监测

前面我们已经介绍了环境监测的内容，本次任务主要学习水环境监测的相关内容，包括水环境监测的内容和目的、分类、程序，水环境监测项目的选择，水环境监测方法的选择等。

一、水环境监测的内容和目的

水环境监测的对象可分为两类，分别是环境水体和水污染源。环境水体包括地表水和地下水，其中流过或汇集在地球表面上的水，如海洋、河流、湖泊、水库、沟渠中的水统称为地表水；埋藏于地面以下岩石孔隙、裂隙、溶隙饱和层中，在重力作用下能自由运动的水称为地下水。水污染源包括工业废水、生活污水、医院污水等。水环境监测的目的是准确、及时、全面地反映水环境质量现状及发展趋势，为水环境管理、水污染源控制等提供科学依据，具体可归纳为：

①根据污染分布情况，追踪寻找污染源，为实现监督管理、控制污染提供依据。对进入江、河、湖泊、水库等地表水体和渗透到地下水中的污染物质进行经常性监测，可以掌握水质现状及其发展变化趋势。

②对生产过程、生活设施及其他排放源排放的废（污）水进行经常性监测，掌握废（污）水排放量及污染物浓度和总量，评价是否符合排放标准，可以为污染源管理和排污收费提供依据。

③对水环境污染事故进行应急监测，可以为分析判断事故原因、危害及采取对策提供依据。

④对环境污染纠纷进行仲裁监测，可以为判断纠纷原因提供科学依据。

⑤水环境监测可以为国家政府部门制定水环境保护标准、法规和规划、为全面开展环境保护管理工作提供有关数据和资料。

⑥收集本底数据，积累长期监测资料，为研究水环境容量，实施总量控制、目标管理，预测预报环境质量提供数据；为开展水环境质量评价和预测及进行环境科学研究提供基础数据和技术手段。

水环境监测还包括水体污染的生物监测，可弥补化学分析和物理测定的不足。利用生物对水环境污染所传递出的各种信息判断水环境污染情况。生物长期生活在自然环境中，不仅可以反映出多种因子污染的综合效应，还能反映污染的历史状况。

二、水环境监测的分类

水环境监测按其监测目的分为监视性监测、特定目的监测和研究性监测。

（一）监视性监测

监视性监测又称为常规监测或例行监测，指根据国家的有关技术规范，对指定的有关项目进行定期的、长期的监测，以掌握环境质量现状和污染源状况，为环境质量评价、环境规划与管理、污染控制等提供基础数据，评价控制措施的效果，衡量环境标准实施情况和环境保护工作的进展。监测性监测是监测工作中量最大、面最广的工作。监测性监测包括对污染源的监督监测（污染物浓度、排放总量、污染趋势等）和环境质量监测。

（二）特定目的监测

特定目的监测又称为特例监测，包括以下四种类型。

①污染事故监测。在发生污染事故时进行应急监测，以确定污染物扩散方向、速度和影响范围，为控制和消除污染提供依据。这类监测常采用流动监测（车、船等）、简易监测、低空航测和遥感卫星监测等手段。

②仲裁监测。针对污染事故纠纷、环境法执行过程中所产生的矛盾进行监测。仲裁监测应由国家指定的权威部门进行，以向执法部门、司法部门提供具有法律责任的数据

（公证数据）。

③考核验证监测。主要包括环保人员业务考核、监测方法验证和污染治理项目竣工时的验收监测。

④咨询服务监测。是指为政府部门、科研机构和生产单位提供的服务性监测。例如建设新企业进行环境影响评价时，需要按评价要求进行环境监测。

（三）研究性监测

研究性监测又称科研监测，是针对特定的科学研究项目而进行的高层次、高水平、技术比较复杂的一种监测，这类监测的取样要求、测试方法和数据处理取决于科研目的。例如环境本底的监测及研究；有毒有害物质对从业人员的影响研究；为监测工作本身服务的科研工作的监测。研究性监测往往涉及多部门、多学科，要求合作进行，因此，需要制定周密的监测计划。

三、水环境监测的程序

水环境监测的一般工作程序与步骤如下。

1. 现场调查与资料收集

根据监测区域的特点，进行周密的现场调查和资料收集工作，对监测区域有关水环境情况调查分析。主要调查各种污染源及其排放情况和自然与社会环境特征，包括地理位置、地形地貌、气象气候、土壤利用情况以及社会经济发展状况。

2. 确定监测项目

监测项目应根据环境质量标准、区域内主要污染源及其主要排放物的特点来确定，同时还要监测一些水文测量项目。

3. 监测点布设及采样时间和方法

监测断面、采样点（站网）优化布设，采样点布置是否合理，是能否获得有代表性样品的前提，应予以充分重视。

4. 水样采集与保存

根据待测指标采取适当的样品采集方法和保存措施。在样品存放过程中，可能会发生吸附、沉淀、氧化还原、微生物摄入与呼吸等反应过程，进而会引起样品成分的变化，造成较大的误差。因此，从样品采集到分析测定的时间间隔应尽可能短，若不能及时检测样品，应采取适当的方法进行保存。

5. 样品的分析测试

水样的环境指标测定（化验分析），根据样品特征及所测组分特点选择适宜的分析测试方法。

6. 数据处理与结果上报

由于监测误差存在于水环境监测的全过程，只有在可靠的采样和分析测试的基础上，运用数理统计的方法处理数据，才能得到符合客观要求的数据，并将监测数据上报。

四、水环境监测项目的选择

水环境监测项目(或水质监测指标)依据水体的功能和污染源类型不同有较大差异。随着检测手段和分析方法的发展和进步,国际或国内水质监测项目种类增速较快。但受人力、物力和财力的限制,目前我国对水质监测和污水排放标准推行常规项目和非常规项目“双轨制”,而非常规项目指标中大多数为有机物测试指标,相信随着测试方法的进一步完善以及大型测试仪器普及率的进一步提升,更多的非常规监测指标将逐步被列入常规监测指标中。

水环境监测项目的选择取决于监测目的及水体目前和将来的用途。为了掌握水质的瞬间状态,便于一般控制,测定水样的物理和化学项目即可,但如果为了分析水质的长期变化,还必须测定生物项目。此外底质组成成分的分析对反映水环境的污染情况也至关重要,比如重金属化合物,难以用一般的分析方法在水样中发现,却易从底质和水生生物体内检出,所以水质监测项目应该包括物理、化学和生物三个方面。监测项目数量繁多,不可能也没有必要一一监测,在选择水质分析项目时,一般应该考虑到以下几个方面。

①根据监测目的,优先选择国家或地方的水环境质量标准和水污染物排放标准中要求控制的监测项目。

②选择对人和生物危害大、对环境质量影响范围广的污染物,即毒性大、稳定性高、易于在生物体中积累和有“三致”(致癌、致畸、致突变)作用的污染物应优先监测。

③所选监测项目应有科学分析方法和相应手段。具有“标准分析方法”“全国统一监测分析方法”,具备必要的分析测定的条件,如实验室的设备、药剂以及具备一定操作技能的分析人员等。

④可根据水体或水污染源的特征和水环境保护功能的划分,酌情增加监测项目。

⑤根据所在地区经济发展、监测条件的改善及技术水平的提高,可酌情增加某些污染源和地表水监测项目。

⑥对于突发性事故或特殊污染,应重点监测进入水体的污染物,并实行连续的跟踪监测,掌握污染的程度及其变化趋势。

遵循上述原则,首先应该选择具有广泛代表性的、综合性较强的水质项目,如根据浑浊度、pH 值、悬浮固体、化学需氧量和生化需氧量等选取;其次,再根据具体情况选择有针对性的水质项目,例如,在对饮用水及其水源地水质进行分析时,应优先考虑选择与人体健康密切相关的水质指标,包括温度、色度、浑浊度、嗅味、总固体、溶解固体、氯化物、耗氧量、氨氮、亚硝酸盐氮、硝酸盐氮、pH 值、碱度、硬度、铁、锰等物理检验和化学分析,必要时还要增加水中主要离子成分(如钾、钠、钙、铁、重碳酸根、硫酸根等)测定,甚至选择进行全部矿物质、剧毒和“三致”有毒物质以及放射性物质的特殊测定,以确保人们能获得安全的生活饮用水;同时还要进行水源水体中的细菌检验和显微镜观察。根据水源水质情况和净水工艺方法,各自来水厂的水质分析项目可以略有不同,但所有自来水厂的出水都必须达到《生活饮用水卫生标准》(GB 5749—2022)的要求。废水排放控制的分析项目也随不同的废水来源和分析目的而有所不同，为了评价城镇污水处理厂的处理效果，悬浮固体和生化需氧量是两个比较重要的水质监测项目。

我国《地表水环境质量标准》(GB 3838—2002)中规定了地表水环境质量标准基本项目及标准限值、集中式生活饮用水地表水源地补充项目及集中式生活饮用水地表水源地特定项目。地表水的监测项目和饮用水水源地监测项目执行 GB 3838—2002 标准，污染源监测项目执行《污水综合排放标准》(GB 8978—1996)、《城镇污水处理厂污染物排放标准》(GB 18918—2002)以及有关行业水污染物排放标准。

地下水监测项目主要根据地下水在本地区的天然污染状况、工业与生活排污状况和环境管理的需要确定。根据《环境质量报告书编写技术规范》(HJ 641—2012)以及《地下水质量标准》(GB/T 14848—2017)，地下水必测项目有总硬度、氨氮、硝酸盐氮、亚硝酸盐氮、挥发酚、氰化物、砷、汞、六价铬、锡、氟化物、细菌总数和大肠菌群，选测项目有 pH 值、总矿化度、高锰酸盐指数、钙、铁、锰、钾、钠、硫酸盐、碳酸氢盐和石油类等。

五、水环境监测方法的选择

(一)选择分析方法的原则

①监测项目分析方法应优先选用相关地表水环境质量标准中规定的标准分析方法，即国家标准分析方法。

②若适用性满足要求，统一分析方法或者其他国家、行业标准分析方法也可选用。同一指标中有多个分析方法时，应根据水质情况及待测物含量选择合适的分析方法。

③选用的标准分析方法的测定下限应低于该监测项目规定的环境质量标准限值。

④在某些项目的监测中，对于暂无“标准”和“统一”分析方法的一些特殊指标，应考虑优先借鉴国际标准化组织(ISO)标准、美国 EPA 标准和日本 JIS 方法等国际公认的相应分析方法标准，但应经过方法实验验证，保证其方法的检出限、准确度和精度能达到监测项目和质量控制的要求。

⑤当规定的分析方法应用于污水、底质和污泥样品分析时，必要时要注意增加消除基体干扰的净化步骤，并进行适用性检验。

(二)分析方法查阅

在日常监测工作中，可以在中华人民共和国生态环境部网站在线查阅最新的监测分析方法。

部分常见水质监测项目分析方法见表 1.2。

表 1.2　常见水质监测项目分析方法

序号	监测项目	分析方法	最低检出浓度(量)	有效数字最多位数	小数点后最多位数	方法来源
1	水温	温度计法	0.1 ℃	3	1	《水质 水温的测定 温度计或颠倒温度计测定法》(GB 13195—1991)
2	pH 值	玻璃电极法		2	2	《水质 pH 值的测定 玻璃电极法》(GB 6920—1986)

续表 1.2

序号	监测项目	分析方法	最低检出浓度(量)	有效数字最多位数	小数点后最多位数	方法来源
3	色度	铂钴比色法	—	—	—	《水质 色度的测定》(GB 11903—1989)
		稀释倍数法	—	—	—	《水质 色度的测定 稀释倍数法》(HJ 1182—2021)
4	浊度	分光光度法	3 度	3	0	《水质 浊度的测定》(GB 13200—1991)
		目视比浊法	1 度	3	1	
5	悬浮物	重量法	4 mg/L	3	0	《水质 悬浮物的测定 重量法》(GB 11901—1989)
6	电导率	电导率仪法	1 μS/cm(25 ℃)	3	1	—
7	溶解氧	碘量法	0.2 mg/L	3	1	《水质 溶解氧的测定 碘量法》(GB 7489—1987)
		电化学探头法	—	3	1	《水质 溶解氧的测定 电化学探头法》(HJ 506—2009)
8	高锰酸盐指数	高锰酸钾指数	0.5 mg/L	3	1	《水质 高锰酸盐指数的测定》(GB 11892—1989)
9	化学需氧量	重铬酸盐法	5 mg/L	3	0	《水质 化学需氧量的测定 重铬酸盐法》(HJ 828—2017)
		快速消解分光光度法	2 mg/L	3	1	《水质 化学需氧量的测定 快速消解分光光度法》(HJ/T 399—2007)
10	生化需氧量	稀释与接种法	2 mg/L	3	1	《水质 五日生化需氧量(BOD_5)的测定 稀释与接种法》(HJ 505—2009)
11	氨氮	纳氏试剂分光光度法	0.025 mg/L	4	3	《水质 氨氮的测定 纳氏试剂分光光度法》(HJ 535—2009)
		水杨酸分光光度法	0.01 mg/L	4	3	《水质 氨氮的测定 水杨酸分光光度法》(HJ 536—2009)
		蒸馏-中和滴定法	0.2 mg/L	4	2	《水质 氨氮的测定 蒸馏-中和滴定法》(HJ 537—2009)
12	总磷	钼酸铵分光光度法	0.01 mg/L	3	3	《水质 总磷的测定 钼酸铵分光光度法》(GB 11893—1989)

续表 1.2

序号	监测项目	分析方法	最低检出浓度(量)	有效数字最多位数	小数点后最多位数	方法来源
13	总氮	碱性过硫酸钾消解紫外分光光度法	0.05 mg/L	3	2	《水质 总氮的测定 碱性过硫酸钾消解紫外分光光度法》(HJ 636—2012)
14	亚硝酸盐氮	萘乙二胺分光光度法	0.005 mg/L	3	3	《水质 亚硝酸盐氮的测定 分光光度法》(GB 7493—1987)
15	汞	冷原子吸收分光光度法	0.1 μg/L	3	2	《水质 总汞的测定 冷原子吸收分光光度法》(HJ 597—2011)
		冷原子荧光法	0.01 μg/L	3	3	《水质 汞的测定 冷原子荧光法(试行)》(HJ/T 341—2007)
		双硫腙分光光度法	2 μg/L	3	1	《水质总汞的测定 高锰酸钾-过硫酸钾消解法 双硫腙分光光度法》(GB 7469—1987)
16	砷	原子荧光法	0.5 μg/L	3	1	—
		等离子发射光谱法	0.2 mg/L	3	2	《水质 32 种元素的测定 电感耦合等离子体发射光谱法》(HJ 776—2015)
17	铬	火焰原子吸收法	0.05 mg/L	3	2	《水质 铬的测定 火焰原子吸收分光光度法》(HJ 757—2015)
		石墨炉原子吸收法	0.2 μg/L	3	2	—
		等离子发射光谱法	0.03 mg/L	3	3	《水质 32 种元素的测定 电感耦合等离子体发射光谱法》(HJ 776—2015)
		高锰酸钾氧化-二苯碳酰二肼分光光度法	0.004 mg/L	3	3	《水质 总铬的测定》(GB 7466—1987)
		硫酸亚铁铵滴定法	1 mg/L	—	—	
18	镉	火焰原子吸收法	0.05 mg/L	3	2	《水质 铜、锌、铅、镉的测定 原子吸收分光光度法》(GB 7475—1987)
		石墨原子吸收法	0.10 μg/L	3	2	—
		等离子发射光谱法	0.05 mg/L	3	3	《水质 32 种元素的测定 电感耦合等离子体发射光谱法》(HJ 776—2015)

续表 1.2

序号	监测项目	分析方法	最低检出浓度(量)	有效数字最多位数	小数点后最多位数	方法来源
19	铜	火焰原子吸收法	0.05 mg/L	3	2	《水质 铜、锌、铅、镉的测定 原子吸收分光光度法》(GB 7475—1987)
		等离子发射光谱法	0.04 mg/L	3	3	《水质 32 种元素的测定 电感耦合等离子体发射光谱法》(HJ 776—2015)
20	锌	火焰原子吸收法	0.02 mg/L	3	3	《水质 铜、锌、铅、镉的测定 原子吸收分光光度法》(GB 7475—1987)
		等离子发射光谱法	0.01 mg/L	3	3	《水质 32 种元素的测定 电感耦合等离子体发射光谱法》(HJ 776—2015)
21	铅	火焰原子吸收法	0.02 mg/L	3	2	《水质 铜、锌、铅、镉的测定 原子吸收分光光度法》(GB 7475—1987)
		等离子发射光谱法	0.10 mg/L	3	2	《水质 32 种元素的测定 电感耦合等离子体发射光谱法》(HJ 776—2015)
22	镍	火焰原子吸收法	0.05 mg/L	3	2	《水质 镍的测定 火焰原子吸收分光光度法》(GB 11912—1989)
		等离子发射光谱法	0.007 mg/L	3	3	《水质 32 种元素的测定 电感耦合等离子体发射光谱法》(HJ 776—2015)
23	铁	火焰原子吸收法	0.03 mg/L	3	3	《水质 铁、锰的测定 火焰原子吸收分光光度法》(GB 11911—1989)
		邻菲啰啉分光光度法	0.03 mg/L	3	3	《水质 铁的测定 邻菲啰啉分光光度法(试行)》(HJ/T 345—2007)
24	六价铬	二苯碳酰二肼分光光度法	0.004 mg/L	3	3	《水质 六价铬的测定 二苯碳酰二肼分光光度法》(GB 7467—1987)
25	氟化物	离子选择电极法	0.05 mg/L	3	2	《水质 氟化物的测定 离子选择电极法》(GB 7484—1987)
		离子色谱法	0.006 mg/L	3	3	《水质 无机阴离子(F^-、Cl^-、NO_2^-、Br^-、NO_3^-、PO_4^{3-}、SO_3^{2-}、SO_4^{2-})的测定 离子色谱法》(HJ 84—2016)

续表 1.2

序号	监测项目	分析方法	最低检出浓度(量)	有效数字最多位数	小数点后最多位数	方法来源
26	氯化物	硝酸银滴定法	2 mg/L	3	1	《水质 氯化物的测定 硝酸银滴定法》(GB 11896—1989)
		离子色谱法	0.007 mg/L	3	2	《水质 无机阴离子(F^-、Cl^-、NO_2^-、Br^-、NO_3^-、PO_4^{3-}、SO_3^{2-}、SO_4^{2-})的测定 离子色谱法》(HJ 84—2016)
27	氰化物	硝酸银滴定法	0.25 mg/L	3	2	《水质 氰化物的测定 容量法和分光光度法》(HJ 484—2009)
		分光光度法	0.001～0.004 mg/L	3	3	
28	挥发酚	4-氨基安替比林分光光度法	0.01 mg/L	3	4	《水质 挥发酚的测定 4-氨基安替比林分光光度法》(HJ 503—2009)
		溴化容量法	0.1 mg/L	—	—	《水质 挥发酚的测定 溴化容量法》(HJ 502—2009)
29	硫化物	碘量法	0.40 mg/L	3	2	《水质 硫化物的测定 碘量法》(HJ/T 60—2000)
		亚甲蓝分光光度法	0.005 mg/L	3	3	《水质 硫化物的测定 亚甲基蓝分光光度法》(GB/T 16489—1996)
30	阴离子洗涤剂	电位滴定法	0.12 mg/L	4	2	《水质 阴离子洗涤剂的测定 电位滴定法》(GB 13199—1991)
		亚甲蓝分光光度法	0.05 mg/L	3	2	《水质 阴离子表面活性剂的测定 亚甲蓝分光光度法》(GB 7494—1987)
31	粪大肠菌群	多管发酵法	—	—	0	《水质 粪大肠菌群的测定 多管发酵法》(HJ 347.2—2018)
		滤膜法	—	—	0	《水质 粪大肠菌群的测定 滤膜法》(HJ 347.1—2018)
32	总大肠菌群	纸片快速法	20MPN/L	2	0	《水质 总大肠菌群和粪大肠菌群的测定 纸片快速法》(HJ 755—2015)
		酶底物法	10MPN/L	2	0	《水质 总大肠菌群、粪大肠菌群和大肠埃希氏菌的测定 酶底物法》(HJ 1001—2018)

续表 1.2

序号	监测项目	分析方法	最低检出浓度(量)	有效数字最多位数	小数点后最多位数	方法来源
33	细菌总数	平皿计数法	—	—	—	《水质 细菌总数的测定 平皿计数法》(HJ 1000—2018)

在国家分析方法标准中，对于同一个监测项目也有几种可供选择的分析方法，如在表 1.2 中提供了氨氮测定的 3 种分析方法，即纳氏试剂分光光度法、水杨酸分光光度法和蒸馏-中和滴定法，前两种方法虽均为分光光度法，但方法原理不同，方法灵敏度不同，两者的检出限依次为 0.025 mg/L、0.01 mg/L。因此，各监测分析方法具有不同的适用范围和选择性。

不同分析方法之间也存在互补性，熟练掌握分析方法的特性和特点，扬长避短，能更好地解决水质监测中的复杂问题。

任务四 了解水环境监测技术

近年来，随着环境分析技术的不断发展，各种污染物的监测越来越精准化、自动化，这不仅提高了监测精度、简化了操作流程，还缩短了监测时间、提高了监测效率。水环境监测技术包括采样技术、测试技术和数据处理技术。采样技术和数据处理技术将在后面相关任务中介绍，本次任务主要对污染物的测试技术（化学分析技术、仪器分析技术）进行概述。

一、化学分析技术

化学分析技术主要是建立在特定化学反应基础上的特殊技术，有重量分析法与滴定分析法两种。

(一)重量分析法

重量分析法是将待测物质以沉淀形式析出，经过过滤、烘干、称量，计算出待测物质的含量。重量分析法准确度较高，但操作烦琐、费时，对于称量工具的要求极高。该方法主要用于水样中悬浮物含量的测定。

(二)滴定分析法

滴定分析法是用一种已知准确浓度的标准溶液，滴加到含有被测物质的一定体积的溶液中，根据完全反应时所消耗标准溶液的体积和浓度，计算出被测物质的含量。滴定分析法操作简单、迅速，测定结果的准确度也比较高，应用范围也更广，经常被应用于金属、非金属、无机化合物以及有机化合物等的测定。该方法主要用于水中溶解氧、化学需氧量、高锰酸盐指数、生化需氧量、硫化物、氰化物等指标的测定。

二、仪器分析技术

仪器分析技术是利用被测物质的物理或物理化学性质进行分析的方法，这类分析方法需要较精密的仪器。在仪器分析中使用较多的是光学分析法、电化学分析法和色谱分析法，其他分析方法都有不同程度的应用。

（一）光学分析法

光学分析法是建立在光吸收、辐射以及散射等原理基础上的分析方法，常见的有分光光度法、原子吸收光谱法等。

分光光度法包括紫外、可见和红外分光光度法（红外光谱法），可测定多种金属和非金属离子或化合物，在常规监测中占有较大的比例。其中，有些测定项目引进了流动注射技术，实现了自动监测。

原子吸收光谱法。原子吸收光谱法分为冷原子吸收光谱法、火焰原子吸收光谱法和石墨炉原子吸收光谱法，可测定多种微量、痕量金属元素。

电感耦合等离子体原子发射光谱（ICP-AES）法。该方法近年来发展很快，已用于各种水体及底质、生物样品中多种元素的同时测定。一次进样，可同时测定 10～30 种元素。

电感耦合等离子体-质谱（ICP-MS）法在无机污染物监测分析中也有一定应用，其灵敏度比 ICP-AES 法高 2～3 个数量级，适用于痕量、超痕量有害元素的测定。

（二）电化学分析法

电化学分析法的主要原理是利用物质的电化学特性进行分析的方法，这种方法的灵敏度较高、准确性高、分析时间短、应用广，大多数金属元素或者能被氧化还原的有机物都可以通过这种方法来进行分析。

电化学分析法包括电位分析法、近代的极谱分析法和恒电流库仑法，在常规监测中也占一定比例，并用于水质连续自动监测系统。

（三）色谱分析法

色谱分析法主要包括气相色谱法、液相色谱法、离子色谱法等。

气相色谱分析是一种崭新的分析技术，它的原理是物质在两相分配中存在有微小的系数差异，其特点是分离效能高、迅速，便于实现自动化的测定，同时也能够实现与多种监测仪器的联用分析。目前，这种新型技术已经被广泛应用到环境监测中，是分析有机物最为重要的手段之一。

气相色谱-质谱（GC-MS）法，是把具有高分离效率的色谱仪与具有准确鉴定和定量测定能力的质谱仪结合于一体，可以对复杂环境样品中的微量组分进行定性和定量分析。

液相色谱分析是一种（依托流动相特殊性质的液体），采用高压泵、高效固定相和高灵敏度检测器的色谱新技术，具有分析速度快、分离效率高和操作自动化等优点。可用于测定高沸点、热稳定性差、相对分子量大（＞400）的有机物质，如多环芳烃、农药、苯并芘、有机汞、酚类、多氯联苯等。

离子色谱法(IC)作为高效液相色谱的一个新的分支，是一种将分离和测定结合于一体的分析技术，一次进样可连续测定多种离子。它是利用离子交换原理，连续对共存的多种阴离子或阳离子进行分离、定性和定量的方法。分析阳离子时，分离柱填充低容量的阳离子交换树脂，用盐酸溶液做淋洗液。

(四)生物监测技术

这种技术是利用生物在被污染的环境中所产生的各种反应信息来判断环境质量的一种最直接的综合监测方法。生物监测包括生物体内污染物含量的测定、观察生物在环境中的受伤害症状、生物的生理生化反应、生物群落结构和种类变化等，以此来判断环境质量及其变化情况。

(五)3S 监测技术

3S 监测技术是以遥感技术(RS)、地理信息系统(GIS)和全球定位系统(GPS)为基础，将 RS、GIS、GPS 三种独立技术领域中的有关部分与其他高新技术领域中的有关部分(如网络技术、通信技术等)有机地构成一个整体而形成的一项新的综合技术。

目前，3S 监测技术在水资源调查和水环境监测中应用较多，例如流域水文模拟、生态耗水分析、现代农业灌溉、生态环境变迁等。在水环境监测中，可实时对水域的分布和变化进行监测，另外对水质浑浊度、pH 值等也能进行准确的监测。

(六)信息监测技术

在当前的信息化时代，计算机技术和网络通信技术在社会各个角落都有着广泛应用，环境监测领域同样如此。环境是一个很大的范围，人工监测工作量大、效率低，很多监测工作无法完成，需要依靠信息技术，如无线传感器网络技术、PLC 技术等。

水环境监测的在线化、网络化、智能化是今后的发展方向，越来越多的水质监测项目实现在线化监测，使得基于云端的大流域水环境监测平台的建立成为可能。

练习巩固

练习

项目一水环境监测概述 练习

项目二　水环境标准

项目概述

生态环境标准是指为了防止环境污染、维护生态平衡、保护人群健康，对生态环境保护工作中需要统一的各项技术规范和技术要求所做的规定。即根据国家的生态环境政策和法规，在综合考虑本国自然环境特征、社会经济条件和科学技术水平后，规定的生态环境中污染物的允许含量和污染源排放污染物的数量、浓度、时间、速度和监测方法，以及其他有关技术规范。

为贯彻执行《中华人民共和国环境保护法》和《中华人民共和国水污染防治法》，以控制水污染、保护水资源，我国颁布了相应的水质标准和排放标准。

思维导图

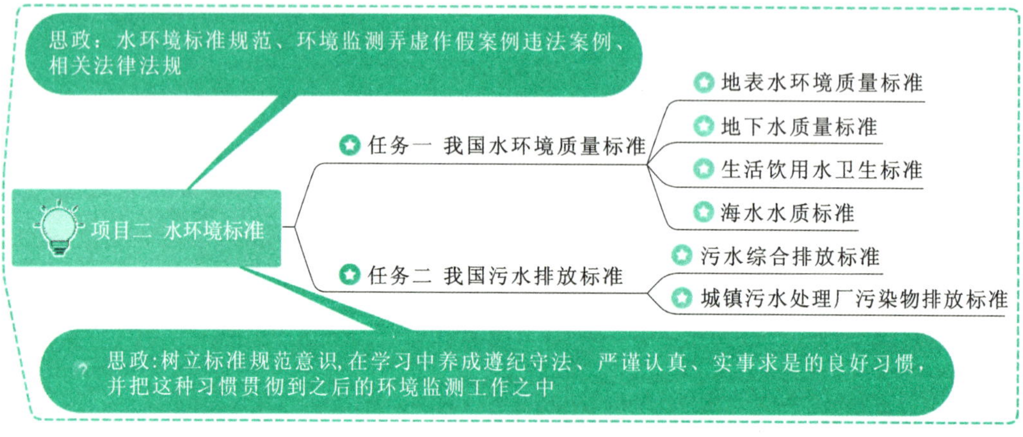

学习目标

1. 知识目标

(1)知道我国水环境标准的分类及构成；

(2)了解水环境质量标准和污水排放标准；

(3)熟悉地表水环境质量标准的内容。

2. 技能目标

(1)能够说出地表水环境质量标准中常规检测指标项目；

(2)能够通过网站准确查找不同类型标准；

(3)能够准确识读并运用标准进行水质指标检测。

3. 素质目标

(1)培养学生的标准规范意识，以及遵纪守法、实事求是的良好品德；

(2)培养学生严谨认真的态度和职业精神；

(3)提高学生分析问题与解决问题的能力。

学习任务

任务一　我国水环境质量标准

假如你是某检测公司实验室检测人员，现公司接到一项任务，要检测某单位排污废水的水质状况，你知道需要选择什么方法来检测吗？环境指标监测的方法包括哪些？环境监测指标分析后得到的结果是否属于污染状态，以及污染程度到底是多大呢？

本次任务主要介绍水环境质量的相关标准。环境质量标准是为保障人体健康、维护生态良性循环并考虑政治、经济、技术条件而对环境中有害物质和因素所作的限制性规定。它是国家环境政策目标的体现，是制定污染物排放标准的依据，也是环境保护部门和有关部门对环境进行科学管理的重要手段。国家环境标准体系如图 2.1 所示。

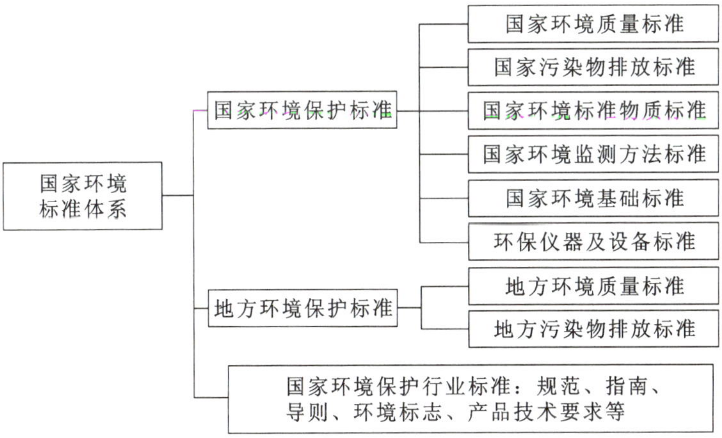

图 2.1　国家环境标准体系示意图

水环境标准是环境标准体系中的一类，它是为了保护人群健康、防治环境污染、促使生态良性循环，同时又合理利用资源、促进经济发展，依据环境保护法和有关政策，对水环境中的有害成分含量及其排放源的限量阈值和技术规范所作的规定。水质标准是水环境领域相关政策、法规的具体体现。水质标准包括水环境质量标准和排放标准。水是人类的重要资源，保护水资源、控制水污染是环境保护工作的重要内容之一。为此，我国已经颁布了多部水环境质量标准和污染物排放标准，根据社会经济发展状况及需求，这些标准通常几年修订一次。

水环境质量直接关系着人类生存和发展的基本条件，水环境质量标准是制定污染物排放标准的依据，同时也是确定排污行为是否造成的水体污染及是否应当承担法律责任的依据。因此《中华人民共和国水污染防治法》规定，国务院环境保护部门制定国家水环境质量标准，省、自治区、直辖市人民政府可以对国家水环境质量标准中未规定的项目，制定地方补充标准，并报国务院环境保护部门备案。在实践过程中，水环境质量标准是国家水环境管理战略目标的核心，体现了国家环境管理的最终目标，是国家水环境保护工作的出发点和归结点。同时，水环境质量标准是判断水环境污染程度、识别水环境问题的基本工具，是环境保护及有关部门进行水环境质量管理、制定水污染物排放标准的依据。

目前，我国颁布的主要水环境质量标准包括《地表水环境质量标准》(GB 3838—2002)、《地下水质量标准》(GB/T 14848—2017)、《生活饮用水卫生标准》(GB 5749—2022)、《海水水质标准》(GB 3097—1997)、《渔业水质标准》(GB 11607—1989)、《农田灌溉水质标准》(GB 5084—2021)、《城市污水再生利用 工业用水水质》(GB/T 19923—2005)、《城市污水再生利用 城市杂用水水质》(GB/T 18920—2020)等。本节主要介绍前四个标准。

一、地表水环境质量标准

《地表水环境质量标准》(GB 3838—2002)适用于我国领域内江河、湖泊、运河、渠道、水库等具有使用功能的地表水水域。按照地表水环境功能分类和保护目标，规定了水环境质量应控制的项目及限值，以及水质评价、水质项目的分析方法和标准的实施与监督。

《地表水环境质量标准》主要内容：地表水环境质量标准总量控制——按照不同水体的使用功能要求确定水质标准的限值。以城市集中式生活饮用水水源地为例，根据我国地表水环境质量现状和人群健康评价结果，规定了生活饮用水地表水源地的特定项目指标及限值，具体内容如下。

①地表水源地特定项目指标。对我国地表水源地的水质进行了综合分析和评价，并针对不同类型的地表水源地的水质特点，提出了各类地表水源地特定项目的限值。

②地表水源地主要污染物指标。提出了生活饮用水地表水源地 pH 值、溶解性固体、总硬度、高锰酸盐指数、生化需氧量、氨氮等特定项目限值。

③地表水源地预警值和准保证值。规定了生活饮用水地表水源地特定项目和部分主要污染物预警值和准保证值。

④地表水源地特定项目预测值和修正预测值。根据不同水体的功能要求，综合分析了我国地表水源地各类特定项目的分布特点，提出了各类地表水源地特定项目的预测值和修正预测值。

⑤地表水源地污染源控制措施。在对不同类型地表水源地的主要污染源进行了调查的基础上，提出了各类地表水源地应采取的水污染防治措施。

⑥地表水源地达标评价。规定了地表水源地达标评价方法和步骤。

《地表水环境质量标准》将监测项目分为地表水环境质量标准“基本项目”、集中式生活饮用水“地表水源地补充项目”和集中式生活饮用水“地表水源地特定项目”三个层次，根据水域功能进行监测项目的确定。

依据地表水水域环境功能和保护目标，水域功能按功能高低依次划分为以下五类：

Ⅰ类　主要适用于源头水、国家自然保护区；

Ⅱ类　主要适用于集中式生活饮用水地表水源地一级保护区、珍稀水生生物栖息地、鱼虾类产卵场、仔稚幼鱼的索饵场等；

Ⅲ类　主要适用于集中式生活饮用水地表水源地二级保护区、鱼虾类越冬场、洄游通道、水产养殖区等渔业水域及游泳区；

Ⅳ类　主要适用于一般工业用水区及人体非直接接触的娱乐用水区；

Ⅴ类　主要适用于农业用水区及一般景观要求水域。

对应地表水上述五类水域功能，地表水环境质量标准基本监测项目标准值分为五类，不同功能类别分别执行相应类别的标准值。水域功能类别高的标准值严于水域功能类别低的标准值；同一水域兼有多类使用功能时，执行最高功能类别对应的标准值。在具体执行时，要求采用“一票否决制”的评价方法，只要一项指标被评为劣Ⅴ类，不管其他指标优劣，整个水体便属于劣Ⅴ类。

地表水环境质量标准基本项目标准限值(24 项)列于表 2.1。该标准中还制定了“集中式生活饮用水地表水源地补充项目标准限值”(5 项)，和“集中式生活饮用水地表水源地特定项目标准限值”(80 项)。需要时可通过生态环境部网站查阅标准全文，并根据执行标准时的具体情况选择使用。

特别要提出的是，在首次增加的“集中式生活饮用水地表水源地特定项目标准限值”中，69 项为有机污染物，其余多为重金属污染物。

表 2.1　地表水环境质量标准基本项目标准限值　　单位：mg/L

序号	分类		Ⅰ类	Ⅱ类	Ⅲ类	Ⅳ类	Ⅴ类
1	水温/ ℃		人为造成的环境水温变化应限制在： 周平均最大温升≤1，周平均最大温降≤2				
2	pH 值(无量纲)		6～9				
3	溶解氧	≥	饱和率 90% (或 7.5)	6	5	3	2
4	高锰酸盐指数	≤	2	4	6	10	15
5	化学需氧量(COD)	≤	15	15	20	30	40
6	五日生化需氧量(BOD_5)	≤	3	3	4	6	10
7	氨氮(NH_3-N)	≤	0.15	0.5	1.0	1.5	2.0
8	总磷(以 P 计)	≤	0.02 (湖、库 0.01)	0.1 (湖、库 0.025)	0.2 (湖、库 0.05)	0.3 (湖、库 0.1)	0.4 (湖、库 0.2)
9	总氮(湖、库，以 N 计)	≤	0.2	0.5	1.0	1.5	2.0
10	铜	≤	0.01	1.0	1.0	1.0	1.0

续表 2.1

序号	分类		Ⅰ类	Ⅱ类	Ⅲ类	Ⅳ类	Ⅴ类
11	锌	≤	0.05	1.0	1.0	2.0	2.0
12	氟化物(以 F^- 计)	≤	1.0	1.0	1.0	1.5	1.5
13	硒	≤	0.01	0.01	0.01	0.02	0.02
14	砷	≤	0.05	0.05	0.05	0.1	0.1
15	汞	≤	0.00005	0.00005	0.0001	0.001	0.001
16	镉	≤	0.001	0.005	0.005	0.005	0.01
17	铬(六价)	≤	0.01	0.05	0.05	0.05	0.1
18	铅	≤	0.01	0.01	0.05	0.05	0.1
19	氰化物	≤	0.005	0.05	0.2	0.2	0.2
20	挥发酚	≤	0.002	0.002	0.005	0.01	0.1
21	石油类	≤	0.05	0.05	0.05	0.5	1.0
22	阴离子表面活性剂	≤	0.2	0.2	0.2	0.3	0.3
23	硫化物	≤	0.05	0.1	0.2	0.5	1.0
24	粪大肠菌群(个/L)	≤	200	2000	10000	20000	40000

该标准中不仅规定了基本监测项目的标准限值，而且对获取监测数据的分析方法进行了明确限定，这是因为不同的分析方法获取的监测数据可能不同，随着分析方法的不断更新、完善，标准限值应进行相应调整。

PDF

GB 3838—2002

受篇幅所限，若需要了解“集中式生活饮用水地表水源地补充项目分析方法”和“集中式生活饮用水地表水源地特定项目分析方法”等的具体内容，可查阅该标准全文(或扫二维码)。

二、地下水质量标准

为保护和合理开发地下水资源，防止和控制地下水污染，保障人民身体健康，促进经济建设，我国制定的《地下水质量标准》(GB/T 14848—2017)规定了地下水质量分类、指标及限值，地下水质量调查与监测，地下水质量评价等内容，适用于地下水质量调查、监测、评价与管理。

地下水质量是地下水的物理、化学和生物性质的总称。常规指标是反映地下水质量基本状况的指标，包括感官性状及一般化学指标、微生物指标、常见毒理学指标和放射性指标。非常规指标是在常规指标上的拓展，根据地区和时间差异或特殊情况确定的地下水质量指标，包括比较少见的无机和有机毒理学指标，反映地下水的主要质量问题。

依据我国地下水水质现状、人体健康基准值及地下水质量保护目标，并参照了生活饮用水、工业、农业等用水质量要求，依据各化学组分含量高低(pH 值除外)，将地下水质量划分为5类：

Ⅰ类　地下水化学组分含量低，适用于各种用途；

Ⅱ类　地下水化学组分含量较低，适用于各种用途；

Ⅲ类　地下水化学组分含量中等，以人体健康基准值为依据，主要适用于集中式生活饮用水水源及工农业用水；

Ⅳ类　地下水化学组分含量较高，以农业和工业用水质量要求以及一定水平的人体健康风险为依据，适用于农业和部分工业用水，适当处理后可作为生活饮用水；

Ⅴ类　地下水化学组分含量高，不宜作为生活饮用水水源，其他用水可根据使用目的选用。

地下水质量常规指标具体分类见表2.2。

表2.2　地下水质量常规指标及限值

序号	指标	Ⅰ类	Ⅱ类	Ⅲ类	Ⅳ类	Ⅴ类
感官性状及一般化学指标						
1	色（铂钴色度单位）	≤5	≤5	≤15	≤25	>25
2	嗅和味	无	无	无	无	有
3	浑浊度/NTU[a]	≤3	≤3	≤3	≤10	>10
4	肉眼可见物	无	无	无	无	无
5	pH	6.5≤pH≤8.5			5.5≤pH<6.5 8.5<pH≤9.0	pH<5.5或 pH>9.0
6	总硬度（以$CaCO_3$计）/(mg/L)	≤150	≤300	≤450	≤650	>650
7	溶解性总固体/(mg/L)	≤300	≤500	≤1000	≤2000	>2000
8	硫酸盐/(mg/L)	≤50	≤150	≤250	≤350	>350
9	氯化物/(mg/L)	≤50	≤150	≤250	≤350	>350
10	铁/(mg/L)	≤0.1	≤0.2	≤0.3	≤2.0	>2.0
11	锰/(mg/L)	≤0.05	≤0.05	≤0.10	≤1.50	>1.50
12	铜/(mg/L)	≤0.01	≤0.05	≤1.00	≤1.50	>1.50
13	锌/(mg/L)	≤0.05	≤0.5	≤1.00	≤5.00	>5.00
14	铝/(mg/L)	≤0.01	≤0.05	≤0.20	≤0.50	>0.50
15	挥发性酚类（以苯酚计）/(mg/L)	≤0.001	≤0.001	≤0.002	≤0.01	>0.01
16	阴离子表面活性剂/(mg/L)	不得检出	≤0.1	≤0.3	≤0.3	>0.3
17	耗氧量（COD_{Mn}法，以O_2计）/(mg/L)	≤1.0	≤2.0	≤3.0	≤10.0	>10.0
18	氨氮（以N计）/(mg/L)	≤0.02	≤0.10	≤0.50	≤1.50	>1.50
19	硫化物/(mg/L)	≤0.005	≤0.01	≤0.02	≤0.10	>0.10
20	钠/(mg/L)	≤100	≤150	≤200	≤400	>400

续表 2.2

序号	指标	Ⅰ类	Ⅱ类	Ⅲ类	Ⅳ类	Ⅴ类
	微生物指标					
21	总大肠菌群/(MPN[b]/100 mL 或 CFU[c]/100 mL)	≤3.0	≤3.0	≤3.0	≤100	>100
22	菌落总数/(CFU/100 mL)	≤100	≤100	≤100	≤1000	>1000
	毒理学指标					
23	亚硝酸盐(以 N 计)/(mg/L)	≤0.01	≤0.10	≤1.00	≤4.80	>4.80
24	硝酸盐(以 N 计)/(mg/L)	≤2.0	≤5.0	≤20.0	≤30.0	>30.0
25	氰化物/(mg/L)	≤0.001	≤0.01	≤0.05	≤0.1	>0.1
26	氟化物/(mg/L)	≤1.0	≤1.0	≤1.0	≤2.0	>2.0
27	碘化物/(mg/L)	≤0.04	≤0.04	≤0.08	≤0.50	>0.50
28	汞/(mg/L)	≤0.0001	≤0.0001	≤0.001	≤0.002	>0.002
29	砷/(mg/L)	≤0.001	≤0.001	≤0.01	≤0.05	>0.05
30	硒/(mg/L)	≤0.01	≤0.01	≤0.01	≤0.1	>0.1
31	镉/(mg/L)	≤0.0001	≤0.001	≤0.005	≤0.01	>0.01
32	铬(六价)/(mg/L)	≤0.005	≤0.01	≤0.05	≤0.10	>0.10
33	铅/(mg/L)	≤0.005	≤0.005	≤0.01	≤0.10	>0.10
34	三氯甲烷/(μg/L)	≤0.5	≤6	≤60	≤300	>300
35	四氯化碳/(μg/L)	≤0.5	≤0.5	≤2.0	≤50.0	>50.0
36	苯/(μg/L)	≤0.5	≤1.0	≤10.0	≤120	>120
37	甲苯/(μg/L)	≤0.5	≤140	≤700	≤1400	>1400
	放射性指标[d]					
38	总 α 放射性/(Bq/L)	≤0.1	≤0.1	≤0.5	>0.5	>0.5
39	总 β 放射性/(Bq/L)	≤0.1	≤1.0	≤1.0	>1.0	>1.0

a：NTU 为散射浊度单位；
b：MPN 表示最可能数；
c：CFU 表示菌落形成单位；
d：放射性指标超过指导值，应进行核素分析和评价。

PDF

GB/T 14848—2017

更多关于地下水质量标准相关内容请查阅标准(或扫二维码)。

另外，地下水质量应定期监测。潜水监测频率应不少于每年 2 次(丰水期和枯水期各 1 次)，承压水监测频率可以根据质量变化情况确定，宜每年 1 次。依据地下水质量的动态变化，应定期开展区域性地下水质量调查评价。地下水质量调查与监测指标以常规指标为主，为便于化学分析结果的审核，应补充钾、钙、镁、重碳酸根、碳酸根、游离二氧化碳等指标；不同地区可在常规指标的基础上，根据当地实际情况补充选定非常规指标进行调查与监测。

地下水质量评价应以地下水质量检测资料为基础。地下水质量单指标评价，按指标值所在的限值范围确定地下水质量类别，指标限值相同时，从优不从劣。为防止地下水污染和过量开采、人工回灌等引起的地下水质量恶化，保护地下水水源，必须按照《中华人民共和国水污染防治法》和《中华人民共和国水法》等有关规定执行。另外，利用污水灌溉、污水排放、有害废弃物（城市垃圾、工业废渣、核废料等）的堆放和填埋处置，都必须经过环境与地质可行性论证及环境影响评价，征得环境保护部门批准后方能施行。

三、生活饮用水卫生标准

生活饮用水包括日常饮水和生活用水，但不包括饮料和矿泉水。安全的饮用水是人类健康的基本保障。为了保护人体健康、保证生活质量，国家以强制性标准形式对饮用水中与人群健康相关的各种因素做出限值规定，形成强制性国家标准《生活饮用水卫生标准》(GB 5749—2022)。

《生活饮用水卫生标准》规定了生活饮用水水质要求、生活饮用水水源水质要求、集中式供水单位卫生要求、二次供水卫生要求、涉及饮用水卫生安全的产品卫生要求和水质检验方法，既适用于城乡各类集中式供水的生活饮用水，也适用于分散式供水的生活饮用水。

生活饮用水水质应符合下列基本要求，保证用户饮用安全：

①生活饮用水中不应含有病原微生物；

②生活饮用水中化学物质不应危害人体健康；

③生活饮用水中放射性物质不应危害人体健康；

④生活饮用水的感官性状良好；

⑤生活饮用水应经消毒处理。

该标准将水质指标分为常规指标(43 项)与扩展指标(54 项)，类别涉及微生物指标、毒理指标、感官性状、一般化学指标和放射性指标。其中，常规指标是反映生活饮用水水质基本状况的指标，扩展指标是反映地区生活饮用水水质特征及在一定时间内或特殊情况下水质状况的指标。

采用地表水为生活饮用水水源时，水源水质应符合《地表水环境质量标准》(GB 3838—2002)的要求；采用地下水为生活饮用水水源时，水源水质应符合《地下水质量标准》(GB/T 14848—2017)中第 4 章的要求；若水源水质不能满足前两者的要求，不宜作为生活饮用水水源，但由于条件限制需加以利用时，应采用相应的净水工艺进行处理，处理后的水质应满足要求。集中式供水单位卫生要求应符合《生活饮用水集中式供水单位卫生规范》的规定。二次供水的设施和处理要求应符合《二次供水设施卫生规范》(GB 17051—1997)的规定。

各水质指标检验的基本原则和要求按照《生活饮用水标准检验方法 第 1 部分：总则》(GB/T 5750.1—2023)执行，水样的采集与保存按照《生活饮用水标准检验方法 第 2 部分：水样的采集与保存》(GB/T 5750.2—2023)执行，水质分析质量控制按照《生活饮用水标准检验方法 第 3 部分：水质分析质量控制》(GB/T 5750.3—2023)执行，对应的检验方法按照 GB/T 5750.4～GB/T 5750.13 执行。

GB 5749—2022

生活饮用水水质相关指标及限值请扫二维码查看。

以上是我国生活饮用水水质标准的相关内容。这些标准的制定，对保障人民健康、维护公共卫生、推动经济社会可持续健康发展具有重要作用。同时，我们每个人也应该注重饮用水的质量，保护水资源，让生活饮用水更健康、更安全。

四、海水水质标准

《海水水质标准》(GB 3097—1997)是为贯彻《中华人民共和国环境保护法》和《中华人民共和国海洋环境保护法》，防止和控制海水污染，保护海洋生物资源和其他海洋资源，保证海洋资源的可持续利用，维护海洋生态平衡，保障人体健康而制定的，自 1998 年 7 月 1 日起实施。

按照海域的不同使用功能和保护目标，海水水质分为 4 类：

Ⅰ类　适用于海洋渔业水域、海上自然保护区和珍稀濒危海洋生物保护区；

Ⅱ类　适用于水产养殖区、海水浴场、人体直接接触海水的海上运动或娱乐区，以及与人类食用直接有关的工业用水区；

Ⅲ类　适用于一般工业用水区、滨海风景旅游区；

Ⅳ类　适用于海洋港口水域，海洋开发作业区。

各类海水水质标准详情请扫描二维码查阅。

GB 3097—1997

任务二　我国污水排放标准

污染物排放标准是根据环境质量标准及污染治理的技术经济条件，对排入环境的有害物质和产生危害的各种因素所作的限制性规定。它是实现环境质量标准的主要保证，也是对污染进行强制性控制的主要手段。

水污染物排放标准是国家(或地方、部门)为实现水环境质量标准的要求，结合技术经济条件和环境特点对污染源排入环境的污染物浓度、数量所作的限量规定。

水污染物排放标准规定了废水(或废液)中所含的油类、耗氧有机物、有毒金属化合物、放射性物质和病原体等的容许排放量。水污染物排放标准按适用范围分为通用排放标准和行业排放标准。通用的水污染物排放标准规定一定范围(全国或一个区域)内普遍存在或危害较大的各种污染物的容许排放量，适用于各个行业。有的通用水污染排放标准按不同排向(如排入下水道、河流、湖泊、海域)分别规定容许排放量。行业的水污染物排放标准可以按不同生产工序分别规定污染物容许排放量，如钢铁工业的废水排放标准可按炼焦、烧结、炼铁、炼钢、酸洗等工序分别规定排放废水中的 pH 值、悬浮物总量和油等的容许排放量。

我国目前已经颁布执行的水污染物排放标准包括《污水综合排放标准》(GB 8978—1996)、《城镇污水处理厂污染物排放标准》(GB 18918—2002)、《制浆造纸工业水污染物排放标准》(GB 3544—2008)、《医疗机构水污染物排放标准》(GB 18466—2005)、《船舶水污染物排放控制标准》(GB 3552—2018)、《纺织染整工业水污染物排放标准》(GB 4287—2012)等。本次任务主要介绍前两个标准。

一、污水综合排放标准

《污水综合排放标准》(GB 8978—1996)按照污水排放去向，分年限规定了 69 种水污染物最高允许排放浓度及部分行业最高允许排水量，并给出了污水、排水量和排污单位等的界定。该标准适用于现有单位水污染物的排放管理，以及建设项目的环境影响评价、环境保护设施设计、竣工验收及其投产后的排放管理。本标准部分内容被《皂素工业水污染物排放标准》(GB 20425—2006)、《煤炭工业污染物排放标准》(GB 20426—2006)代替。

污水：指在生产与生活活动中排放的水的总称。

排水量：指在生产过程中直接用于工艺生产的水的排放量，不包括间接冷却水、厂区锅炉、电站排水。

一切排污单位：指本标准适用范围所包括的一切排污单位。

其他排污单位：指在某一控制项目中，除所列行业外的一切排污单位。

《污水综合排放标准》将排放的污染物按其性质及控制方式分为两类。

第一类污染物：指能在环境或动植物体内蓄积，对人体健康产生长远不良影响的污染物。含有第一类污染物的污水或废水，不分行业和污水排放方式，也不分受纳水体的功能类别，一律在车间或车间处理设施排放口采样，其最高允许排放浓度必须符合表 2.3 的规定。

表 2.3 第一类污染物最高允许排放浓度

序号	污染物	最高允许排放浓度/(mg/L)	序号	污染物	最高允许排放浓度/(mg/L)
1	总汞	0.05	8	总镍	1.0
2	烷基汞	不得检出	9	苯并[a]芘	0.00003
3	总镉	0.1	10	总铍	0.005
4	总铬	1.5	11	总银	0.5
5	六价铬	0.5	12	总 α 放射性	1 Bq/L
6	总砷	0.5	13	总 β 放射性	10 Bq/L
7	总铅	1.0			

第二类污染物：指长远影响小于第一类的污染物，在排污单位排放口采样。针对1997年12月31日之前建设（包括改、扩建）的单位和1998年1月1日起建设（包括改、扩建）的单位执行不同的标准。

对于同一行业，最高允许排放标准又分为三级，可根据企业性质和排水去向确定达标等级。

PDF

GB 8978—1996

《污水综合排放标准》（GB 8978—1996）中不仅规定了各类企业排放废水的采样位置、采样频率及相应的达标限值，同时要求对各企业的用水总量进行测量，以保证对排水中各监测指标的浓度和排污总量实施双达标控制。详细内容请扫二维码查看。

二、城镇污水处理厂污染物排放标准

《城镇污水处理厂污染物排放标准》（GB 18918—2002）规定了城镇污水处理厂出水、废气排放和污泥处置（控制）的污染物限值。该标准适用于城镇污水处理厂出水、废气排放和污泥处置（控制）的管理。居民小区和工业企业内独立的生活污水处理设施的污染物的排放管理，也按该标准执行。

根据污染物的来源及性质，将污染物控制项目分为基本控制项目和选择控制项目两类。基本控制项目必须执行。选择控制项目，由地方环境保护行政主管部门根据污水处理厂接纳的工业污染物的类别和水环境质量要求选择执行。基本控制项目主要包括影响水环境且城镇污水处理厂一般处理工艺可以去除的常规污染物，以及部分一类污染物，共19项。选择控制项目包括对环境有较长期影响或毒性较大的污染物，共计43项。

根据城镇污水处理厂排入地表水域的环境功能和保护目标，以及污水处理厂的处理工艺，可将基本控制项目的常规污染物标准值分为一级标准、二级标准、三级标准。一级标准分为A标准和B标准。一类重金属污染物和选择控制项目不分级。

城镇污水处理厂水污染物排放基本控制项目，按照表2.4和表2.5的规定执行。

表2.4 基本控制项目最高允许排放浓度（日均值） 单位：mg/L

序号	基本控制项目	一级标准		二级标准	三级标准
		A标准	B标准		
1	化学需氧量（COD）	50	60	100	120①
2	五日生化需氧量（BOD_5）	10	20	30	60①
3	悬浮物（SS）	10	20	30	50
4	动植物油	1	3	5	20
5	石油类	1	3	5	15
6	阴离子表面活性剂	0.5	1	2	5
7	总氮（以N计）	15	20	—	—
8	氨氮（以N计）②	5(8)	8(15)	25(30)	—

续表 2.4

序号	基本控制项目		一级标准		二级标准	三级标准
			A 标准	B 标准		
9	总磷（以 P 计）	2005 年 12 月 31 日前建设的	1	1.5	3	5
		2006 年 1 月 1 日起建设的	0.5	1	3	5
10	色度（稀释倍数）		30	30	40	50
11	pH 值		6～9			
12	粪大肠菌群数（个/L）		10^3	10^4	10^4	—

注：①下列情况下按去除率指标执行：当进水 COD 大于 350 mg/L 时，去除率应大于 60%；BOD_5 大于 160 mg/L 时，去除率应大于 50%。

②括号外数值为水温>12 ℃时的控制指标，括号内数值为水温≤12 ℃时的控制指标。

表 2.5　部分一类污染物最高允许排放浓度（日均值）　　单位：mg/L

序号	项目	标准值
1	总汞	0.001
2	烷基汞	不得检出
3	总镉	0.01
4	总铬	0.1
5	六价铬	0.05
6	总砷	0.1
7	总铅	0.1

该标准的详细内容请扫二维码查阅。

近年来，鉴于城市受纳水体的环境容量的制约，我国部分地方政府纷纷制定了更为严格的水污染物排放限值，如 2012 年北京市颁布了《城镇污水处理厂水污染物排放标准》（DB11/890—2012），将新建和改建城镇污水处理厂排水中主要污染物控制指标限值提高到《地表水环境质量标准》（GB 3838—2002）Ⅳ类水平，对改善北京市水环境质量和促进污水资源化利用具有重要意义。

PDF

GB 18918—2002

练习巩固

练习

项目二水环境标准 练习

项目三　监测实验室质量保证

项目概述

环境监测质量保证(Quality assurance)是对整个环境监测过程的全面质量管理，是一种保证监测数据准确可靠的方法，也是科学管理实验室和监测系统的有效措施，它可以保证数据质量，使环境监测建立在可靠的基础之上。它包括：制定监测计划；根据需要，并考虑经济成本和效益，确定对监测数据的质量要求；规定相应的分析监测系统，包括采样，样品的贮存、运输和预处理，仪器设备及器皿的选择和校准，试剂、溶剂和基准物质的选用，统一测量方法，质量控制措施，数据的记录和整理，各类人员的任职要求和技术培训，实验室的清洁度和安全性，以及编写有关的文件、指南和手册等。

环境监测质量保证的目的在于确保分析数据达到预定的准确度和精密度。为达到这一目的所应采取的措施和工作步骤都应当是事先规划好的，通过一系列的规约予以确定，并要求有关工作人员按规约执行，由此使整个监测工作处于受控状态。

环境监测质量控制(Quality control)是通过配套实施各种质量控制技术和管理规程而达到保证各个监测环节的工作质量的目的。

环境监测质量控制是环境监测质量保证的一个部分，它包括实验室内部质量控制和外部质量控制两个部分。实验室内部质量控制是实验室自我控制质量的常规程序，它能反映分析质量的稳定性，以便及时发现分析过程中的异常情况，随时采取相应的校正措施。实验室内部质量控制的主要内容包括空白试验、校准曲线核查、仪器设备的定期标定、平行样分析、加标样分析、密码样品分析和质量控制图编制等。实验室外部质量控制通常是由上级监测站或环境管理部门委派有经验的人员对监测站的工作进行考核及评估，以便对数据质量进行独立评价，各实验室可以从中发现所存在的系统误差等问题，以便及时校正、提高监测质量。通常采用的方法是由检查人员下发考核样品(标准样品或密码样品)，由受检查的监测站实验室进行分析，以此对实验室的工作进行评价。

思维导图

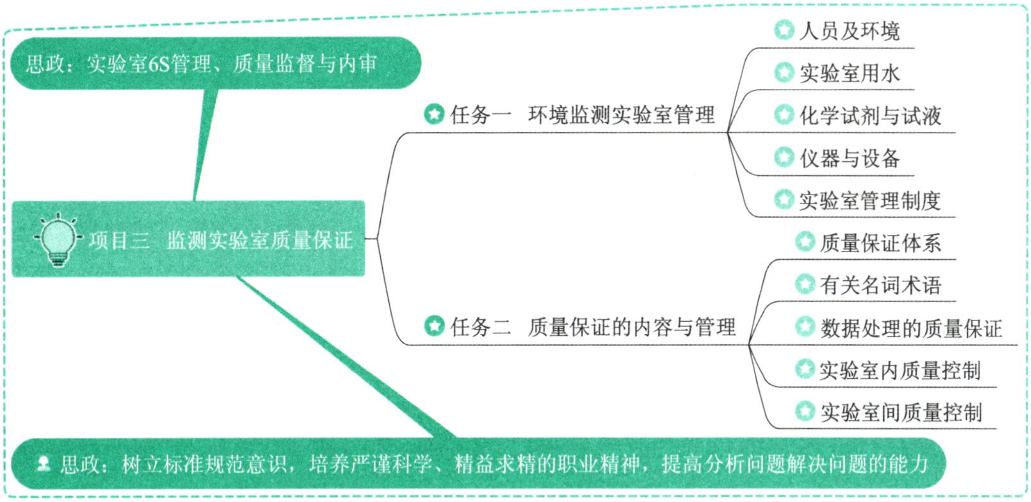

学习目标

1. 知识目标

(1)了解环境监测质量控制的意义和内容；

(2)熟悉质量控制的有关名词术语；

(3)理解误差的分类及产生原因，掌握减少误差的方法；

(4)掌握有效数字的修约和基本运算规则；

(5)掌握常用的实验室内质量控制方法，熟悉实验室间的质量控制方法。

2. 技能目标

(1)能够准确写出各种误差的表示方法；

(2)能够根据分析目的合理选择化学试剂并正确取用、贮存；

(3)能正确区分系统误差和随机误差；

(4)能够正确修约环境监测数据，正确、合理表达监测结果；

(5)能够正确使用常用的实验室内质量控制方法。

3. 素质目标

(1)培养学生的标准规范意识；

(2)培养学生在质量控制过程中养成遵纪守法、严谨认真的良好品德；

(3)培养学生科学严谨、实事求是、精益求精的工匠精神；

(4)培养学生分析问题与解决问题的能力。

学习任务

任务一　环境监测实验室管理

水质监测实验室是水质监测人员的工作场所，一般分为样品采集与预处理室、常规理化指标监测室和大型仪器分析室等。为了保质保量地完成水质监测的工作任务，要求监测人员必须对常用实验室器皿、化学试剂、实验室用水、洗涤剂、天平、分析仪器以及实验室安全环保等方面的基础知识有较为全面的了解和掌握，为后续进行测定方法的选择、监测数据的获得、实验室质量控制与管理等，提供必要的知识和技能。

此任务包括实验室人员与环境要求、实验室用水、化学试剂与试液、常规实验器皿、仪器与设备等内容。

一、监测人员

监测人员必须经过相应的培训，应拥有扎实的环境监测理论基础和专业知识；应正确熟练地掌握环境监测操作技术和质量控制程序；应熟知有关环境监测管理的法规、标准和规定；应学习和了解国内外环境监测新技术、新方法；应按照《环境监测人员持证上岗考核制度》的要求持证上岗。持有合格证的人员，方能从事相应的监测工作；未取得合格证者（如新调入人员、工作岗位变动人员等），只能在持证人员的指导下开展工作，监测质量由持证人员负责。

二、实验室环境

实验室内应保持整洁、安全的操作环境，通风良好，布局合理，操作安全；相互有干扰的监测项目应不在同一实验室内操作，测试区域应与办公场所分离；监测过程中有废雾、废气产生的实验室和试验装置，应配置合适的排风系统，产生刺激性、腐蚀性、有毒气体的实验操作应在通风柜内进行；监测项目或监测仪器设备对环境条件有具体要求和限制时，应配备能对环境条件进行有效监控的设施，当环境条件可能影响监测结果的准确性和有效性时，必须停止监测；分析天平应设置专室，做到避光、防振、防尘、防腐蚀性气体和避免对流空气；化学试剂贮藏室必须防潮、防火、防爆、防毒、避光和通风。

三、实验室用水

水质监测实验用水是监测分析质量控制的一个重要因素，影响空白值及分析方法的检出限，尤其在微量分析中对水质有更高的要求。分析者对用水级别、规格应当了解，以便正确选用，并对特殊要求的水质进行特别处理。

一般分析实验用水的电导率(25 ℃)应小于 3.0 μS/cm。特殊用水则按有关规定制备，检验合格后使用。盛水容器应定期清洗，以保持容器清洁，防止玷污而影响水的质量。

水是常用的溶剂，配制试剂、标准物质及洗涤均需大量使用。它对分析质量有着广泛且根本的影响，不同用途需要不同质量的水。市售蒸馏水或去离子水必须经检验合格才能使用。在分析某些指标时，分析过程中所用的纯水中这些指标的含量应越低越好，这就要求实验室中应配置相应的制备或提纯装置。实验室用水分三个等级，表 3.1 列出了实验室用水的级别、部分检验指标、制备方法及用途。

表 3.1　监测分析实验室用水

级别	pH 值范围(25 ℃)	电导率(25 ℃)/(μS/cm)	吸光度(254 nm，1 cm 光程)	二氧化硅含量/(mg/L)	制备方法	用途
一级水	—	≤0.1	≤0.001	≤0.02	二级水再蒸馏、混合离子交换柱处理、石英蒸馏器蒸馏	用于制备标准水样或超痕量物质分析
二级水	—	≤1.0	≤0.01	≤0.05	离子交换柱处理、电渗析、玻璃蒸馏器二次蒸馏	用于精确分析和研究工作
三级水	5.0～7.5	≤5.0	—	—	蒸馏、电渗析、离子交换柱处理	适用于一般实验工作

蒸馏水的质量因蒸馏器的材料与结构不同而异，水中常含有可溶性气体和挥发性物质。去离子水是用阳离子交换树脂和阴离子交换树脂以一定形式组合进行水处理而制得的。去离子水含金属杂质极少，适用于配制痕量金属分析用的试液。因它含有微量树脂浸出物和树脂崩解微粒，所以不适用于配制有机分析试液。一些有特殊要求的纯水(如无氨水、无酚水等)可参照相应标准方法制取。

四、化学试剂与试液配制

分析测试应采用分析方法所规定等级的化学试剂。一般化学试剂分三级，见表 3.2。一级试剂用于精密的分析工作，在环境分析中用于配制标准溶液；二级试剂常用于配制定量分析中的普通试液。如无注明，环境监测所用试剂均应为二级或二级以上；三级试剂只能用于配制半定量、定性分析用试液和清洁液等。

表 3.2　化学试剂的分类

级别	名称	代号	标签颜色	用途
一级	优级纯	G. R.	绿色	纯度很高，适用于精确分析和研究工作
二级	分析纯	A. R.	红色	纯度较高，适用于一般分析及科研
三级	化学纯	C. P.	蓝色	纯度不高，适用于工业分析及化学实验

其他表示方法有：高纯试剂(E. P.)，基准试剂(P. T.)，pH标准缓冲物质，色谱纯试剂(G. C.)，实验试剂(I. R.)，指示剂(Ind)，生化试剂(B. R.)，生物染色剂(B. S.)和特殊专用试剂等。

试液配制中取用试剂应遵循“量用为出、只出不进”的原则，取用后及时盖紧试剂瓶盖，分类保存，防止试剂被玷污。固体试剂不宜与液体试剂或试液混合贮存。试液的配制和标准溶液的标定应遵守以下原则：

①试液应根据使用情况适量配制，选用合适材质和容积的试剂瓶盛装，注意瓶塞的密封性。

②用精密称量法直接配制标准溶液，应使用基准试剂或纯度不低于优级纯的试剂，所用溶剂应为《分析实验室用水规格和试验方法》(GB/T 6682—2008)规定的二级以上纯水或优级纯(不得低于分析纯)溶剂，称样量不应小于0.1 g，用检定合格的容量瓶定容。

③用基准物标定法配制的标准溶液，至少平行标定三份，平行标定相对偏差不大于0.2%，取其平均值计算溶液的浓度。

④试剂瓶上应贴有标签，写明试剂名称、浓度、配制日期和配制人；试液瓶中试液一经倒出，不得返回；保存于冰箱内的试液，取用时应放置在室温下使其达到平衡后再量取。

要经常检查试剂质量，注意保存时间。一般情况下浓溶液稳定性较好，稀溶液稳定性差。通常较稳定的试剂，其10^{-3} mol/L的溶液可贮存一个月以上，10^{-4} mol/L的溶液只能贮存一周，而10^{-5} mol/L的溶液需当日配制。故许多试液常配成浓的贮存液，临用时稀释成所需浓度。

五、实验器皿

根据实验需要，选用合适材质的器皿。

实验所用器皿，要按监测项目固定专用，避免交叉污染。使用后应及时清洗、晾干，防止灰尘玷污。要根据使用情况适量配制试液，选用合适材质和容积的试剂瓶盛装。需避光的试剂应用棕色试剂瓶盛装并避光保存，注意瓶塞的密合性，注意空气、温度、杂质等的影响。

六、仪器与设备

根据监测项目和工作量的要求，合理配备采样、现场监测、实验室测试、数据处理和维持环境条件所要求的所有仪器设备。用于采样、现场监测、实验室测试的仪器设备及其软件应能达到所需的准确度，并符合相应监测方法标准或技术规范的要求。仪器设备在投入使用前(服役前)应经过检定(校准、检查)，以证实其能满足监测方法标准或技术规范的要求。仪器设备在每次使用前应进行检查或校准。

对在用仪器设备应进行经常性维护，确保功能正常。对监测结果的准确度和有效性有影响的测量仪器，在两次检定之间应定期用核查标准进行期间核查。

（一）仪器设备的检定与校准

属于国家强制检定的仪器设备，应依法送有资质的计量检定机构进行检定，并在检定有效期内使用（一般按照相应仪器的检定规程规定的周期进行检定，实验室须有相应的检定计划）；属于非强制检定的仪器设备应按照相应的校准方法自行校准核查，或送有资质的计量检定（校准）机构进行校准，校准合格后并在有效期内使用。未按规定检定或校准的仪器设备不得使用。

（二）仪器设备的核查与维护

实验室须制定仪器设备的期间核查计划[期间核查一般一年至少进行一次，或两次检定（校准）周期之间至少进行一次]，并按计划进行核查，保持在用仪器设备校准（检定）状态的置信度。期间核查可参考相应的检定或校准规程进行，也可自行制定相关的核查方法。

仪器设备应定期进行校验和维护（如天平的零点、灵敏性和示值变动性，分光光度计的波长准确性、灵敏度和比色皿成套性，pH 计的示值总误差，以及仪器调节性误差，应参照有关计量检定规程定期校验），应制定仪器设备管理程序和相应的操作规程（必要时），并按照操作规程（使用说明书）进行操作使用，使用过程中做好相应的记录，保证仪器设备处于完好状态。每台仪器设备都必须有专门的责任人进行管理，责任人有监督仪器设备操作规范性的权利和义务。

（三）质控检查

每两个月（周期可由实验室根据实际情况自行制定）由质控部（质控室）现场抽查仪器设备的存放、使用及保管等情况，检查仪器设备运行是否正常、是否按规范进行操作使用、使用记录是否真实规范。每季度由质控部（质控室）对仪器设备期间核查情况进行抽查，确认核查用标准物质有效，检查核查方法是否符合相关标准或规程的要求。

七、原始记录

实验室分析原始记录包括分析试剂配制记录、标准溶液配制及标定记录、校准曲线记录、各监测项目分析测试原始记录、内部质量控制记录等。记录信息包括样品名称、样品编号、样品性状、采样时间和地点、分析方法依据、使用仪器名称、仪器型号和编号、测定项目、分析时间、环境条件、标准溶液名称、标准溶液浓度及配制日期、校准曲线、取样体积、计量单位、仪器信号值、计算公式、测定结果、质控数据、测试分析人员、审核校对人员签名等，保证记录信息的原始性、真实性和有效性。

分析原始记录应包含足够的信息，以便在可能情况下找出影响不确定度的因素，并使实验室分析工作能够在最接近原条件下复现。记录实验数据既是良好的实验习惯，也是一项不容忽略的基本功。准确的分析测定要求分析者细致、认真，记录数据清晰、工整。修改数据必须遵守有关规定，并注意测量所能达到的有效数字位数。

（一）对原始记录的要求

1. 使用专门的记录本

实验人员应有专门的实验记录本，并标上页码数，不得撕去其中任何一页。决不允许将数据记在单页纸上或纸片上，或随意记在任何地方。

2. 应及时、准确地记录

实验过程中的各种测量数据及有关现象，都应及时、准确、清楚地记录下来，记录实验数据时，要有严谨的科学态度，实事求是，切忌夹杂主观因素，决不能随意拼凑和伪造数据。实验过程中涉及的特殊仪器的型号、标准溶液的浓度、室温和大气压等数据，也应准确地记录下来。

3. 注意有效数字

实验过程中记录测量数据时，应保证有效数字的位数和仪器的精度一致。如用分析天平称量时，读数要记录至 0.0001 g；滴定管和吸量管的读数应记录至 0.01 mL。

4. 相同数据的记录

实验记录的每一个数据都是测量结果，平行测定时，即使数据完全相同也应如实记录下来。

5. 数据的改动

在实验过程中，如发现数据中有记错、测错或读错而需要改动的，可将该数据用一横划去，并在其上方写出正确的数字。改动后要在旁边手写签名。

6. 用笔要求

数据记录要用黑色的签字笔或圆珠笔，不得使用铅笔。

(二)程序及注意事项

①实验前预习实验，并根据要求制作记录表格。

②实验记录上要写明日期、实验名称、标号、检验项目、实验数据及检验人。

③注明表中各符号的意义，单位需采用法定计量单位。

④凡有改动的数据，应有审核人员(教师)的图章或签名。

⑤实验结束后核对记录是否正确、合理、齐全，检查平行测定结果是否超差，是否需要重新测定。

⑥原始记录本应按实验室管理制度由专人管理，并归档保存，一般保存期为 3 年。

任务二　质量保证的内容与管理

环境监测质量保证包括环境监测全过程的质量管理和措施，实验室质量控制是环境监测质量保证的重要组成部分。实验室质量控制包括实验室内的质量控制(内部质量控制)和实验室间的质量控制(外部质量控制)。

水质监测实验室质量保证与控制的任务就是要把监测分析误差控制在允许的限度范围内，保证测量结果的精密度和准确度，使分析数据在给定的置信水平内，有把握达到所要求的质量。同时，质量保证与控制是实验室工作的内容之一，是水质监测工作的技术关键和科学管理实验室的有效方法。作为水质监测实验室的工作人员，必须全面系统地掌握实验室质量保证与控制的方法。

一、质量保证体系

(一)监测数据质量的目标

环境监测质量保证体系是对环境监测全过程进行全面质量管理的一个系统,应覆盖环境监测活动所涉及的全部场所,其构成如图 3.1 所示,主要由六个关键系统组成,即布点系统、采样系统、运储系统、分析检测系统、数据处理系统和结果评价系统。从质量保证和质量控制的角度出发,为了使监测数据能够准确地反映环境质量的现状,预测污染的发展趋势,要求环境监测数据具有“代表性、完整性、可比性、准确性、精密性”,从而保证监测数据准确可靠。只有达到这“五性”质量指标的监测结果,才能在使用中具有权威性和法律性。

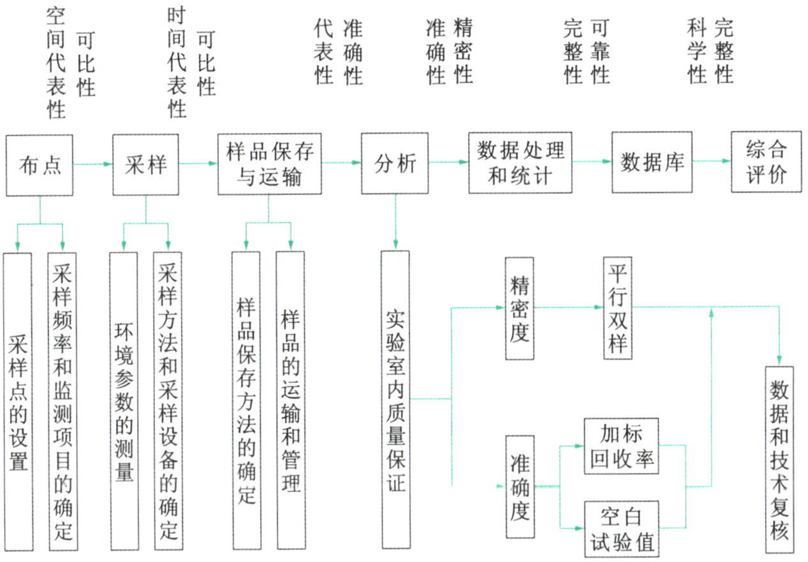

图 3.1　环境监测质量保证体系的主要内容

质量保证和质量控制必须贯穿环境监测的全过程,即布点与采样、预处理与样品分析、数据处理、监测结果的综合分析与评价等环节。表 3.3 表示的是环境监测质量保证体系内容及控制要点。

表 3.3　环境监测质量保证体系及控制要点

质量保证体系	内容	控制要点
布点系统	监测目标系统的控制; 监测点位点数的优化控制	控制空间位置的代表性和可比性
采样系统	采样次数和采样频率的优化; 采样工具方法的统一规范化	控制时间的代表性和可比性
运输系统	样品的运输过程控制; 样品固定保存控制	控制准确性和代表性

续表 3.3

质量保证体系	内容	控制要点
分析检测系统	分析方法的准确度、精密度、检测范围控制； 分析人员素质、实验室内及实验室间质量的控制	控制准确性、精密性和可比性
数据处理系统	数据整理、处理及精度检验控制； 数据分布、分类管理制度的控制	控制可靠性、可比性、完整性和科学性
综合评价系统	信息量的控制； 成果表达控制； 结论完整性、透彻性及对策控制	控制真实性、完整性、科学性和适用性

在环境监测工作中，由于环境样品具有极强的空间性和时间性，为了准确了解和评估环境质量状况，必须采集具有真实性和代表性的样品。当样品不具备真实性和代表性时，任凭实验室分析工作再严密也无法弥补和改变样品失真所致的严重影响。在这种情况下，即使测试质量完全符合要求，对于了解和评估环境质量状况也是毫无意义的，所以采样是极其重要的一环。为此，必须切实重视采集样品的质量控制，确保采集到的样品是符合计划要求的，且具有真实性、代表性和完整性。

（二）如何规范化监测工作

监测工作要按照中华人民共和国生态环境部制定的统一技术规范、方法的要求，依照一定的程序，进行科学的组织与技术上的规范化管理。

为确保监测数据具有“五性”，监测技术规范、采样方法、分析方法、测试方法等均应首选国家标准方法，并以最新公布的版本为准。

在监测过程中要以国家现行的污染源监测管理规范性文件和技术规范等为指导，以实施污染源监测全过程的质量保证和质量控制为基础，以加强现场采样的质量控制为重点，提高环境监测工作质量。

监测技术规范和监测方法标准是正确实施各项监测活动的技术依据，也是监测质量控制的技术保障。

（三）规范化监测工作的主要要求

1. 样品的时空代表性与真实性

按规范布设监测点，确定最佳点位数和最佳点位，保证监测数据的代表性、可比性。

2. 样品的采集、保管与运输

按规范要求，保证所采集样品的真实性和代表性，既能满足时空要求，又要保证样品在分析前不发生物理、化学性质的变化。采样方法、采样器具、样品的保存、运输及有关的记录表格都要规范化。

3. 样品的测试分析与数据处理

样品测试按规定方法进行。操作要规范化，测试结果有效位数的取舍、异常值的判断与剔除、误差的计算等要符合相应的标准规定。

4. 测试工作的质量保证

样品登记、任务下达、原始记录以及数据报表等都应制定规范化表格。其中，对可能影响测试结果的有关因素(如仪器设备、样品情况、环境条件等)要有详细的记载。

5. 测试结果的审核与发出

数据的规范管理与测试报告的审核程序:数据管理要规范测试数据的记录,删改要按照有关规定执行;报出的测试结果要经过三级审核,各级负责人签字后,方为有效。所谓三级审核,即测试结果要经有关人员复核,质量保证负责人审核,最后报本单位技术负责人签字后才能对外发出。

各种原始记录与测试结果报告,一律要按照国家规定使用法定计量单位。

(四)监测数据质量控制计划的制定

①监测数据的质量目标一旦确定后,便可编写详细的工作计划,计划应针对以下问题给予明确的规定:实验设计、组织机构、实验器材的准备、分析测试、数据的处理和分析评价、数据质量的评价。

②质量控制指标体系。为了完善全程质量保证和质量控制的体系和制度,必须建立质量控制指标体系,即评价室内和室间质控效果的量化指标。例如,工作曲线质控指标及评价方法、空白试验质控指标及评价方法、平行双样质控指标及评价方法、标准样品和质控样品质控指标及评价方法、加标回收试验质控指标及评价方法等。

③质量管理体系的建立、计量认证和实验室认可的质量保证(QA)和质量控制(QC)是贯穿环境监测全过程的技术手段和管理程序,其目的是出具具有“五性”的环境监测数据。为了更好地实现全面质量管理,使质量保证和质量控制的作用得到最大程度的发挥,建立相应的质量管理体系刻不容缓,同时应进行计量认证和实验室认可,从而使监测数据具有法律作用。依据《实验室资质认定评审准则》和《检测和校准实验室能力认可准则》建立相应的质量管理体系,并以此体系进行计量认证和实验室认可,使整个环境监测工作在质量管理体系的控制下高效、规范地运作。

二、质量保证有关名词术语

(一)准确度与精密度

1. 准确度

准确度是分析方法或测量系统中存在的系统误差和随机误差的综合反映,是所获得的分析结果(单次测定值或重复测定值的均值)与假定或公认的真值之间符合程度的量度,可通过特定的分析程序计算得到。准确度的好坏直接决定了分析结果是否准确可靠。

准确度的评价方法有以下两种:一种是通过对标准物质进行对比分析,由分析结果来确定数据的准确度,用绝对误差或相对误差表示。另一种是“加标回收法”,即在测定样品时,于同一样品中加入一定量的标准物质进行测定,将测定结果扣除样品的测定值,计算其回收率。计算公式为:

$$回收率=\frac{加标测定值-未加标测定值}{加标量}\times 100\%$$

回收率越接近100%,说明准确度越高。若监测分析方法中无具体规定范围值,则规定为95%～105%。

2. 精密度

精密度是指用特定的分析程序在受控条件下重复分析均一样品所得测定值的一致程度。它反映了分析方法或测量系统存在的随机误差的大小。精密度通常用极差、平均偏差和相对平均偏差、标准偏差和相对标准偏差表示。

在讨论精密度时，经常用到以下几个概念：

①平行性，是指在同一实验室中，分析人员、分析设备和分析时间都相同时，用同一分析方法对同一样品进行的双份或多份平行样测定结果之间的符合程度。

②重复性，是指在同一实验室中，分析人员、分析设备和分析时间中至少有一样不相同时，用同一分析方法对同一样品进行的两次或两次以上独立测定结果之间的符合程度。

③再现性，是指在不同实验室(分析人员、分析设备甚至分析时间都不相同)，用同一分析方法对同一样品进行的多次测定结果之间的符合程度。

平行性和重复性代表了实验室内的精密度；再现性反映的是实验室间的精密度，通常用分析标准样品的方法来确定。

关于精密度应注意以下问题：

①分析结果的精密度与样品中待测物质的浓度有关。因此，必要时应取两个或两个以上的不同浓度水平的样品进行分析方法的精密度的检查。

②精密度随与测定有关的实验条件的改变而有所变动。通常由一整批分析结果的精密度往往高于分散在一段较长时间里的分析结果的精密度。

③标准偏差的可靠程度受测量次数的影响。因此，在对标准偏差做较好估计时(如确定某种方法的精密度)，需要足够多的测量次数。

④通常用分析标准溶液的办法来获得分析方法的精密度，这与分析实际样品的精密度可能存在一定的差异。

⑤准确度良好的数据一定具有良好的精密度，精密度差的数据则难以判断其准确度。

3. 准确度和精密度的关系

从准确度和精密度的概念可知，二者是有差别的，可用图3.2来说明二者的关系，该图表示甲、乙、丙、丁四人测同一水样溶解氧时所得的结果。从中可以看出：甲所得结果的准确度和精密度均好；乙的分析结果的精密度虽然很高，但准确度较低；丙的精密度和准确度都很差；丁的精密度很差，平均值虽然接近真值，但这是由于大的正负误差相互抵消了。如果丁只取2次或3次测定结果来平均，结果可能会与真实值相差很大，因此这个结果也不可取。

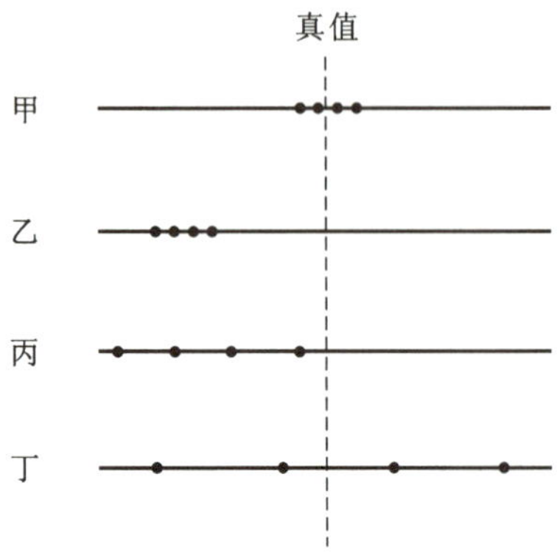

图3.2 不同人员对同一样品的测试结果

可见，精密度是保证准确度的前提，准确度高一定需要精密度好；但精密度高，不一定准确度也高；只有在消除了系统误差之后，精密度好，准确度才高。

(二)灵敏度与检出限

1. 灵敏度

分析方法的灵敏度是指某方法的由单位浓度或单位量的待测物质的变化所引起的响应量变化的程度，可以用仪器的响应量或其他指示量与对应的待测物质的浓度或量之比来描述。

实际工作中常以校准曲线的斜率来度量灵敏度。一个方法的灵敏度会因实验条件的变化而改变，在一定实验条件下，灵敏度具有相对的稳定性。

例如，通过校准曲线可以把仪器响应量与待测物质的浓度或量定量地联系起来。可用下式表示校准曲线的直线部分：

$$A = kc + a$$

式中 A——仪器的响应量；

c——待测物质的浓度；

a——校准曲线的截距；

k——方法的灵敏度，k 值越大，说明该方法的灵敏度越高。

2. 检出限

检出限是指对某一特定的分析方法在给定的可靠程度内可以从样品中检测待测物质的最小浓度或最小量。所谓“检出”是指定性检出，即断定样品中确实存在有浓度高于空白值的待测物质。

检出限除了与分析中所用试剂和水的空白样有关外，还与仪器的稳定性及噪声水平有关。以下是几种常用检出限的规定：

①光度法中规定在扣除空白值后，吸光度为 0.01 时相对应的浓度为检出限。

②在气相色谱法中规定检出限为产生的响应信号为噪声值两倍时对应的量。最小检测浓度是指最小检测量与进样量(体积)之比。

③离子选择电极法规定某一方法的标准曲线的直线部分的外延延长线与通过空白电位且平行于浓度轴的直线相交时，其交点所对应的浓度值即为检出限。

(三)测定限与最佳测定范围

1. 测定限

测定限为定量范围的两端，分为测定上限与测定下限。测定上限是指在测定误差能满足预定要求的前提下，用该方法能准确测定待测物质的最大浓度或量。测定下限是指在测定误差能满足预定要求的前提下，用该方法能准确测定待测物质的最小浓度或量。

2. 方法的线性范围

方法适用范围是指某一特定方法检测下限至检测上限之间的浓度范围。在此范围内可做定性或定量的测定。

方法的线性范围是指工作曲线中信号与样品浓度呈线性的直线部分。通常把相当于 10 倍空白的标准偏差对应的浓度定为方法的线性范围的定量检测下限；取工作曲线中高浓度时，弯曲处作为方法的线性范围的定量检测上限。好的分析方法应具有宽的线性范围。有的分析方法线性范围只有一个数量级，有的分析方法线性范围可达 5～6 个数量级。同一分析方法可用于常量、微量、痕量的物质分析。

3.最佳测定范围

最佳测定范围也称有效测定范围，是指在测定误差能满足预定要求的前提下，特定方法的测定下限至测定上限之间的浓度范围。在此范围内能够准确地定量测定待测物质的浓度或量。最佳测定范围应小于方法的适用范围，对测量结果的精密度(通常以相对标准偏差表示)要求越高，相应的最佳测定范围越小。从图3.3可以看出上述几个概念之间的关系。

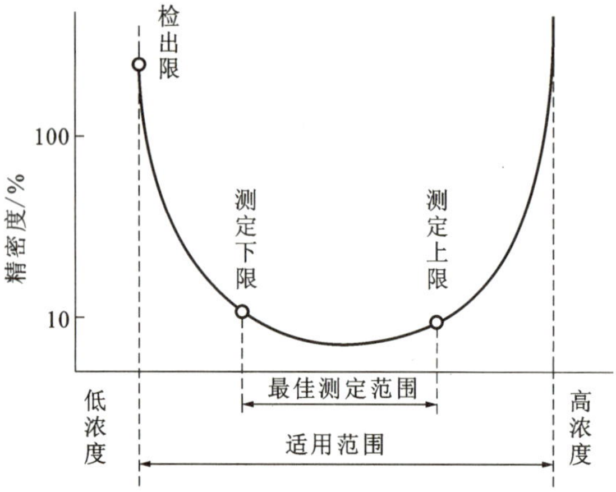

图3.3　分析方法特性关系图

(四)空白试验

1.全程序空白(现场空白)

全程序空白是指将实验用水代替实际样品，置于样品容器中并按照与实际样品一致的分析程序进行测定。一致的程序包括运至采样现场、暴露于现场环境、装入采样瓶中、保存、运输以及所有的分析步骤等。设置全程序空白样品的目的在于确认采样、保存、运输、前处理和分析全过程中是否存在污染和干扰。

按分析方法中的要求采集全程序空白样品，空白测定值应满足分析方法中的要求，一般应低于方法检出限。如分析方法中未明确，每批次水样均应采集全程序空白样品，与水样一起送实验室分析，以判断分析结果的准确性，掌握全过程操作步骤和环境条件对样品的影响。一般情况下，不应从样品测定结果中扣除全程序空白样品的测定结果。

2.实验室空白

实验室空白是指将实验用水代替实际样品，按照与实际样品一致的分析步骤进行测定。设置实验室空白样品的目的在于确认前处理和分析过程中是否存在污染和干扰。

每批次水样分析时，空白样品对被测项目有响应的，至少做2个实验室空白，测定结果应满足分析方法中的要求，一般应低于方法检出限。

对出现空白值明显偏高时，应仔细检查原因，以消除使空白值偏高的因素。

3.运输空白

采样前在实验室将高纯水装入采样瓶中，密封，将其带到采样现场。

采样时不开封，之后随样品运回实验室，按与样品相同的分析步骤进行实验，用于检查样品运输过程中是否受到污染。

运输空白可用来测定样品运输、现场处理和贮存期间或由容器带来的可能玷污。饮用水监测项目要求每批样品必须有一个运输空白。

4. 采样器具、采样瓶空白

采样瓶空白本底测试指用纯水(经检验合格的纯水)注入样品瓶后作为一个样品,按照实际样品的分析程序,测定空白试验结果,检验采样瓶是否合格。

每种材料不同规格的样品瓶每批至少抽取 3%(样品瓶比较少时,最少抽测 1 个)的经清洗后的样品瓶,按项目进行空白试验。当空白试验结果低于检出限时,抽检结果合格;当检测结果高于检出限时,应查找原因并消除影响因素,重复清洗本批次样品瓶至合格为止。

5. 固定剂空白

取两份或两份以上纯水,加入固定剂,然后不经蒸馏、消解等实验室预处理,直接分析测定水样浓度。

每种固定剂空白试验必须覆盖该固定剂添加的所有分析项目。固定剂空白试验结果应符合要求,如检测结果小于检出限,则该批次固定剂合格;否则,应查找原因并消除影响因素,或更换固定剂后重新检验。固定剂的准备工作及空白试验需参考《污水监测技术规范》(HJ 91.1—2019)。

PDF

HJ 91.1—2019

6. 试剂空白

试剂空白即以分析待测样品溶液所使用的溶剂作为空白、其余操作步骤和实际样品相同的空白试验。试剂空白一般应低于方法检出限。如氨氮规定试剂空白的吸光度应不超过 0.030(10 mm 比色皿)。

7. 操作空白

操作空白即除不添加实际样品外,样品制备、前处理、仪器分析和数据处理步骤与实际样品分析步骤相同的空白试验。操作空白用来检查样品制备过程的污染程度,评价实验环境的污染干扰水平。

(五)校准曲线

校准曲线是用于描述待测物质的浓度或含量与相应的测量仪器的响应量或其他指示量之间定量关系的曲线。校准曲线包括标准曲线和工作曲线,标准曲线用标准溶液系列直接测量,没有经过水样的预处理过程,这往往会对废水样品或基体复杂的水样造成较大误差;而工作曲线所使用的标准溶液则经过了与水样相同的消解、净化、测量等全过程。

工作曲线是通过测定一系列具有一定目标物质含量的并具有一定浓度梯度变化的标准物质,得到的一条浓度与响应值成比例关系的曲线。它能反映分析条件、操作水平、分析方法本身的现实状况,并且用于计算检出限、测定限、灵敏度等参数。

标准曲线是通过测定一系列具有一定浓度梯度变化的标准溶液得到的一条浓度与响应值成比例关系的曲线。测定时,必须分别扣除各自的空白值来计算统计量,再绘制校准曲线或根据曲线计算含量或浓度。

凡应用校准曲线的分析方法,都是在样品测得信号值后,从校准曲线上查得其含量

(或浓度)。因此,校准曲线的绘制直接影响到样品分析结果的准确性。校准曲线的绘制应注意以下几点:

①对标准溶液系列,溶液以纯溶剂为参比进行测量后,应先做空白校正,然后绘制标准曲线。

②标准溶液一般可直接测定,但如试样的预处理较复杂使得污染或损失不可忽略时,应和试样经过同样处理后再测定,这在废水测定和有机污染物测定中十分重要,此时应绘制工作曲线。

③校准曲线的斜率常随环境温度、试剂批号和贮存时间等实验条件的改变而变动。因此,在测定试样的同时,绘制校准曲线最为理想,否则应在测定试样的同时,平行测定零浓度和中等浓度标准溶液各两份,取均值相减后与原校准曲线上的相应点核对,其相对差值根据方法精密度规定不得大于5%~10%,否则应重新绘制校准曲线。

三、数据处理的质量保证

(一)误差与偏差

1. 误差

测量结果与其真实值的差值称为误差。

误差是客观存在的,任何测量结果都具有一定的误差,误差存在于一切测量的全过程中。实际上,即使采用最可靠的分析方法、最精密的仪器,很精细地进行操作,测得的数值也不可能和真值完全一致。即使同一个人,对同一样品用同一方法进行数次测定,也往往得不到完全一致的结果。如果是几个人、多个实验室对同一样品用同一种方法测定,结果就更难完全一致。因此,在分析过程中误差是客观存在的,但如果我们掌握了产生误差的规律,找出原因,采取有效措施减小误差,就能使所测结果尽可能准确反映试样中待测组分的真实含量。

(1)误差分类

误差按其产生原因和性质,可分为系统误差、随机误差和过失误差。

系统误差又称可测误差、恒定误差。在一定条件下系统误差具有重现性,而且不会因测量次数的增加而减小。产生系统误差的原因及校正方法见表3.4。

表3.4 产生系统误差的原因及校正方法

产生原因	校正方法
方法误差(如分析方法不够完善)	对照实验,找出校正系数
仪器误差(仪器本身缺陷或未校准引起)	仪器定期校准
试剂误差(试剂含有杂质)	做空白实验或试剂提纯
恒定的个人误差(个人固有的习惯等)	严格按规范操作
恒定的环境误差(如不同季节室温变化等)	尽可能保持室温恒定,并严格按方法要求执行

随机误差又称偶然误差或不可测误差，是由测定过程中某些偶然因素造成的。测定次数多时，随机误差遵从正态分布规律。

过失误差又称粗差，是分析人员由于粗心大意而发生的不应有的错误造成的，如所用器皿不干净、加错试剂、记录错误、计算错误等。过失误差明显歪曲了测量结果，因此一经发现必须立即纠正。

(2)误差表示

$$绝对误差=测量值-真值$$

$$相对误差=\frac{绝对误差}{真值}\times100\%$$

在实际监测分析工作中，由于真值往往是不知道的，所以常用多次测定结果的平均值来表示被测值(真值)的大小。

2. 偏差

偏差是指个别测量值与多次测量均值之间的偏离，可用绝对偏差、相对偏差、平均偏差、相对平均偏差、标准偏差、相对标准偏差表示，其中相对偏差、标准偏差比较常用，它们均定量地说明了监测数据的离散程度，其值越大，说明数据越分散，即测定结果的精密度越差。

(1)绝对偏差(d)

$$d=某次测量值-多次测量值的均值$$

(2)相对偏差

相对偏差反映个别测得值与均值之间的绝对偏差在均值中所占百分数，即：

$$相对偏差=\frac{测量值-\bar{x}}{\bar{x}}\times100\%$$

式中　$\bar{x}$——多次测定的均值。

(3)平均偏差($\bar{d}$)

为反映全部数据的总的偏差，引入了平均偏差，它表示绝对偏差的绝对值之和的平均值，即：

$$\bar{d}=\frac{1}{n}\sum_{i=1}^{n}|d_i|$$

式中　n——样品测定次数。

(4)相对平均偏差

相对平均偏差反映了平均偏差在均值中所占的百分数，其表达式为

$$相对平均偏差-\frac{\bar{d}}{\bar{x}}\times100\%$$

(5)标准偏差(s)

标准偏差是由各次测量值的绝对偏差平方后求得的，所以它能比较正确地反映数据离散程度的大小，是一种最常用的统计量。其表达式为

$$s=\sqrt{\frac{1}{n-1}\sum_{i=1}^{n}(x_i-\bar{x})^2}$$

式中　x_i——任一次测定值。

(6)相对标准偏差(C_V)

相对标准偏差又称变异系数,是标准偏差占平均值的百分数。其表达式为

$$C_V = \frac{s}{\bar{x}} \times 100\%$$

在环境分析工作中,精密度常用相对偏差、标准偏差和变异系数来表示。

3. 极差和相对极差

极差为一组测量值内最大值与最小值之差,用 R 表示。

$$R = x_{\max} - x_{\min}$$

相对极差为极差在均值中所占的百分数。

(二)有效数字

1. 有效数字位数的判断

实验中实际能测量到的数字称为有效数字。记录一个测量数字时,应记录成有效数字,即全部的可靠数字(能够准确读出的数字),再加最后一位的可疑数字(不能准确读出的,只能估读,但又不是臆造的数字)。其位数确定方法:从左边不是 0 的数字数起,有几位数字则有效数字即为几位,对数的有效数字为小数点后的全部数字。如:0.0234(3 位);0.2340 (4 位);23400(不确定,应该用科学记数法表示); pH=8.12 (对数,2 位)。有效数字不仅表示出数量的大小,同时反映了测量的精确程度。

分析结果的有效数字位数,主要取决于原始数据的正确记录和数值的正确计算。在记录测量值时,要同时考虑到计量器具的精密度和准确度,以及测量仪器本身的读数误差。对检定合格的计量器具,有效位数可以记录到最小分度值,最多保留一位不确定数字(估计值)。例如,用万分之一天平(最小分度值为 0.1 mg)进行称量时,有效数字可以记录到小数点后面第四位,如称取 1.2235 g,此时有效数字为五位;称取 0.9254 g,则为四位有效数字。用玻璃量器量取体积的有效数字位数是根据量器的容量允许差和读数误差来确定的。如单标线 A 级 50 mL 容量瓶,准确容积为 50.00 mL;单标线 A 级10 mL 移液管,准确容积为 10.00 mL,有效数字均为四位;用分度移液管或滴定管,其读数的有效数字可达到其最小分度后一位,保留一位不确定数字。分光光度计最小分度值为 0.001,因此,吸光度一般可记到小数点后第三位,且其有效数字位数最多只有三位。

带有计算机处理系统的分析仪器,往往根据计算机自身的设定打印或显示结果,可以有很多位数,但这并不增加仪器的精度和数字的有效位数。在一系列操作中,使用多种计量仪器时,有效数字以最少的一种计量仪器的位数表示。

分析结果有效数字所能达到的位数不能超过方法检出限的有效数字所能达到的位数。如方法的检出限为 0.02 mg/L,则分析结果报 0.088 mg/L 就不合理,应报 0.09 mg/L。

2. 有效数字的修约

有效数据修约规则:4 舍 6 入 5 考虑,5 后有数应进 1,5 后没有数字或数字均为 0 时看 5 前,5 前偶数则舍掉,5 前是奇数则进 1(简称“四舍六入五成双”)。例如,将下列测量值修约为只保留一位小数:14.3426、14.2631、14.2501、14.2500、14.0500、14.1500。修约后分别为 14.3、14.3、14.3、14.2、14.0、14.2。

分析测试过程一般是一系列过程,最终的结果也是利用一系列测定数字计算而获得

的，在计算时应该首先对各数字进行修约。修约时，一律按“四舍六入五成双”的原则。几个数相加减时，最后有效数字位数应取决于绝对误差最大的一个数字（一般按小数点后位数最少一个的位数保留）；几个数相乘除时，最后的有效数字以有效数字位数最少的一个数来保留（即以相对误差最大的数字为准）。常数（如 π、e 等）的有效数字位数认为是无限制的。

（三）监测结果的表述

1. 结果常用的计量单位

对于液体样品，浓度一般用毫克每升（mg/L）表示。当浓度小于 0.1 mg/L 时，用微克每升（μg/L）表示。当浓度大于 10000 mg/L 时，用质量百分数表示结果。

2. 结果的表述

（1）算术平均值（$\bar{x}$）是表达监测结果最常用的方法，平行测定次数越多，结果越接近于真实值。

（2）用算术平均值和标准偏差表示测定结果（$\bar{x} \pm s$）：如果标准偏差 s 越大，$\bar{x}$ 的代表性越弱。

（3）用算术平均值、标准偏差和相对标准偏差表述监测结果（$\bar{x} \pm s, C_V$）。

（4）如果分析监测获得的数据或结果低于所选用方法的检出限，则不能将该数据作为最终表达的结果。因为该数据的可信程度不高，遇到这种情况，结果可用“未检出”表述。“未检出”三个字表示结果时与一般的数字有同样的功能。它表明，按照所选分析方法分析，某一个项目未检出。这种情况也可以用“＜检出限（具体数字）”表达结果。

四、实验室内质量控制

实验室内部质量控制是实验室自行控制质量的常规程序，通过它能评价分析质量的稳定性如何，以便及时发现分析中的异常情况，随时采取相应的校正措施。

（一）实验室内质量控制的目的

实验室内质量保证又称内部质量控制，是实验室分析人员对分析质量进行自行控制及内部质控人员对其实施质量控制技术管理的过程。实验室内质量控制的目的在于控制监测分析人员的实验误差，使之维持在容许范围内，保证测量结果有一定的精密度和准确度，使分析数据在给定的置信水平内，有把握达到所要求的质量。

实验室内质量控制应首先注重分析人员的业务素质和技术水平，然后强调实验室的基础条件和选用正确方法，最后才是合理地实施质量控制技术。通常使用的质量控制技术有平行样分析、加标回收率分析、密码样和密码加标样分析、标准物质（或质控样）对比分析、室内互检、室间外检、方法比较分析和实验允许差以及质量控制图等。这些控制技术各有其特点和适用范围。

（二）实验室内质量控制程序

1. 方法选定

分析方法是分析测试的核心。我国目前的分析方法可以分为以下三个层次：标准方法、统一方法以及等效方法。

①标准方法。我国自己建立的标准方法和等效采用的国际标准方法，主要用于方法对比和仲裁分析，也可用于常规分析。

②统一方法。监测部门或其他有关部门（如生态环境部）经过验证建立的实用方法。统一方法经过检验和标准化工作程序的筛选验证后，可上升为标准方法。

③等效方法。根据地区和行业的环境特点，可建立与标准方法或统一方法可比的等效方法。等效方法必须向上级主管部门提交分析方法的全面资料，并提供方法验证的分析数据，经批准后，才可以使用。

每个分析方法各有其特定的适用范围，应首先选用国家标准方法。尚无国家行业标准分析方法的监测项目，可选用行业统一分析方法或行业规范。采用经过验证的ISO、美国EPA和日本JIS方法体系等其他等效分析方法，其检出限、准确度和精密度应能达到质控要求。

一种物质有几种方法均可测定时，选用何种方法要看测定的目的要求、各种分析方法的特点和具体条件。对浓度很低的待测物质，若要求得到准确度较高的分析结果，应采用灵敏度、准确度都高的仪器，具体要结合实验室条件综合考虑；对要求速度快的监测分析，如运行管理中的控制分析，要根据分析结果及时采取技术措施，这时就必须选择快速简便的分析方法；对野外现场操作的测定，应采用便于制备、便于携带、经济实用的分析方法。总之，选择测定方法要根据待测对象、目的要求和所具备的条件，做到既符合对灵敏度、准确度的要求，又经济实用。

分析人员在承担新的监测项目和分析方法时，应对该项目的分析方法进行适用性检验，包括空白值测定、分析方法检出限的估算、校准曲线检验和方法的精密度、准确度及干扰因素等试验，了解和掌握分析方法的原理、条件和特性。

2.基础实验

对选定的方法，要了解其特性，正确掌握实验条件，必要时，应对已知样品（明码样）进行方法操作练习，直到熟悉和掌握为止。

做空白试验时应注意以下几点：

①空白值的大小和它的分散程度，影响着方法的检测限和测试结果的精密度。

②影响空白值的因素有：纯水质量、试剂纯度、试液配制质量、玻璃器皿的洁净度、精密仪器的灵敏度和精确度、实验室的清洁度、分析人员的操作水平和经验等。

③实验结果的要求：空白试验的重复结果应控制在一定的范围内，一般要求平行双份测定值的相对差值不大于50%。

3.检测（出）限的估算

检测（出）限是指所用方法在给定的可靠程序内可以从零浓度检测到（检出）待测物的最小量（或浓度）。所谓检出，是指定性检出，判定样品中有浓度高于空白的待测物质。

当计算值小于或等于方法规定值时，为合格，可进行下一步实验。当计算值大于方法规定值时，应检查原因，直至计算值合格为止，若经重复实验，检测（出）限仍大于方法检测限时，经有关技术部门批准，可采用该实验室的检出限。

（三）实验室内质量控制措施

常用的实验室内质量控制措施有平行样分析、空白试验、加标样分析、密码样品分析、标准物质对照实验、校准曲线的线性检验、人员比对、方法比对、仪器比对、留样再测、质量控制图的绘制等。

准确度主要反映分析值与真值在多大程度上接近。准确度的控制可以采用标准样品分析、质控样品分析以及实验室加标回收中的任意一种方法。标准样品和质控样品一般用标准物质，安排在检测样品的同时插入标准物质，验证检测结果的准确性。

精密度检验可以反映进行重复测定时结果的离散程度。一般用平行双样测定，由于测定过程中无法避免随机误差，要减少随机误差，增加同一样品的测定次数是非常有效的措施。

下面来进行具体介绍。

1. 平行样分析(精密度控制)

平行样分析是指同一样品的两份或多份子样在完全相同的条件下进行同步分析。一般做双份平行。对于某些要求严格的测试，例如标定标准溶液、检校仪器等，也有同时做 3～5 份平行测定的。平行样分析反映的是分析结果的精密度，可以检查同批测试结果的稳定情况。

在日常工作中，可按照样品的复杂程度、所用方法和仪器的精度以及分析操作的技术水平等因素安排平行样的数量。条件允许时，应全部做平行双样分析。否则，至少应按同批测试的样品数，随机抽取 10%～20%的样品进行平行双样测定。一批样品的数量较少时，应增加平行样的测定率，保证每批样品测试中至少测定 1 份平行双样。

使用经过验证的分析方法进行平行样测定时，其结果的精密度应符合方法给定的室内标准差(或相对标准差)的要求，或按照方法的允许差进行判断。无论用哪种指标衡量，凡不符合要求时，应找出原因所在，加以纠正，并重新分析原样品。

测定结果按下列要求检查是否合格：

计算相对偏差不应大于标准方法或统一方法所列相对标准偏差的 2.83 倍。相对偏差计算公式如下：

$$相对偏差 = \frac{|x_1 - x_2|}{(x_1 + x_2)/2} \times 100\%$$

对未列相对标准偏差的方法，当样品的均匀性和稳定性较好时，可参阅表 3.5 规定。

表 3.5　不同质量浓度的最大允许值

质量浓度水平/(mg/kg 或 mg/L)	100	10	1	0.1	0.01	0.001	0.0001
最大允许值/%	1	2.5	5	10	20	30	50

上述平行样分析可根据具体情况，采取密码(质控员编入)或明码(分析者自行编入)两种方式，两者具有同等效果，不必重复。当平行双样未超过允许偏差时，则最终结果以双样测试结果的平均值报出；当平行双样超过允许偏差时，在样品允许保存期内，再加测一次，取相对偏差符合允许偏差的两个测试结果的平均值报出。

①每批样品中，平行双样合格率在 90%以上时，该批分析结果有效，超差部分的平行双样仍取两个结果的均值报出数据。

②平行双样合格率为 70%～90%时，应随机抽取 30%的样品进行复查(包括超差部

分的平行双样)，复查结果与原结果的总合格率达90%以上时，分析结果有效，超差复查的平行双样此时已有3个数据，以不超过的一对数据的均值作为该样品的结果报出数据，如3个数据间互不超差，则取三者的均值报出。

③平行双样合格率为50%～70%时，应复查50%的样品(包括超差部分的平行双样)，复查结果与原结果的合格率达90%以上时，分析结果有效，否则表明分析者的操作精度或实验室条件存在问题，需查清原因后加以纠正或重新取样。

④平行双样合格率小于50%时，该批样的分析结果不能接受，需重新取样分析。

2. 空白试验

空白试验又称空白测定，是用蒸馏水代替试样的测定，属于方法空白，其所加试剂和操作步骤与试样测定完全相同。空白试验应与试样测定同时进行。另有一种特殊情况叫试剂空白，通常是对纯试剂(如蒸馏水)进行测定，其结果可以衡量纯试剂的质量是否符合分析要求。

空白试验所得到的响应值称为空白试验值，其大小及其重现性在很大程度上反映了监测实验室及分析人员的水平，如实验用水和化学试剂的纯度、量器和容器是否玷污、仪器的性能以及实验室环境状况等对空白试验值均会产生影响。这些因素是经常变化的，为了解它们对试样测定的综合影响，在每次测定时均需做空白试验。

空白试验值的大小与分析方法及各种试验条件等有关。当空白试验值偏高时，应全面检查空白试验用水、空白试剂、量器及容器的玷污情况，测量仪器的性能以及试验环境状态等。空白试验对用水有一定的要求，水中待测物质的浓度应低于所用方法的检测限，否则将使空白试验值和标准偏差增大，进而影响试验结果的精密度和准确度。

3. 校准曲线及其绘制、检验

(1)校准曲线

校准曲线包括通常所谓的"工作曲线"(绘制标准曲线的标准溶液的分析步骤与样品分析步骤完全相同)和"标准曲线"(绘制标准曲线的标准溶液的分析步骤与样品分析步骤相比有所省略，如省略样品的前处理)。

监测分析中常用校准曲线的直线部分。某一方法校准曲线的直线部分所对应的待测物质浓度(或量)的变化范围，称为该方法的线性检测范围。采用校准曲线法进行定量分析时仅限在其线性范围内使用。必要时对校准曲线的相关性、精密度和置信区间进行统计分析，检验斜率、截距和相关系数是否满足标准方法的要求。若不满足，需从分析方法、仪器设备、量器、试剂和操作等方面查找原因，改进后重新绘制校准曲线。

校准曲线的使用时间取决于多种因素，诸如试验条件、试剂的重新配制以及处理仪器的稳定性等。因此，校准曲线不得长期使用、不得相互借用。一般情况下校准曲线绘制应与样品测定同时进行。

(2)校准曲线的绘制

绘制校准曲线的步骤如下：

①配制在测量范围内的一系列已知浓度的标准溶液；

②按照与样品相同的测定步骤，测定各浓度标准溶液的响应值；

③选择适当的坐标，以响应值为纵坐标，以浓度(或量)为横坐标，将测量数据标在坐

标上，注意对坐标进行合理分度，使绘制的直线倾角接近于45°角；

④各点连接为一条适当的曲线，通常选用校准曲线的直线部分。

校准曲线的直线部分所对应的待测物质的浓度（或量）的变化范围，也称为该方法的线性范围。应注意的问题如下：

①配制的标准系列应在方法的线性范围以内；

②绘制校准曲线时应对标准溶液进行与样品完全相同的分析处理，包括样品的前处理操作，只有经过充分的验证，确认省略某些操作对校准曲线无显著影响时，方可免除这些操作；

③校准曲线的使用时间取决于多种因素，诸如试验条件、试剂的重新配制以及处理仪器的稳定性等。因此，通常是在每次分析样品的同时绘制校准曲线，或者在每次分析样品时选择两个适当浓度的标准物同时进行测定，以校准原有的校准曲线；

④应同时做空白试验，并扣除空白试验值；

⑤绘制校准曲线时通常未考虑样品的基体效应，然而，这对某些分析却至关重要，在这种情况下，可使用含有与实际样品类似基体的工作标准系列进行校准曲线的绘制；

⑥绘制经过验证的标准方法线性范围内的校准曲线时，如出现各点较分散或不在一条直线上的现象，则应检查试剂、量器及操作步骤是否有误，并进行必要的纠正，此后如果仍不能得到满意的结果，可根据专业知识和实际经验，对校准曲线进行必要的回归计算，再重新绘图；

⑦利用校准曲线的响应值推测样品的浓度值时，其浓度应在所作校准曲线的浓度范围内，不得将校准曲线随意外延。

（3）校准曲线的检验

应用校准曲线的方法，是在样品测得信号后，从校准曲线上查得或计算其含量（或浓度），因此校准曲线直接影响到样品分析结果的准确性，为此需对校准曲线的线性关系进行检验。

①线性检验

线性检验用以检验校准曲线的精密度。前文中介绍的“统一方法”多数为间接的相对测定，即将被测物的含量跟已知浓度的标准系列进行比对而求得，这种比对通常是通过中间信号转换而实现的。为此，被测物的量（自变量 x）跟信号（因变量 y）两个变量必须密切相关。反映两者相关程度的系数记为 r，当浓度点为 4～6 个时，$|r|$应不小于 0.9990，否则应找出原因，纠正后重新测定和绘制校准曲线。在实验条件不变的情况下，校准曲线斜率一般很稳定，其截距应非常接近于 0。

相关系数（r）是用来表示两个变量（y 及 x）之间有无固有的数学关系以及这种关系的密切程度如何的参数。相关系数可由下式求得：

$$r=\frac{\sum(x_i-\bar{x})(y_i-\bar{y})}{\sqrt{\sum(x_i-\bar{x})^2\sum(y_i-\bar{y})^2}}$$

式中 x_i——已知的自变量（如标液中待测物质的含量）；

y_i——实验中测得的因变量（如吸光度）；

$\bar{x}$、$\bar{y}$——分别为变量 x 和 y 的算术平均值。

若以验证分析方法为目的，必须按工作曲线的程序制备标准系列。用于样品测定的校准曲线则按原方法中的规定实施。

在标准系列的制备与测定中，在精密度较差的浓度段，要适当增加点数。用于光度法的参比液，以纯溶剂（包括水）调零点更稳定，且能减小低浓度段的读数误差。

②截距检验

截距检验即检验校准曲线的准确度。在线性检验合格的基础上，对其进行线性回归，得出回归方程 $y=a+bx$，然后，将所得截距 a 与 0 作 t 检验，当取 95%置信水平，经检验无显著性差异时，a 可做 0 处理，方程简化为 $y=bx$，移项得 $x=y/b$。在线性范围内，该式可代替查阅校准曲线，直接将样品测量信号值经空白校正后，计算出样品浓度。

当 a 与 0 有显著性差异时，表示校准曲线的回归方程计算结果准确度不高，应找出原因予以校正后，重新绘制校准曲线并经线性检验合格后，再计算回归方程，经截距检验合格后投入使用。回归方程如不经上述检验和处理，就直接投入使用，必将给测定结果引入误差。

③斜率检验

斜率检验即检验分析方法的灵敏度。方法灵敏度是随实验条件的变化而改变的，在完全相同的分析条件下，仅由于操作中的随机误差导致的斜率变化不应超出一定的允许范围，此范围因分析方法的精度不同而异。例如，一般而言，分子吸收分光光度法要求其相对差值小于 5%，而原子吸收分光光度法则要求其相对差值小于 10%。

(4)正确绘制校准曲线

被测物转变为有色溶液的反应称为显色反应或发色反应，显色反应介质的 pH 条件、显色剂用量、显色反应的时间和温度、为消除共存物干扰而加入的掩蔽剂，甚至加试剂的顺序，都要按照分析方法的要求执行。有时，标准系列虽然不像实际试样那样组成复杂，但仍要求与试样进行同样的处理步骤。

参比溶液的作用是消除比色皿、溶剂、显色剂及样品基体对入射光的反射、散射及吸收等所引起的误差。若仅待测物与显色剂的反应产物对入射光有吸收，可用纯溶剂（如蒸馏水）作参比溶液；如果显色剂或其他试剂对入射光略有吸收，可用试剂参比剂（不加试样的溶液）作参比溶液。

建立校准曲线时，测量吸光度的参比有两种选择：

第一种方法用纯溶剂（如蒸馏水）作参比，两个比色皿都放溶剂时，"样品比色皿"的吸光度测定值为比色皿成对性校正值。此后，所有样品吸光度测定值都须扣除此值，进行校正，然后以纯溶剂为参比，测定空白及标准系列的吸光度，绘制校准曲线。

第二种方法直接用空白为参比，当两个比色皿都放空白时，测定比色皿成对性校正值，然后测定标准系列的吸光度，绘制校准曲线。

上述两种方法得到的两条校准曲线互相平行，但第一种方法可测定空白的水平，后一种方法不能测定空白，理论上校准曲线通过原点。若空白为零，两条校准曲线重合。无论用什么作参比，实样测定时应该使用与建立校准曲线时相同的比色皿和同样的参比。比色皿的成对性校正对于使用已久的比色皿而言很有必要，尤其是测量吸光度很小的样品时，校正可保证测量值的可靠性和重复性。

4.加标回收率分析(准确度控制)

在测定样品的同时，于同一样品的子样中加入一定量的标准物质进行测定，将其测定结果扣除样品的测定值，以计算回收率，据此了解测定中是否存在干扰因素。用加标回收的方法可以判断所选用的测定方法能否用于该样品的测定。

$$回收率(P)=\frac{加标试样测定值-试样测定值}{加标量}\times 100\%$$

显然，加标回收率越接近100%，说明该方法越准确。要注意的是，加标量视被测组分含量而定，含量高的加入被测组分含量的0.5～1.0倍，含量低的加2～3倍，但加标后被测组分的总量不得超出该方法的测定上限。加标浓度宜高，体积应小，不应超过原试样体积的1%，否则需进行体积校正。

进行加标回收率测定时，应注意以下几个方面。

①加标物质的形态应该和待测物的形态相同。

②加标样品和样品中所含待测物浓度应该控制在精密度相等的范围内，一般情况下规定：

- 加标量应尽量与样品中待测物含量相等或相近，并应注意对样品容积的影响；
- 当样品中待测物含量接近该方法的检出限时，加标量应控制在校准曲线的低浓度范围；
- 在任何情况下加标量均不得大于待测物含量的3倍；
- 加标后的测定值不应超出该方法的测定上限的90%；
- 当样品中待测物浓度高于校准曲线的中间浓度时，加标量应控制在待测物浓度的1/2。

③由于加标样与样品的分析条件完全相同，其中干扰物质和不正确操作因素所致的效果相等。当以其测定结果的减差计算回收率时，常不能确切反映样品测定结果的实际差错。

加标回收率的测定率可以和平行样的测定率相同。一般随机抽取10%～20%的样品量做加标回收率分析，样品数不足10个时，适当增大加标比率。每批同类型试样中，加标试样不应小于1个。所得结果可按测定方法规定的水平进行判断，或在质量控制图中检验。二者都无依据时，可按95%～105%的阈限做判断。超出此阈限的，再按测定结果的标准差、自由度、给定的置信限和加标量计算可接受限P，计算公式如下：

$$P_{下限}=0.95\quad t(n',P)sp/D$$

$$P_{上限}=1.05-t(n',P)sp/D$$

式中　$t(n',P)$——自由度为n'，概率为P的t值；

sp——加标回收量的标准差；

D——加标量或预期回收量。

加标回收率的测定可以反映测试结果的准确度。当按照平行加标进行回收率测定时，所得结果既可以反映测试结果的准确度，也可以判断其精密度。以上两项质量控制技术都是由分析者本人安排实施的，是自控方式的质量控制技术。

但也要注意，用加标回收率评价测定结果的准确度也有一定的局限性，因为样品中某些干扰物质对待测物质产生的正干扰或负干扰，有时不能被回收试验所发现。

加标回收率的类型包括空白加标、基体加标、基体加标平行。空白加标在与样品相同的前处理和测定条件下进行分析；基体加标和基体加标平行是在样品前处理之前加标，加标样品与样品在相同的前处理和测定条件下进行分析。

5. 密码样和密码加标样分析

这种质量控制技术适于设有质量控制的专设机构或专职人员的单位使用。由于设有专职人员，就可以将一定数量的已知样品（标准样或质控样）和常规样品同时安排给分析人员进行测定，这些已知样品对分析者本人都是未知样（密码样），测试结果经专职人员核对无误，即表示数据的质量是可以接受的。

密码加标样由专职人员在随机抽取的常规样品中加入适量标准物质（或标准溶液），与样品同时交付分析人员进行分析，测定结果由专职人员计算加标回收率，以控制分析测试的质量——测试结果的精密度和准确度。

这是一种他控方式的质量控制技术。其测定率可以和平行加标率的测定率相同。

6. 标准物质（或质控样）对比分析

标准物质（或质控样品）既可以是明码样，也可以是密码样，是经权威部门定值、有准确测定值的样品。标准物质（或质控样品）被用于实验室内（个人）质量控制时，常将其与样品做同步测定，将所得结果与保证值（或理论值）相比，以评价其准确度，从而推断是否存在系统误差，或出现异常情况。

采用标准物质和样品同步测试的方法作为准确度控制手段，每批样品应带一个已知浓度的标准物质或质控样品。如果实验室自行配制质控样品，要注意与国家标准物质比对，并且不得使用与绘制校准曲线相同的标准溶液配制，必须另行配制。

当标准物质或质控样品测试结果超出允许误差时，按以下原则进行数据取舍：

①当全部标准物质或质控样品测试结果超出了规定的允许误差范围时，本批结果无效，需重新分取样品（或重新采样）再次分析。

②当部分标准物质或质控样品测试结果超出允许误差时，应重新分析超差的标准物质或质控样品并随机抽取超差比例部分的样品进行复查，如复查的标准物质或质控样品的测试结果合格且复查样品的结果与原结果不超出平行双样允许偏差，则分析结果有效；如复查的质控结果仍不合格，表明本批分析结果准确度失控。无论复查样品测试结果的精密度如何，原结果与复查结果均不得接受，应找出失控原因并加以排除后才能再行分析，报出结果数据。

质控人员可在采样或样品处理分装过程中编入10%～15%的密码平行样或质控样。样品数不足10个时，应做50%～100%的密码平行样或质控样。

7. 对照试验

一种方法的准确度还可用对照试验来检验，即通过对标准物质的分析进行对照或与用标准方法分析相对照。同样的分析方法的分析结果有时也可能因不同实验室、不同分析人员而有所差异，这实际上也是一种对照试验。

在进行环境样品分析的同时，对标准物质进行平行分析，将后者的测定结果与浓度进行比较，以控制分析准确度。也可以由他人（上级或权威部门）配制（或选用）标准样品，但不告诉操作人员浓度值（即密码样），然后由上级或权威部门对结果进行检查，这也是考核人员的一种方法。

8. 人员比对

同一实验室的不同分析人员之间的相互检查和比对分析，作为质量控制技术，既可以是自控的，也可以是他控的。由于分析人员不同，实验条件也不完全相同，因而可以避免仪器、试剂以及习惯性操作等因素带来的影响。当不同分析人员分别测定的结果相一致时，即可认为工作质量是可以接受的。否则，应各自查找原因，进行纠正，并重新分析原样品。

人员比对试验是指在相同的环境条件下，采用相同的检测方法、相同的检测设备和设施，由不同的检测人员对同一样品进行检测的试验。

当某项试验可由多人进行操作时，实验室可采用人员比对试验的方式进行内部质量控制，通过安排具有代表性的不同层次的两人或者多人展开试验，考核测试人员的能力水平，判断检测人员操作是否正确、熟练，用以评价人员对试验检测结果准确性、稳定性和可靠性的影响。

作为实验室内部质量控制的手段，人员比对优先适用于以下情况：

①依靠检测人员主观判断较多的项目，例如食品中的感官项目和品尝项目；

②有在培员工和新上岗的员工参与检测；

③检测过程的关键控制点或关键控制环节；

④操作难度大的项目或者样品；

⑤检测结果在临界值附近；

⑥使用新安装的设备进行检测；

⑦新开验的检测项目。

9. 方法比对

方法比对试验是指在环境条件相同，由相同的人员采用不同的检测方法对同一样品进行测定，并将测试结果进行比较。当某个检测项目可以由多种方法进行操作时，实验室可以采用方法比对进行内部质量控制，判断检测所遵循的标准或者方法是否被严格地理解和执行，用以评价检测方法对试验检测结果准确性、稳定性和可靠性的影响。

由于不同方法对样品的处理方法不同，所用试剂、仪器也多有差别，如果不同方法所得结果一致，则表示分析工作的质量可靠，结果正确。但是，正是由于不同方法所需手段、试剂等条件不同，手续相对烦琐，一般常规监测中不便使用方法比对试验，其多用于重大的仲裁性监测或对标准物质进行定值等工作中。

作为实验室内部质量控制的手段，方法比对优先适用于以下情况：

①刚实施的新标准或者新方法；

②引进的新技术、新方法或研制的新方法；

③已有的具有多个检验标准或方法的项目。

10. 仪器比对

仪器比对试验是指在相同的环境中，用相同的方法，由相同的检测人员采用不同的仪器设备对同一样品进行检测的试验。

当某项试验可由多种设备进行操作时，实验室可采用设备比对试验的方式进行内部质量控制，判断对测量准确度、有效性有影响的设备是否符合测量溯源性的要求，用以评价仪器设备对实验室检测结果准确性、稳定性和可靠性的影响。

作为内部质量控制手段，设备比对试验优先适用于以下情况：

①新安装的设备；

②修复后的设备；

③检测结果出现在临界值附近的设备。

11. 留样再测

留样再测是指在尽可能相同的环境条件下，采用相同的检测方法、相同的检测设备和设施，由相同的检测人员对已完成检测的样品在其留样保存期间进行再次检测的试验。

实验室通过留存样品的再次测量，比较分析上次测试结果与本次测试结果的差异，用以评价实验室因偶然因素对实验室检测结果准确性、稳定性和可靠性的影响。

作为内部质量控制手段，留样再测可在下列情况采用：

①验证检测结果的准确性；

②验证检测结果的重复性；

③对留存样品特性的监控。

12. 质量控制图

质量控制图是实验室内部实行质量控制的一种常用的、简便有效的方法，对经常性的分析项目常用控制图来控制质量，它可以用于准确度和精密度的检验。

质量控制图的基本原理是由 W. A. Shewhart 提出来的，每一个方法都存在着变异，都受时间和空间的影响，即使在理想的条件下获得的一组分析结果，也会存在着一定的随机误差。但当某一结果超出了随机误差的允许范围时，运用数理统计的方法，可以判断这个结果是异常的、不足信的。质量控制图可以起到监测的仲裁作用。因此，实验室内质量控制图是监测常规分析过程中可能出现的误差、控制分析数据，在一定的精密度范围内保证常规分析数据质量的有效方法。

(1)质量控制图的组成

质量控制图主要是反映分析质量的稳定性情况，以便及时发现某些偶然的异常现象，随时采取相应的校正措施。编制质量控制图的基本假设是：测定结果在受控条件下具有一定的精密度和准确度，并按正态分布。若针对一个控制样品，用一种方法，由一个分析人员在一定时间内进行分析，累积一定数据，而且这些数据达到了规定的精密度和准确度的要求（即处于控制状态），则可用其结果分析次序编制质量控制图。在以后的经常分析过程中，取每份（或多次）平行的控制样品随机地编入环境样品中一起分析，根据控制样品的分析结果，推断环境样品的分析质量。

质量控制图一般采用直角坐标系。横坐标代表抽样次数或样品序号，纵坐标代表作为质量控制指标的统计值。质量控制图的基本组成见图 3.4。

预期值——图中的中心线；

目标值——图中上下警告限；

实测值的可接受范围——图中上下控制限之间的区域；

辅助线——上下各一条，在中心线两侧与上下警告限之间各一半处。

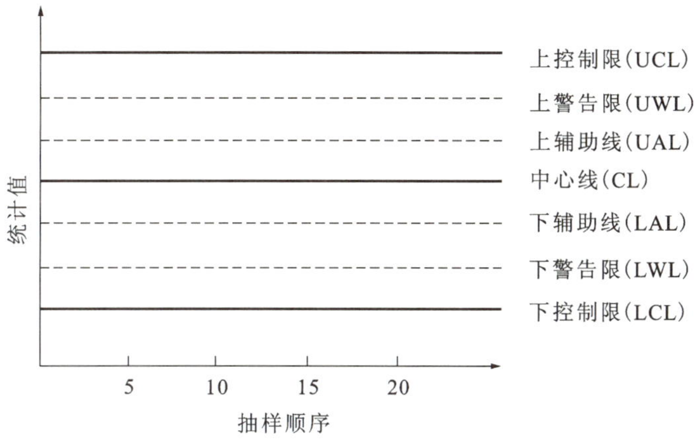

图 3.4　质量控制图的基本组成

(2)质量控制图的绘制和使用方法

质量控制图可分为均值控制图和均数-极差控制图两种。

均值控制图主要考查平行样测定的平均值 $\bar{x}$ 与总体平均值 $\bar{\bar{x}}$ 的接近程度。

编制质量控制图时，需要准备一份质量控制样品，控制样品的浓度与组成尽量与环境样品相近，且性质稳定而均匀。编制时，要求在一定时间内，分批用与分析环境样品相同的分析方法分析控制样品 20 份以上(每次平行分析两份，求其平均值 $\bar{x}_i$)。均值控制图的绘制过程如下：

①测定质量控制样品　至少要 20 个数据，每个数据由一对平行样品的测定结果求得，这些数据不应在同一天内测得。

②计算　其分析数据按下列公式计算总体平均值 $\bar{\bar{x}}$、标准偏差 s(此值不得大于标准分析方法中规定的相应浓度水平的标准偏差值)：

$$\bar{\bar{x}} = \frac{\sum \bar{x}_i}{n}$$

$$s = \sqrt{\frac{\sum (\bar{x}_i - \bar{\bar{x}})^2}{n-1}}$$

$$\bar{x}_i = \frac{x_i + x'_i}{2}$$

式中　x_i、x'_i——质量控制样品平行样的测定值。

③绘制质量控制图　以 $\bar{\bar{x}}$ 值绘于质量控制图上的中心线；对应置信度 95%或99.7%的 $2s$ 或 $3s$，分别绘制 $\bar{\bar{x}} \pm 3s$ 为上、下控制限，$\bar{\bar{x}} \pm 2s$ 为上、下警告限，再按 $\bar{\bar{x}} \pm s$ 绘制上、下辅助线。具体如图 3.5 所示。

④画图　将 20 个数据按测定顺序点到图上相应的位置上，这时应满足如下判断条件。

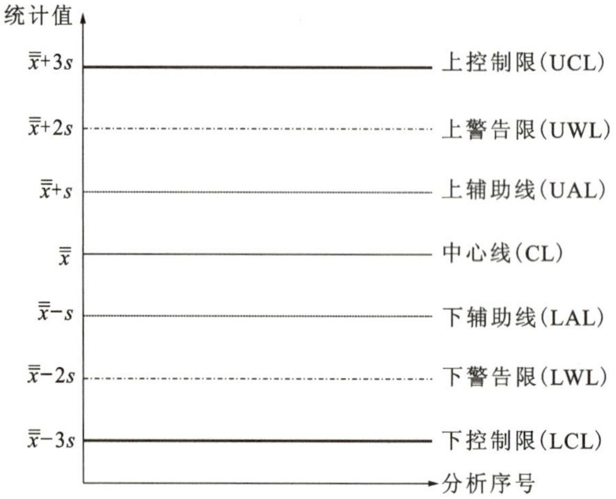

图 3.5　均值控制图

- 如其中有超出控制限者应予以剔除。剔除后数据总数少于 20 个时，需补充新的分析数据，重新计算各参数并绘制质量控制图，如此反复进行，直至落在控制限内的数据≥20 个为止。

- 落在 $\bar{\bar{x}}\pm s$ 范围内的点数应约占总点数的 68%(即 2/3 以上)；如果少于 50%，则说明分布不合适，此图不可靠，应该重作；若落在 $\bar{\bar{x}}\pm s$ 范围内的点数占总点数的 50%～68%，此图虽可用，但可靠性较差。

- 如果按测定顺序连续 7 点位于中心线的同一侧，则表示所得数据不是充分随机的，数据失控，此图不适用。

质量控制图绘成后，应标明绘制该图的相关信息和条件，如测定项目、溶液浓度、分析方法、实验温度、控制指标、分析人员及绘制日期等。

均值控制图的使用方法：根据日常工作中该项目的分析频率和分析人员的技术水平，每间隔适当时间，取两份平行的控制样品，与环境样品同时测定；对操作技术水平较低的人员和测定频率低的项目，每次都应同时测定控制样品，将控制样品测定的结果依次点在控制图上，根据如下判断条件可检验分析过程是否处于控制状态。

- 若此点在上下警告限之间区域内，则测试结果处于控制状态，环境样品分析结果有效。

- 若此点超出上述区域，但仍在上下控制限之间的区域内，表示分析质量开始变劣，可能存在“失控”倾向，应进行初步检查，并采取相应的校正措施。此时环境样品的分析结果仍然有效。

- 若此点落在上下控制限以外，则表示测定过程已经失控，应立即查明原因，予以纠正。

- 若遇到 7 点连续上升或下降时，表示测定有失去控制的倾向，应立即查明原因，予以纠正。

- 即使过程处于控制状态，尚可根据相邻几次测定值的分布趋势，对分析质量可能发生的问题进行初步判断。

当控制样品测定次数积累更多之后，这些结果可以和原始结果一起重新计算总平均值、标准偏差，再校正原来的质量控制图。

例 3.1　用某标准方法分析还原糖质量浓度为 0.250 mg/L 的标准物质溶液，得到下列 20 个分析结果(单位：mg/L)：

0.251、0.250、0.250、0.263、0.235、0.240、0.260、0.290、0.262、0.234、0.229、0.250、0.283、0.300、0.262、0.270、0.225、0.250、0.256、0.250

试做均值质量控制图。

解：总均值 $\bar{\bar{x}}=0.256$ mg/L

标准偏差 $s=0.020$ mg/L

控制限 $\bar{\bar{x}}\pm 3s=(0.256\pm 0.060)$ mg/L

警告限 $\bar{\bar{x}}\pm 2s=(0.256\pm 0.040)$ mg/L

辅助线 $\bar{\bar{x}}\pm s=(0.256\pm 0.020)$ mg/L

根据以上数据，作出质量控制图如图 3.6 所示。

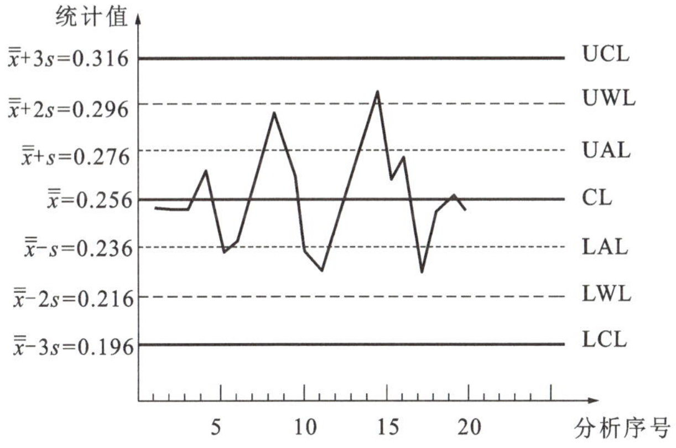

图 3.6　质量控制图

五、实验室间质量控制

实验室工作质量的外部控制称为实验室间质量控制。通常由中心实验室或上级主管部门负责实施，接受外部控制的各实验室必须是内部质量已经达标的合格者。即实验室间(外部)质量控制是在实验内质量控制的基础上进行的，其目的是检查各实验室间是否存在系统误差，以提高实验室间分析结果的可比性。

(一)实验室间质量控制的目的

实验室间质量控制在于使协同工作的实验室间能在保证基础数据质量的前提下，提供准确可靠的测试结果，即在控制分析测试的随机误差达到最小的情况下，进一步控制系统误差。其主要用于实验室性能评价和分析人员的技术评定以及协作实验仲裁分析等方面。

(二)实验室间质量控制程序

①建立工作机构：通常由上级单位的实验室或专门组织的专家技术组负责主持该项

工作。

②制定计划方案：按照工作目的、要求制定工作计划，包括实施范围、实施内容、实施方式、日期、数据报表及结果评价方法、标准等。

③标准溶液校准：由上级机构在分发标准样品之前，先向各实验室发放一份标准物质（包括标准溶液等），与各实验室的基准进行比对分析，以发现和消除系统误差。一般是使用接近分析方法上限浓度的标准溶液来进行测定。测定后用 t 检验法检验两份样品的测定结果有无显著性差异。

④统一样品的测试：在上级机构规定的期限内进行样品测试，包括平行样测定、空白试验等，按要求上报结果。

⑤实验室间质量控制考核报表及数据处理。

上级机构在收到各实验室统一样品测定结果后，及时进行登记整理、统计和处理，以制定的误差范围评价各实验室数据的质量（一般采用扩展标准偏差或不确定度来评价）。

绘制质量控制图，检查各实验室间是否存在系统误差。

⑥向参加实验室通知检查结果。

（三）实验室间质量控制措施

实验室间质量控制通常包括实验室质量考核、标准溶液的比对、实验室误差测试等方面。控制办法通常是采用由上级监测管理部门（中心实验室）对下级监测站（实验室）进行分析质量考核；在各实验室完成内部质量控制的基础上，由上级监测中心或控制中心提供标准参考样品，分发给各受控实验室，各实验室在规定期间内对标准参考样品进行测定，并把测定过程和结果报回监测中心或控制中心，然后由中心将测定结果做统计处理，按对应结果评价各实验室测定结果的优劣。只有考核合格的实验室，它们的常规监测分析数据才被接受和承认，而对于那些不合格的实验室要及时提供技术上的帮助和指导，使它们尽快提高监测分析质量。

练习巩固

练习

项目三监测实验室质量保证 练习

模块二　水环境监测技能训练

项目四　地表水监测

项目概述

水质监测对象广泛，包括环境水体（江、河、湖、海及地下水、水库、沟渠水等）和水污染源（生活污水、工业废水和医院污水等）；水中污染物的种类繁多，包括化学型污染物、物理型污染物和生物型污染物。因为受到人力、物力、经费等各种条件的限制，不可能也没必要对所有项目一一监测，应根据实际情况选择监测项目。

本项目以某大学校园湖泊的水质监测为例，介绍地表水环境质量监测方案的制定、水样的采集与保存、水样的预处理、典型监测项目的监测方法、分析测试、数据处理与结果评价、监测报告的编写等。

思维导图

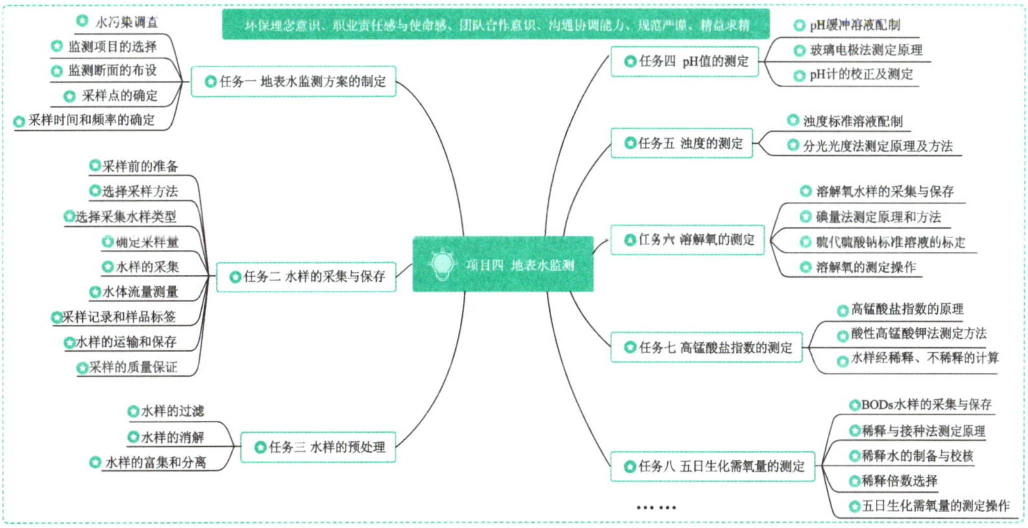

学习目标

1. 知识目标

(1)知道地表水监测方案的制定流程及要点;

(2)熟悉水样采样时间和采样频率确定的方法;

(3)掌握水样采集方法和采样仪器的使用方法;

(4)知道水样的主要预处理方法;

(5)掌握地表水常规项目检测与分析方法。

2. 技能目标

(1)能够制定出地表水监测方案;

(2)能确定水样的采样的时间和采样频率;

(3)能确定水样采集方法,选择正确的采样仪器采集水样;

(4)能够正确预处理水样;

(5)能够对地表水常规项目进行正确检测与分析。

3. 素质目标

(1)培养学生的环保理念与意识,职业责任感与使命感;

(2)培养学生规范严谨、精益求精的工作态度和职业精神;

(3)培养学生的沟通协调能力与团队合作意识;

(4)培养学生吃苦耐劳、艰苦朴素的作风;

(5)提高学生分析问题与解决问题的能力。

学习任务

任务一　地表水监测方案的制定

水质监测方案是一项监测任务的总体构思和设计,制定前应该首先明确监测目的,在实地调查研究的基础上,掌握污染物的来源、性质以及污染物的变化趋势,确定监测项目,设计监测网点,合理安排采样时间和采样频率,选定采样方法和监测分析方法,并提出检测报告要求,制定质量保证程序、措施和方案的实施细则,在时间和空间上确保监测任务的顺利实施。水质监测的一般流程见图 4.1。

世界上许多国家对水体水质特性指标采样、测定等过程均有具体的规范化要求,这样可保证监测数据的可比性和有效性。近年来,我国加快了推进水体水质监测工作的规范化和系统化的步伐,一系列水质采样、监测技术规范陆续颁布,为各类环境水体的水质监测奠定了技术基础。

监测方案是完成监测任务工作程序和技术方法的总体设计,是监测工作之重点,制

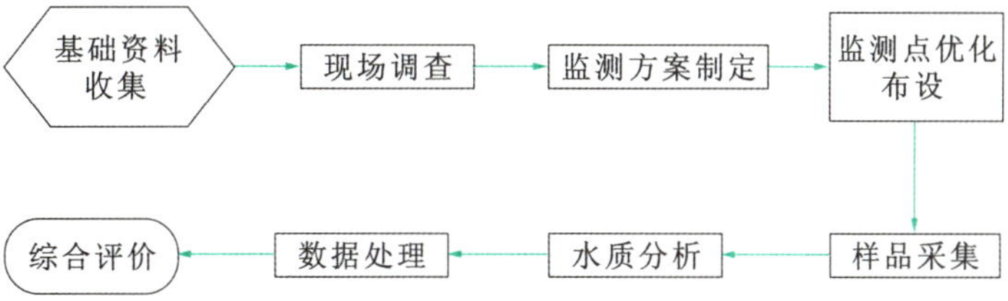

图 4.1 水质监测的一般流程

定前需了解水体污染基本知识、明确监测目的，熟悉相关标准和技术规范的要求，如《地表水环境质量监测技术规范》(HJ 91.2—2022)、《水质 采样方案设计技术规定》(HJ 495—2009)、《地表水环境质量标准》(GB 3838—2002)等，然后在调查研究的基础上确定监测项目，布设监测网点，合理安排采样频率和采样时间，选定合适的采样方法和分析测定方法，提出监测报告要求，制定质量控制和保证措施及实施计划等。制定水环境监测方案的基本思路可以概括为“3W1H”，如图 4.2 所示。

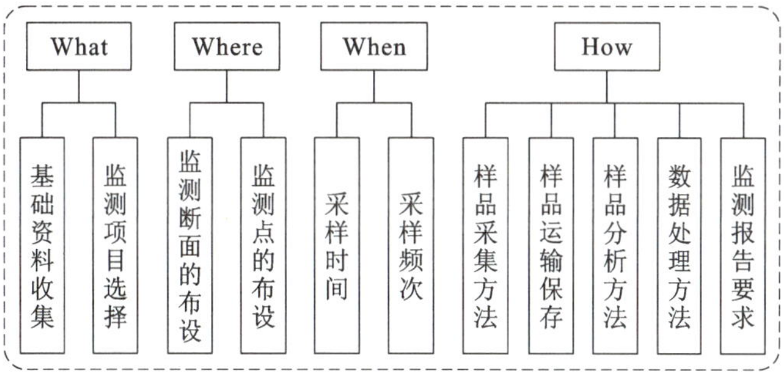

图 4.2 制定水环境监测方案的基本思路

一、水污染调查

地表水环境调查主要是对能引起水环境污染的因素的综合调查，无论水体是否作为饮用水水源。引起水环境污染的因素很多，既有自然因素，又有人为因素；既有工业污染源、农业污染源，又有生活污染源和交通污染源等，错综复杂且随着时间和空间的改变呈动态变化，这就需要进行细致的调查和综合的分析。

除了各种污染源及各类污染因子，调查范围还包括水体底质和水生生物的污染情况。因为水环境的污染既可以直接反映在水的本体中，也可以从底质层中直接或间接地反映出来，水体中同样存在着种类繁多的水生生物，如底栖动物、浮游动物、鱼虾贝类和水生植物等，这些生物与水环境共同构成的生态系统是一个复杂的动态平衡体系。

通常，水污染调查分为基础资料收集和现场调查两部分。

(一)基础资料收集

在制定监测方案前，应有针对性地进行目标监测水体及其所在区域的有关资料收集，具体包括：

①相关的环境保护方面的法律法规、标准和规范。

②目标水体的水文、气候、地质和地貌等自然背景资料。如水位、水量、流速及其流向的变化、支流污染情况等;全年的平均降雨量、水蒸发量及其历史上的水情;河流的宽度、深度、河床结构及其地质状况;湖泊沉积物的特性、间温层分布、等深线等。

③水体沿岸城市分布、人口分布、工业分布、污染源及其排污等情况。

④水体沿岸的资源情况和水资源的用途;饮用水水源分布和重点水源保护区;水体附近土地功能及近期使用计划等。

⑤历年水资源资料等。如目标水体的丰水期、枯水期、平水期的时间范围情况变化等。

⑥地表径流污水、雨污水分流情况,以及工业、农业用水和排水、陆地范围农药和化肥等使用情况等。

(二)现场调查

在基础资料和文献资料收集的基础上,有必要进行目标水体的现场调查,以判断和确定收集到的资料数据的可信度,更全面地了解和掌握目标水体区域诸多环境信息的动态变化情况及其变化趋势。

深入现场了解以往进行水质监测时所设置的监测断面或采样点是否需要进行增减或调整,为更科学、合理地制定监测方案提供依据。

现场调查工作还要针对目标水体进行周围居民健康影响的公众调查,调查沿岸居民有没有因饮用水、食用水生生物和食用目标水体所灌溉的作物而影响健康。目标水体作为当地的饮用水水源时,应开展一定程度的公众调查,必要时还要进行流行病学的调查,并进行与历史数据和文献资料信息的综合分析。例如怀疑周围居民有慢性汞中毒可能时,可对被检者做发汞、尿汞或血汞的化验检查,并与正常值进行比较。

二、监测项目的选择

参考标准《地表水环境质量标准》(GB 3838—2002)中对地表水必测和选测项目的规定,见表 4.1。

表 4.1　地表水监测项目

项目	必测项目	选测项目
河流	水温、pH 值、悬浮物、总硬度、电导率、溶解氧、高锰酸盐指数、五日生化需氧量、氨氮、硝酸盐氮、亚硝酸盐氮、挥发酚、氰化物、硫酸盐、六价铬、汞、砷、镉、铅、石油类等	硫化物、氯化物、氟化物、有机氯农药、有机磷农药、大肠菌群、铜、锌等
饮用水源地	水温、pH 值、浊度、总硬度、溶解氧、化学需氧量、五日生化需氧量、氨氮、亚硝酸盐氮、硝酸盐氮、挥发性酚、氰化物、砷、汞、六价铬、铅、镉、氟化物、细菌总数、大肠菌群等	锰、铜、锌、阴离子洗涤剂、硒、石油类、有机氯农药、有机磷农药、硫酸盐、碳酸根等
湖泊、水库	水温、pH 值、悬浮物、总硬度、溶解氧、透明度、总氮、总磷、化学需氧量、五日生化需氧量、挥发性酚、氰化物、砷、汞、六价铬、铅、镉等	钾、钠、藻类(优势种)、浮游藻、可溶性固体总量、铜、大肠菌群等
排污河(渠)	根据纳污情况确定	根据纳污情况确定

三、监测断面的布设

在对基础资料综合分析的基础上，根据监测目的、水质的均一性、采样的难易程度、采用的监测方法、有关标准法规，并考虑人力、物力等因素合理确定监测断面。

（一）河流监测断面的布设原则

监测断面应当在宏观上反映河流水系或所在流域的水环境质量状况。各断面的布设必须能反映所在区域环境的污染特征，尽可能以最少的断面获取足够的有代表性的环境信息，同时还要兼顾采样的可行性和可操作性。具体如下：

①对流域或水系要设立背景断面、控制断面（若干）和入海口断面。对行政区域可设背景断面（对水系源头）或入境断面（对过境河流）或对照断面、控制断面（若干）和入海口断面或出境断面。在各控制断面下游，如果河段有足够长度（>10 km），还应设削减断面。

②根据水体功能区设置控制监测断面，同一水体功能区至少要设置 1 个监测断面，应避开死水区、回水区、排污口处，尽量选择顺直河段、河床稳定、水流平稳、水面宽阔、无急流、无浅滩处。

③饮用水水源区、水资源集中的区域、主要风景游览区及重大水利设施所在地等功能区要布设监测断面。

④充分考虑水文及河道地形、植被与水土流失情况、其他影响水质及其均匀程度的因素等。如在较大的支流汇合口上游和汇合后与干流充分混合处、受潮汐影响的河段和严重水土流失区等需布设监测断面。

⑤监测断面应力求与水文测流断面一致，以便利用其水文参数，实现水质监测与水量监测的结合。

⑥应考虑社会经济发展以及监测工作的实际状况和需要，要具有相对长远性的谋划。

⑦流域同步监测中，根据流域规划和污染源限期达标目标确定监测断面；在河道局部整治中，监视整治效果的监测断面由所在地区环境保护行政主管部门确定。

⑧进行应急监测时，对江河污染的跟踪监测要根据污染物质的性质、数量及河流的水文要素等，沿河段布设数个采样断面，并在采样点设立明显标志。采样频次根据事故程度确定。

⑨入海河口断面要设置在能反映入海河水水质并临近入海的位置。

（二）河流监测断面的设置

在实施一个完整水系的水样采集时，需要布设的断面类型有背景断面、对照断面、控制断面和削减断面等。对于江、河水系或某一河段，要观测某一污染源排放所造成的影响，只需要布设对照断面、控制断面和削减断面。如图 4.3 所示。

1. 背景断面

背景断面是指为评价某一完整水系的污染程度时，未受人类生活和生产活动影响，能够提供水环境背景值的断面。

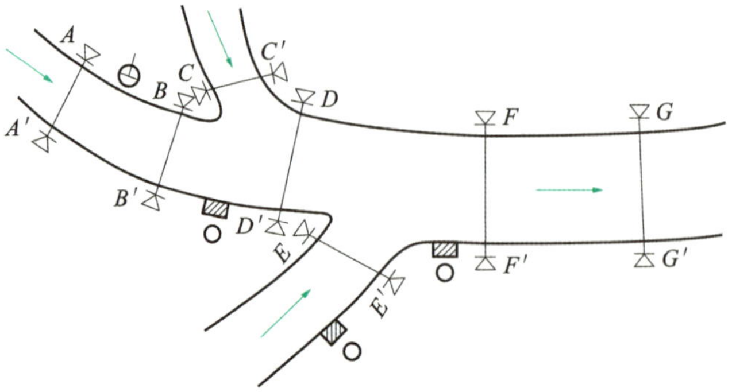

→ 水流方向； 自来水厂取水点； ○ 污染源； ▨ 排污口；

A—A′ —对照断面；B—B′ 、C—C′ 、D—D′ 、E—E′ 、F—F′ —控制断面；G—G′ —削减断面

图 4.3 河流监测断面设置示意图

背景断面的具体位置应按如下原则确定：

①远离工业区、城市居民区和主要交通干线，原则上应设在水系源头处或未受污染的上游河段；

②尽可能远离化肥和农药施放区；

③尽可能设在水文条件比较稳定和河段平直的地段；

④设在水土流失严重的上游河段；

⑤对于区域水文、地球化学异常的河段，应在该区的上、下游分别设置断面；

⑥既要避开主要交通干线，又要考虑交通必须方便，所以一般在交通线上游不远处布设。

2. 对照断面

对照断面是为了解流入监测河段前的水体水质状况而设置的断面。这类断面应设在河流进入城市或工业区之前的河段，避开各种废水、污水流入或回流处，一般设在距离最近排污口上游 50～1000 m 处。一个河段一般只设一个对照断面，有主要支流时可酌情增加。

3. 控制断面

控制断面又称污染监测断面，是为了评价监测河段两岸污染源（口）排放的污水对水体水质的影响，是为了解水环境受污染程度及变化情况而设置的断面。控制断面的数目及位置应根据河段沿岸污染源分布及主要污染物的迁移、扩散规律和水体径流情况确定，一般设在排污口下游 500～1000 m 处，即污水与河水基本混合均匀处。控制断面的数量、控制断面与排污区（口）的距离可由以下因素决定：主要污染源的数量及其间的距离、各污染源的实际情况、主要污染物的迁移转化规律和其他水文特征。此外，还应考虑对纳污量的控制程度，即由各控制断面所控制的纳污量不应小于该河段总纳污量的 80%，控制断面的布设还要结合调查范围内的环境特征，对于调查范围内的重点保护水域（饮用水水源地、渔业养殖区和地球化学异常区等）、水文站附近等，都应增加布设监测

断面。同时，也应考虑到城镇近期和远期的规划。

控制断面一般设置在以下位置：

①有大量污水排入河流的主要居民区、工业区的下游；

②较大支流汇合口的上游和汇合后与干流充分混合处、河流入海口处、受潮汐影响的河段及严重水土流失区；

③饮用水源区、水资源集中的水域、主要风景游览区及重大水利设施处等功能区；

④国际河流出入国境线的出入口处、地方河流出入边界线的出入口处；

⑤对流程较长的重要河流，为了解水质水量的变化情况，经适当距离后应设置监测断面。

4. 削减断面

削减断面是指工业废水或污水在水体内流经一定距离而达到（河段范围）最大程度混合，污染物经稀释扩散和自净作用，其主要污染物浓度有明显降低的断面。它主要反映河流对污染物稀释净化的情况，应设置在控制断面下游主要污染物浓度显著下降处。通常设在城市或工业区最后一个排污口下游 1500 m 以外的河段上，水量小的小河流应视具体情况而定。一般一条河流设置一个削减断面。

5. 出入境断面

水系流经行政区交界处时应分别设置入境断面或出境断面；国际河流流出、入国境的交界处应设置出境断面和入境断面；水系较大的支流汇入前的河口处也应设置相应的断面；水网地区应根据常年主导流向设置监测断面；有水工建筑物并受人工控制的河段，视情况分别在闸（坝、堰）上、下设置断面。

①入境断面

入境断面用来反映水系进入某一行政区域时的水质状况，应设置在水系已进入本区域但尚未受到本区域污染源影响处。一般设在对照断面之前，或与对照断面重叠。

②出境断面

出境断面用来反映进入下一行政区域前的水质情况，因此应设置在本区域最后的污水排放口下游，污水与河水已基本混匀，并尽可能靠近水系出境处，如果在此行政区域内河流有足够的长度，则应设上述削减断面。

（三）湖泊、水库监测断面的设置

湖（库）属于缓流水体，且空间跨度一般较小，与河流的差异较大。因此，针对湖（库），监测断面的布设需要遵循以下原则。

①湖泊、水库通常只设监测垂线，如有特殊情况可参照河流的有关规定设置监测断面；

②在湖（库）区的不同水域，如进水区、出水区、深水区、浅水区、湖心区、岸边区，按水体类别设置监测垂线；

③湖（库）区若无明显功能区域，可采用网格法均匀布设，依据湖（库）的重要供水水源取水口，以取水口处为圆心，按扇形法在 100～1000 m 范围布设若干弧形监测断面或垂线；

④受污染物影响较大的重要湖泊、水库，应在污染物主要输送路线上设置控制断面。

四、采样点的确定

（一）地表水采样点的确定

江、河水系水面宽度不尽相同，当布设了监测断面后，还应根据各水面的宽度来合理布设监测断面上的采样垂线，依此确定采样点位置和数量。对于江、河水体，在任何一个监测断面上布设的采样垂线数和相应垂线上的采样点数应符合表 4.2 和表 4.3 的要求。河流水源保护区、供水取水口处扇形断面垂线密度视其水质情况而定。

采样点布设的总原则：以最少的监测断面、监测垂线和采样点获取最具代表性的水样。

表 4.2　采样垂线数的设置

水面宽	垂线数	说明
≤50 m	一条（中泓线）	垂线布设应避开污染带，要测污染带应另加垂线； 确能证明该断面水质均匀时，可仅设中泓垂线； 凡在该断面要计算污染物通量时，必须按本表设置垂线
50～100 m	两条（近左、右岸有明显水流处）	
＞100 m	三条（左、中、右）	

表 4.3　采样垂线上的采样点数设置

水深	采样点数	说明
≤5 m	上层一点	上层指水面下 0.5 m 处，水深不到 0.5 m 时，在水深 1/2 处； 下层指河底以上 0.5 m 处； 中层指 1/2 水深处； 封冻时在冰下 0.5 m 处采样，水深不到 0.5 m 时，在水深 1/2 处； 凡在该断面要计算污染物含量时，必须按本表设置采样点
50～10 m	上、下层两点	
＞10 m	上、中、下层三点	

对于水量大、水深流急和河面宽＞100 m 的较大河流来说，至少应设三条采样垂线，如图 4.4 所示。中线应设在除去河流两岸浅滩部分后的中间位置，左、右两垂线应布设于由中线至岸边的中间部分。

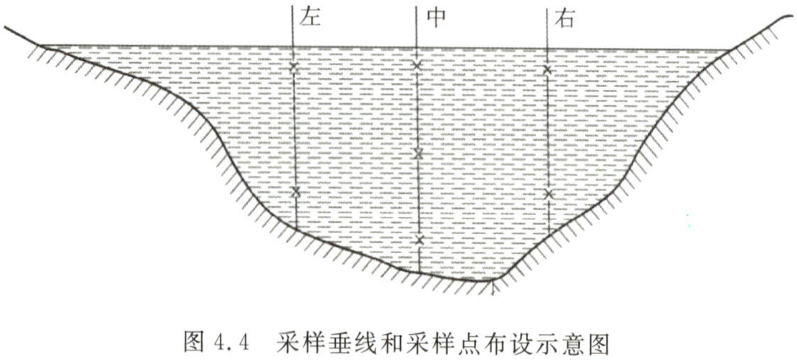

图 4.4　采样垂线和采样点布设示意图

根据经验，采样时应尽量避免在水体和河床的交界处采样，如在紧靠河岸、河底、渠壁等 25 cm 以内的位置上采集水样，因为在这里采集的水样往往没有水的本体代表性。

因湖泊、水库的水体可能存在分层现象，水质有不均匀性，应先对不同深度处的水温和溶解氧等参数进行测定，掌握水质随湖泊深度、温度的变化规律。有温度分层现象时，可根据温度分布层与采样点位的关系（如图 4.5 所示），确定采样垂线上采样点的数量及位置。但若有充分证据说明水体水质上下均匀，可酌情减少垂线上的采样点数目。有温度分层情况时，要求采集有代表性的间温层水样。

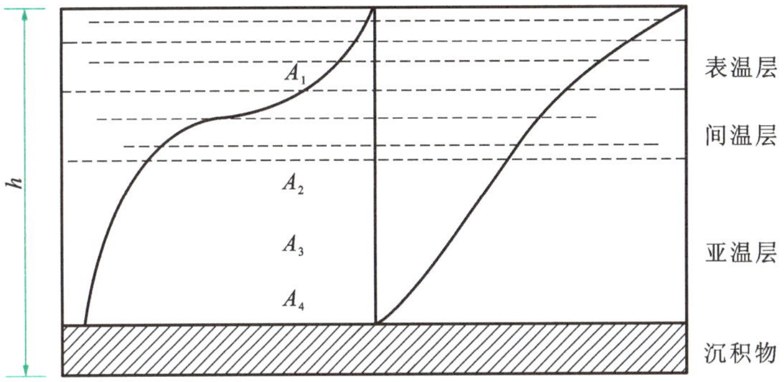

图 4.5　各温层采样点设置示意图

A_1—表温层中；A_2—间温层下；A_3—亚温层中；

A_4—沉积物与水介质交界面上约 1 m 处；h—水深

监测断面和采样点的位置确定后，其所在位置应该有固定而明显的岸边天然标志物。如果没有天然标志物，则应设置人工标志物，如竖石柱、打木桩等，或采样时用全球定位系统（GPS）定位。每次采样要严格以标志物为准，使采集的样品取自同一位置上，以保证样品的代表性和可比性。

（二）饮用水源水质生物监测采样垂线（点）的确定

当饮用水源受到污染而发生水质改变时，可以根据水生生物的反应，对水体污染程度作出判断，这已成为饮用水源保护区不可或缺的水质监测内容。实施饮用水源水质生物监测的程序与一般水质监测程序基本相同，此处重点介绍在饮用水源各级保护区布设生物监测采样垂线（点）应遵循的原则。

①根据各类水生生物生长与分布的特点布设采样垂线（点）。

②在饮用水源各级保护区交界处水域，应布设采样垂线（点），并与水质监测采样垂线尽可能一致。

③根据实地勘查或调查掌握的信息，确定各代表性水域采样垂线（点）布设的密度与数量。

④在对浮游生物、微生物进行监测时，采样点布设要求如下：

- 当水深小于 3 m，水体混合均匀且透光可达到水底层时，在水面以下 0.5 m 布设采样点。
- 当水深为 3～10 m，水体混合较为均匀、透光不能达到水底层时，分别在水面以下和水底以上 0.5 m 处布设采样点。

当水深大于 10 m 时，在透光层或温跃层以上的水层，分别在水面以下 0.5 m 和最大透光深度处布设采样点，另在水底以上 0.5 m 处布设采样点。

为了解和掌握水体中浮游生物、微生物的垂向分布，可每隔 1.0 m 布设采样点。

五、采样时间和频率的确定

(一)确定原则

为使采集的水样具有代表性，能够反映水体水质在时间和空间上的变化规律，必须依据不同的水体功能、水文要素和污染源、污染物排放等实际情况，合理安排采样时间和采样频率，力求以最低的采样频率取得最有时间代表性的样品，既能反映水质状况，又要切实可行。

(二)确定方法

①背景断面每年采样 1 次；较大河流、湖泊、水库上的监测断面，逢单月采样 1 次，全年 6 次，采样时间可设在丰水期、枯水期和平水期，每期采样 2 次；底泥每年在枯水期采样 1 次。

②饮用水源地、各行政区交界断面中需要重点控制的监测断面每月至少采样 1 次，全年不少于 12 次。

③对于较大水系、河流、湖泊、水库上的监测断面逢单月采样 1 次，全年监测 6 次；国控监测断面(或垂线)每月采样 1 次，一般在每月的 5～10 日进行；

④受潮汐影响的监测断面的采样，分别在大潮期和小潮期进行。每次采集涨、退潮水样分别测定。涨潮水样应在断面处水面涨平时采样，退潮水样应在水面退平时采样。

⑤水系的背景断面每年采样 1 次，在污染可能较重的季节进行。

⑥如某必测项目连续三年均未检出，且在断面附近确定无新增排放，而现有污染源排污量未增的情况下，每年可采样 1 次进行测定，一旦检出，或在断面附近有新的排放源或现有污染源有新增排污量时，即恢复正常采样。

⑦遇有特殊自然情况，或发生污染事故时，要及时采用应急监测方案，增加采样频次；局部流域河道整治时，应在一定时期内增加采样频次，具体方案由整治工程所在地的地方环境保护行政主管部门制定。

⑧海水水质常规监测，每年按丰水期、平水期、枯水期或季度采样监测 2～4 次。

⑨对饮用水源保护区的生物监测：

生物群落监测周期为 3～5 年 1 次，在周期监测年度内，监测频率为每季度 1 次；水体卫生学项目(如细菌总数、总大肠菌群数、粪大肠菌群数和粪链球菌数等)与水质项目的监测频率相同；水体初级生产力监测每年不得少于 2 次；生物污染物残留量监测每年 1 次。

采样时间：同一类群的生物样品采集时间(季节、月份)应尽量保持一致；浮游生物样品的采集时间以上午 8:00～10:00 为宜。除特殊情况之外，生物体污染物残留量测定的生物样品应在秋、冬季采集。

任务二　水样的采集与保存

水样的采集和保存是水质监测分析的重要环节。要想获得准确、全面的水质分析资料，首先必须采用正确的采样方法。如果这个环节没有做好，那么即使分析化验操作再严格细致、准确无误，其结果也是毫无意义的。甚至会得出错误的结论，耽误了工作。水样采集和保存的主要原则是：

①采集的样品要能代表水体的质量，正确反映水体的水质状况，即水样必须具有足够的代表性。

②水样必须不受任何意外的污染。水样的代表性是指样品中各种组分的含量都应符合被测水体的真实情况。为了使测定用水具有代表性，必须控制好下列诸多关键环节：采样前的现场调查研究和收集资料，监测断面和采样点的布设，采样时间和采样频率的确定，采样器和采样方法的选择，水样的保存、运输和预处理等。

本任务主要介绍水样贮存容器的要求与洗涤方法、地表水的采集方法。通过本次任务的学习，要求掌握水样容器的选择原则、材质要求与清洗方法，熟悉主要的水质采样器的使用方法，会选择正确的采样器采集地表水样，能正确、规范地填写采样记录表和样品标签。

一、采样前的准备

从水体中取出的反映水体水质状况的水就是水样；将水样从水体中分离出来的过程就是采样；采样地点的选择和监测网点的建立就是布点。

采样前应提出采样计划，确定采样断面、垂线和采样点，采样时间和路线，人员分工，采样器材、样品的保存和交通工具等。采样准备如图 4.6 所示。

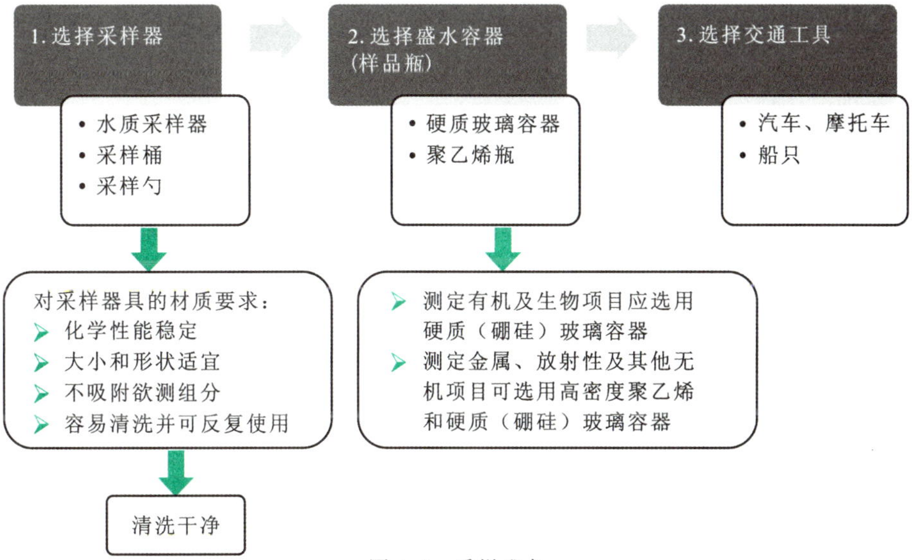

图 4.6　采样准备

（一）制定采样计划

在采样前需确定采样负责人，主要负责制定采样计划，并组织实施。

采样前应由采样负责人提出采样计划并组织实施。采样负责人在制定计划前要充分了解该项监测任务的目的和要求；应了解清楚要采集的监测断面的周围情况；应熟悉采样方法、水样容器洗涤、样品保存技术；有现场测定项目和任务时，还应了解有关现场测定技术。

采样计划包括已确定的采样断面和采样点位、测定项目和采样数量、样品保存措施、质量保证措施、采样时间和路线、交通工具、采样人员和分工、采样器材、盛样容器、需要现场进行测定的项目、安全保证措施及流量测量器材等。

（二）准备采样器、盛水容器及交通工具

容器的准备，通常使用的容器有聚乙烯塑料容器和硬质玻璃容器。塑料容器常用于监测金属和无机物的项目；玻璃容器常用于监测有机物和生物等的项目；惰性材料常用于特殊监测项目。目的是避免引入干扰成分，因为各类材质与水样易发生如下作用：

①容器材质溶于水样，如从塑料容器溶解下来的有机质和从玻璃容器溶解下来的钠、硅和硼。

②容器材质吸附水样中某些组分，如玻璃吸附痕量金属，塑料吸附有机质和痕量金属。

③水样与容器直接发生化学反应，如水样中的氟化物与玻璃容器间的反应等。

1. 准备采样器

(1)采样器的选择

根据采样点位置及监测项目，选择合适采样器。采样器与水样接触材质常采用聚乙烯塑料、有机玻璃、硬质玻璃和金属铜、铁等。

①水桶采样。水桶(塑料材质)是一种普通的采样器具，适于采集表层水。采集的水样既有表层水，也有几十厘米深处的水，是混合水样，这在实际工作中是允许的。

塑料水桶适用于采集大部分监测项目(溶解氧、油类、细菌学等有特殊采样要求的指标除外)的水样。注意到达采样点位正式采样前，首先要用水样冲洗桶体 2～3 次，同时应避免水面漂浮物进入采样桶。

②有机玻璃采水器。该采水器由桶体、带轴的两个半圆上盖和活动底板等构成。桶体内装有水银温度计，采水器桶体容积 1～5 L 不等，见图 4.7。有机玻璃采水器用途较广，除油类、细菌学指标等项目所需水样不能使用该采水器外，其他大部分水质监测项目均可使用。使用有机玻璃采水器采样时，应注意如下事项：

- 有机玻璃采水器放入水体时，应保持与水面垂直。当水深流急时，应增加铅锤质量。
- 采水器到达指定水层后，稍停片刻即可提升出水面。在样品分装前，松开放水胶管夹子，先放掉少量水样再分装。
- 有机玻璃采水器强度较差，在采样过程中容易因碰撞或操作不当而引起采水器损坏。如发现采水器活动底板漏水或上盖板脱落，应立即停止使用。

③单层采水器。单层采水器适用于采集水流平缓的深层水样。单层采水器主要由

采水瓶架子(包括铅锤)和采水瓶构成,瓶口配塞,用绳索系牢,绳上标有刻度。采样时,将采水器降落至预定深度,然后将细绳上提,瓶塞即打开,水样便充满采水瓶,迅速提出水面,倒掉瓶上部少量水样(充满容器保存的样品除外),即获得所需样品。

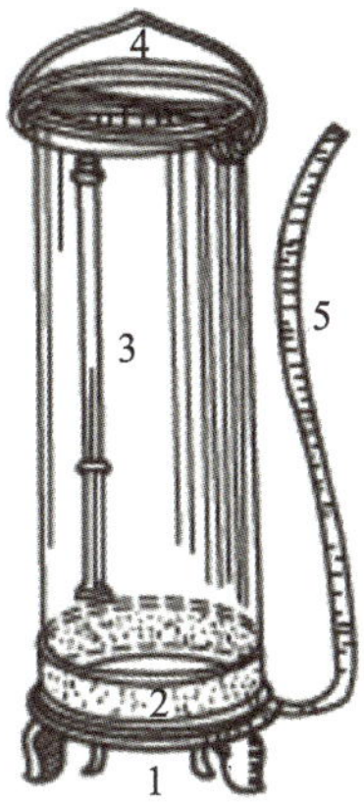

图 4.7 有机玻璃采水器

1—进水阀门;2—压重铅阀;3—温度计;4—溢水阀;5—橡皮管

单层采水器的特点是样品瓶直接在水体中装样,从表层水到较深的水体都可以使用。它适用于大部分监测项目样品的采集,尤其是油类和细菌学指标等监测项目必须使用这类采水器,但不能用于水中微量气体(如溶解氧等)项目样品的采集,其原因在于水样充满样品瓶的过程中,水气交换改变了容器内水样中微量气体的含量。

④溶解氧采水器。也叫双瓶采水器,将采样瓶伸入要求水深处,打开上部的橡胶管夹,水样进入小瓶(采样瓶)并将空气驱入大瓶,从连接大瓶短玻璃管的橡胶管排出,直到大瓶中充满水样,提出水面后立即密封。水样可用于测定溶解性气体。如图 4.8 所示。此采水器可防止水和空气扰动而改变水样中溶解气体的成分。

⑤其他采水器。除上述采水器外,还有急流采水器(如图 4.9)、连续自动定时采水器等。急流采水器适用于采集水流急、流量较大的水样。采集水样时,打开铁框的铁栏,将采样瓶用橡皮塞塞紧;将一根长钢管固定在铁架上,管内橡胶管上端由夹子夹紧,下端与瓶塞上的短玻璃管相连,瓶塞上长玻璃管通至采样瓶底部;再把铁栏扣紧,将采样器垂直伸入水中。待采样瓶伸入要求水深处,打开橡胶管夹,水样从橡皮塞的长玻璃管流入瓶中,瓶内空气由短玻璃管沿橡胶管排出。水样可用于测定溶解性气体。

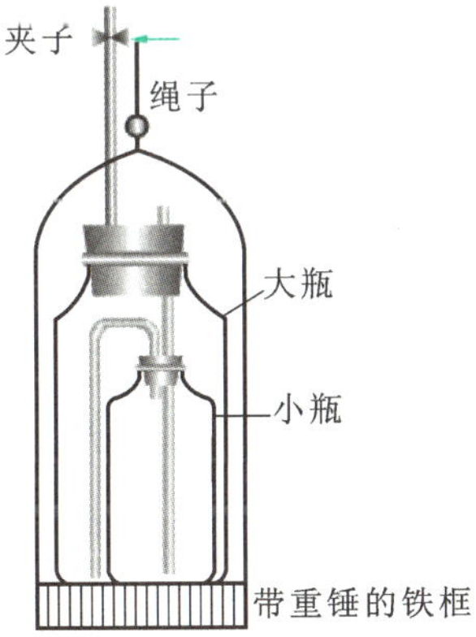

图 4.8 溶解氧采水器

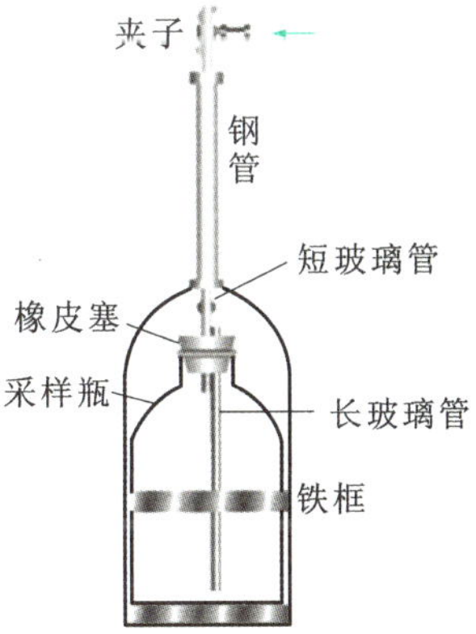

图 4.9 急流采水器

(2)采样器的洗涤

采样前根据监测项目和采样位置选择合适的采样器,容器在使用前必须经过洗涤,先用自来水冲去灰尘和其他杂物,再用酸或其他溶剂洗涤,最后用蒸馏水冲洗干净。对于盛装测金属类水样的容器,先用洗涤剂清洗、自来水冲洗,再用 10%的盐酸或硝酸浸泡

8 h,用自来水冲洗,最后用蒸馏水清洗干净,晾干待用;对于盛装测有机物水样的容器先用洗涤剂冲洗,再用自来水冲洗,最后用蒸馏水清洗干净备用。

2.准备现场监测仪器

若需对水位、水温、pH 值、电导率、浊度、溶解氧、氧化还原电位、透明度、盐度、色、嗅和味等项目进行现场监测,应在实验室内准备好所需的仪器设备,并进行检查和校准,确保性能正常,符合使用要求。例如水位计、井深仪、水温计、塞氏盘、便携多参数现场测试仪等。

对于需要现场测定记录的参数及对应的测定方式规定为:

①水温:用经检定的温度计直接插入采样点测量。深水温度用电阻温度计或颠倒温度计测量。温度计应在测点放置 5～7 min 待测得的水温稳定后读数。

②pH 值:用测量精度为 0.1 的 pH 计测定。测定前应清洗和校正仪器。

③DO:用膜电极法(注意防止膜上附着微小气泡)。

④透明度:用塞氏盘法测定。

⑤电导率:用电导率仪测定。

⑥氧化还原电位:用铂电极和甘汞电极以 mV 计或 pH 计测定。

⑦浊度:用目视比色法或浊度仪。

⑧水样感官指标的描述。颜色:用相同的比色管,分取等体积的水样和蒸馏水进行比较,进行定性描述。水的气味(嗅)、水面有无油膜等均应做现场记录。

⑨水文参数:水文测量应按《河流流量测验规范》(GB 50179—2015)进行。潮汐河流各点位采样时,还应同时记录潮位。

⑩气象参数:气温、气压、风向、风速和相对湿度等。

采样的同时,需测定河流流量,所以需考虑流量测量方法及器材,提前做好准备,具体内容见“水体流量测量”(P92)。

3.准备盛样容器

(1)选择合适材质容器

选择合适材质的容器盛装水样,是避免引入干扰成分、保证水样不变质的前提。如果水样贮存容器材质选择不当,就可能由于吸附、溶解而造成待测组分损失或玷污样品。为此在采样前必须了解监测对象对样品贮存容器的要求,以选择合适材质的容器。

①容器材质对水样的影响

容器材质与水样相互作用表现在以下三个方面:

- 容器材质溶于水,如从塑料容器溶解下来有机质和从玻璃容器溶解下来钠、硅和硼等;
- 容器材质吸附水样中某些组分,如玻璃吸附痕量金属,塑料吸附有机质等;
- 水样与容器直接发生化学反应,如水样中的氟化物与玻璃容器间的反应等。

②对水样容器及材质的要求

鉴于以上原因,对水样容器及材质有如下要求:

- 容器材质的化学稳定性比较好,可保证水样的各组分在贮存期间不发生变化;
- 抗极端温度性能好,抗振,容器大小、形状和质量适宜;

- 能严密封口，且容易打开；
- 材料易得，成本较低；
- 容易清洗，能反复使用。

③常用容器材质

通常使用的容器有硼硅玻璃(即硬质玻璃)容器和聚乙烯塑料容器。如图 4.10 所示。

(a)

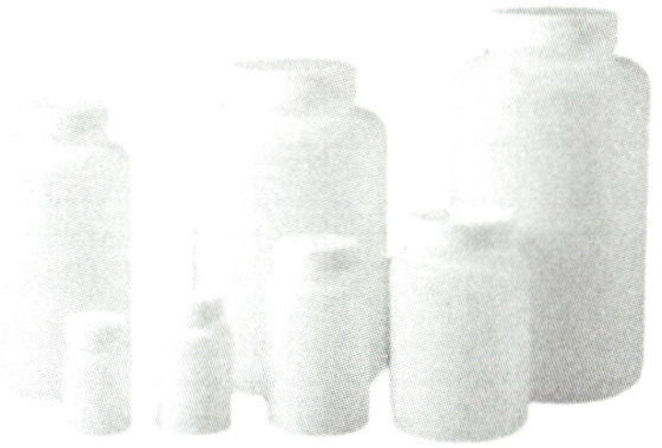

(b)

图 4.10 常见的水样容器

(a)硼硅玻璃容器；(b)聚乙烯容器

- 硼硅玻璃容器：硼硅玻璃的主要成分是二氧化硅和三氧化硼，因无色透明故便于观察样品及其变化，耐热性能良好，能耐强酸、强氧化剂以及有机溶剂的侵蚀，但是不耐氟化氢和强碱，易破碎，运输中需特别小心。玻璃容器常用作监测有机污染物和生物水样的贮存容器，也可用作某些无机污染物(如六价铬、硫化氢、氨)水样的贮存容器，不宜贮存碱性水样以及测定锌、钙、镁、硅等的水样，因为玻璃容器会溶解出这些物质而玷污样品。
- 聚乙烯容器：聚乙烯在常温下不被浓盐酸、磷酸、氢氟酸和浓碱腐蚀，性质很稳定，容器耐冲击、轻便、便于运输和携带，但浓硝酸、溴水、高氯酸和有机溶剂对其有缓慢的侵蚀作用。贮存水样时，聚乙烯容器很少吸附大多数金属离子，但有吸附正磷酸根离子及有机物的倾向，而且塑料本身和添加剂的老化分解，能从器壁溶解到水样中，产生有机污染，所以聚乙烯容器用于贮存测定金属离子和其他无机物的水样，不宜贮存有机污染物(如苯、油等)水样。

(2)容器洗涤

容器在使用前必须经过洗涤。盛装测金属类水样的容器，依次用洗涤剂清洗、自来水冲洗，再用 10%的盐酸或硝酸浸泡 8 h，用自来水冲洗，最后用蒸馏水清洗干净；盛装测有机物水样的容器，先用洗涤剂清洗，再用自来水冲洗，最后用蒸馏水清洗干净。盛样容器洗涤方法见表 4.4。

表 4.4 水样常用盛样容器、保存方法、采样量及容器洗涤

项目	盛样容器	保存方法	分析地点	保存期	采样量[①]	容器洗涤
浊度	G. P.	—	现场；实验室	12 h	250	Ⅰ
色度	G. P.	—	现场；实验室	12 h	250	Ⅰ
pH 值	G. P.	—	现场；实验室	12 h	250	Ⅰ

续表 4.4

项目	盛样容器	保存方法	分析地点	保存期	采样量[①]	容器洗涤
电导率	G. P.		现场;实验室	12 h	250	Ⅰ
悬浮物	G. P.	0～4 ℃暗处冷藏	实验室	14 h	500	Ⅰ
碱度	G. P.	0～4 ℃暗处冷藏	实验室	12 h	500	Ⅰ
酸度	G. P.	0～4 ℃暗处冷藏	实验室	30 h	500	Ⅰ
COD	G.	加 H_2SO_4 至 pH≤2	实验室	2 d	500	Ⅰ
高锰酸盐指数	G.	0～4 ℃暗处冷藏	实验室	2 d	500	Ⅰ
DO	DO 瓶	加入 1 mL 硫酸锰和 2 mL 碱性 KI 溶液,现场固定	现场;实验室	24 h	满瓶	Ⅰ
BOD_5	DO 瓶	0～4 ℃暗处冷藏	实验室	12 h	250	Ⅰ
TOC	G.	加 H_2SO_4 至 pH≤2	实验室	7 d	250	Ⅰ
F^-	P.	0～4 ℃暗处冷藏	实验室	14 d	250	Ⅰ
Cl^-	G. P.	0～4 ℃暗处冷藏	实验室	30 d	250	Ⅰ
Br^-	G. P.	0～4 ℃暗处冷藏	实验室	14 h	250	Ⅰ
I^-	G. P.	加 NaOH 至 pH=12	实验室	14 h	250	Ⅰ
SO_4^{2-}	G. P.	0～4 ℃暗处冷藏	实验室	30 d	250	Ⅰ
PO_4^{3-}	G. P.	加 NaOH 或 H_2SO_4 调 pH=7,$CHCl_3$ 0.5%	实验室	7 d	250	Ⅳ
总磷	G. P.	H_2SO_4 至 pH≤2	实验室	24 h	250	Ⅳ
氨氮	G. P.	H_2SO_4 至 pH≤2	实验室	24 h	250	Ⅰ
NO_2^--N	G. P.	0～4 ℃暗处冷藏	实验室	24 h	250	Ⅰ
NO_3^--N	G. P.	0～4 ℃暗处冷藏	实验室	24 h	250	Ⅰ
总氮	G. P.	H_2SO_4 至 pH≤2	实验室	7 d	250	Ⅰ
硫化物	G. P.	每升水样加 2 mL 1 mol/L 乙酸锌和适量 NaOH 溶液,使水样 pH 值在 10～12 之间	实验室	24 h	250	Ⅰ
总氰化物	G. P.	加 NaOH 至 pH>12	实验室	24 h	250	Ⅰ
Mg、Ca	G. P.	加浓 HNO_3 酸化至 pH<2	实验室	14 d	250	Ⅱ
Mn、Ni、Fe、Pb、Cd	G. P.	加浓 HNO_3 酸化至 pH<2	实验室	14 d	250	Ⅲ
六价铬	G. P.	加 NaOH 至 pH 值为 8～9	实验室	14 d	250	Ⅲ
总铬	G. P.	加浓 HNO_3 酸化至 pH<2	实验室	14 d	250	Ⅲ
Cu、Zn	P.	加浓 HNO_3 酸化至 pH<2	实验室	14 d	250	Ⅲ
As	G. P.	用硫酸将样品酸化至 pH<2 保存	实验室	14 d	250	Ⅰ

续表 4.4

项目	盛样容器	保存方法	分析地点	保存期	采样量①	容器洗涤
Se、Hg	G. P.	加 HCl 酸化至 pH<2	实验室	14 d	250	Ⅲ
挥发酚	G.	加 H_3PO_4 酸化，并用 $CuSO_4$ 抑制生化，同时冷藏	实验室	24 h	1000	Ⅰ
油类	G.	加入 HCl 至 pH≤2	实验室	7 d	250	Ⅰ
农药类	G.	加入抗坏血酸 0.01～0.02 g 除去残余氯，0～4 ℃暗处冷藏	实验室	24 h	1000	Ⅰ
阴离子表面活性剂	G. P.	加 H_2SO_4 酸化至 pH<2，0～4 ℃冷藏	实验室	24 h	250	Ⅳ
微生物	G.	加入硫代硫酸钠至 0.2～0.5 g/L，除去残余物，4 ℃保存	实验室	12 h	250	Ⅰ

注："①"表示采样量为单项样品的最少采样量；P. 为聚乙烯桶(瓶)；G. 为硬质玻璃瓶。

Ⅰ、Ⅱ、Ⅲ、Ⅳ表示四种洗涤方法，具体如下：

Ⅰ——洗涤剂洗一次，自来水三次，蒸馏水一次；

Ⅱ——洗涤剂洗一次，自来水两次，硝酸溶液(1+3)荡洗一次，自来水三次，蒸馏水一次；

Ⅲ——洗涤剂洗一次，自来水两次，硝酸溶液(1+3)荡洗一次，自来水三次，去离子水一次；

Ⅳ——铬酸洗液洗一次，自来水洗三次，蒸馏水洗一次。

如果采集污水样品，可省去用蒸馏水清洗的步骤。

4. 准备现场所需试剂

一些监测指标需要在现场采样后加入化学试剂进行保存。比如溶解氧指标，在现场采样后需要加入 1 mL 硫酸锰和 2 mL 碱性 KI 溶液现场固定保存；对于总氰化物指标，需要在现场采样后加入 NaOH 调节水样至 pH>12 保存；对于硫化物指标，每升水样需加入 2 mL 1 mol/L 乙酸锌和适量 NaOH 溶液，使水样 pH 值为 10～12。所以采样前需清楚每个监测指标的保存方法，提前准备好样品保存所需试剂及所用量器。

5. 准备交通工具

最好有专用的监测船和采样船，或其他适合船只，根据交通条件准备合适的陆上交通工具。

二、选择采样方法

地表水表层水的采集，可用适当的容器，如水桶等。在湖泊、水库等处采集一定深度的水样，可用直立式或有机玻璃采样器，并借助船只、桥梁、索道或涉水等方式进行水样采集。根据现场实际情况，选择下面其中一种采样方法。

1. 船只采样

船只采样适用于一般河流和水库采样。采样时，按照监测计划预定的采样时间、采样地点，将船只停在采样点下游方向，用采样器采集一定深度的水样，如图 4.11 所示。

逆流采样，以避免船体搅动起沉积物而污染水样。此法灵活，但采样地点不易固定，因此所得资料可比性较差。船只采样一定要注意采样人员的安全。

(a)

(b)

图 4.11 船只采样

(a)利用船只采样；(b)现场进行水样保存

2. 桥梁采样

确定采样断面应考虑交通是否方便，并应尽可能利用现有的桥梁采样。在桥上采样安全、可靠、方便、不受天气和洪水等条件的影响，适用于频繁采样，并能在空间上准确控制采样点的位置。如图 4.12 所示。

3. 涉水采样

涉水采样适用于较浅的小河流和靠近岸边水浅的采样点。采样时，采样人应站在下游，向上游方向采集水样，以避免涉水时搅动水下沉积物而污染水样。如图 4.13 所示。

图 4.12 桥梁采样

图 4.13 涉水采样

4. 索道采样

索道采样适用于地形复杂、险要、地处偏僻的小河流的水样采样，可架索道，用采样器采集一定量的水样。

三、选择采集水样类型

由于废水的性质和排放特点各不相同，因此无论是天然水水质还是工业企业废水和城市生活污水的水质在不同时间里也往往是有变化的。为了使水样有代表性，就要根据分析目的和现场实际情况来选定采样的方法。

根据水样情况和监测目的选择合适的水样采集类型。

（一）瞬时水样

瞬时水样是指在某一时间和地点从水体中随机采集的分散水样。当水体水质稳定，或其组分在相当长的时间或相当大的空间范围内变化不大时，瞬时水样具有很好的代表性；当水体组分及含量随时间和空间变化时，就应隔时、多点采集瞬时水样，分别进行分析，摸清水质变化规律。

有些工厂的生产工艺过程连续恒定，废水中的组分和浓度不随时间变化，这时可以用瞬时采样的方法。瞬时水样采集简单方便，因此即使对一些水质略有变化的废水或天然水，也可采取隔时的瞬时水样，特别是有自动监测仪器的情况，以积累有统计意义的分析数据，或绘制浓度-时间关系曲线，并计算其平均浓度和高峰浓度。

（二）混合水样

混合水样是指将同一采样点于不同时间所采集的瞬时水样混合后得到的水样，有时也称为“时间混合样”，以区别于其他混合水样。这种水样在观察平均浓度时非常有用，但不适用于被测组分在储存过程中发生明显变化的水样。

混合水样包括以下几种：

①等时混合水样。又叫平均混合水样，指某一段时间内（一般为一昼夜或一个生产周期），在同一采样点按照相等的时间间隔采集等体积的多个水样，然后混合均匀而组成的水样。此方式多用于几个性质相同的生产设备排出的废水，或同一设备排出的流量恒定但水质有变化的废水。

②等比例混合水样。又叫平均比例混合水样，有些工厂由于生产的周期性，不仅影响到废水的组分和浓度，也影响废水的排放量，这时就应采集平均比例混合水样，即在某一段时间内，在同一采样点每隔相同的时间分别采样，然后按相应的流量比例混合均匀而组成的水样，或在一段时间内，流量大时多取，流量小时少取，然后将所取水样混合均匀。生活污水亦常采集平均比例混合水样或平均混合水样。

③连续比例混合水样。指在有自动连续采样器的条件下，在一段时间内按流量比例连续采集而混合均匀的水样。

（三）综合水样

把不同采样点同时采集的各个瞬时水样混合后所得到的水样，称为综合水样。这种水样在某些情况下更具有实际意义。例如，当为几条污水河、渠建立综合处理厂时，以综合水样取得的水质参数作为设计依据更为合理。

采样时间和频率的选取主要根据分析的目的和排污的均匀程度。一般说来，采样次数越多的混合水样，结果更加准确，即真实代表性越好。多数情况下可在一个生产周期内每隔半小时或一小时采样一次，然后加以混合。如果要采集几个周期的水样，也可每隔 2 h 取样一次，但总采样次数不应少于 8～10 次。对于排污情况复杂、浓度变化很大的废水，采样的时间间隔要适当短些，有时需 5～10 min 就采一次水样。城市污水厂受纳的数十个甚至上千个工厂的废水以及城市的生活污水、废水在流到污水处理厂的途中已有一定的混合，通常可每隔一小时采样一次，连续采集 8 h 或 24 h，然后混合，测各组分的平均浓度。

四、确定采样量

采样量与监测方法和水样组成、性质、污染物浓度有关。按监测项目计算后，再适当增加 20%～30%作为实际采样量。供一般物理与化学监测用水样约 2～3l 个，待测项目很多时采集 5～10l 个，充分混合后分装于 1～2l 个储样瓶中。采集的水样除一部分做监测，还要保存一部分备用。采样量应满足分析的需要，并应考虑重复测试所需的水样用量和留作备份测试的水样用量。一般情况下，如供单项分析，正常浓度水样的采样量（不包括平行样和质控样），可参考表 4.4 的建议采样量。如果被测物的浓度很低而需要预先浓缩时，采样量也应增加。

每个分析方法一般都会对相应监测项目的用水体积提出明确要求，但有些监测项目对采样或分样过程也有特殊要求，需要特别指出。

①水样应避免与空气接触（如测定含溶解性气体或游离 CO_2 水样的 pH 值或电导率），采样器和盛水器都应完全充满，不留气泡空间。

②当水样在分析前需要振荡均匀时（如测定油类或不溶解物质），则不应充满盛水器，装瓶时应使容器留有 1/10 顶空，保证水样不外溢。

③当被测物的浓度很低而且是以不连续的物质形态存在时（如不溶解物质、细菌、藻类等），应从统计学的角度考虑单位体积里可能的质点数目而确定最小采样量。假如，水中所含的某种质点为 10 个，但每 100 mL 水样里所含的却不一定都是 1 个，有的可能含有 2 个、3 个，而有的一个也没有。采样量越大，所含质点数目的变率就越小。

④将采集的水样总体积分装于几个盛水器内时，应考虑到各盛水器水样之间的均匀性和稳定性。水样采集后，应立即在盛水器（水样瓶）上贴上标签，填写好水样采样记录，包括水样采样地点、日期、时间、水样类型、水体外观、水位情况和气象条件等。

五、水样的采集

采样时，应注意避免水面上的漂浮物混入采样器；正式采样前要用水样冲洗采样器 2～3 次，洗涤废水不能直接回倒入水体中，避免搅起水中的悬浮物；对具有一定深度的河流等水体采样时，使用深水采样器，慢慢放入水中采样，并严格控制好采样深度。测定油类指标的水样采样时，要避开水面上的浮油，在水面下 5～10 cm 处采集水样。水样采集后，根据不同的监测要求将样品分装成数份注入样品瓶，并分别加入保存剂。

（一）表层水

采集表层水水样时，可用适当的容器，如聚苯乙烯塑料桶、采样勺、采样瓶等直接采集。一般用水样冲洗水桶、瓶子 2～3 次。将其沉至水面下 0.3～0.5 m 处采集。从桥上等地方采样时，可将系着绳子的聚苯乙烯桶或带有坠子的采样瓶投于水中汲水。注意不能混入漂浮于水面上的物质。

(二)一定深度的水

采集深层水水样时,可用简易采水器、深层采水器、双瓶采水器、采水泵等。这类装置在下沉过程中,水从采样器中流过,当达到预定的深度时,容器能够闭合而汲取水样。

另外,还可以利用机械(泵)式采水器,用泵通过采样管抽吸预定水层的水样。图 4.14所示的是一种简单的泵吸式采样器,主要由浸入水中的采样管(一般可用聚乙烯管)、采样瓶、安全瓶和泵等部件构成。采样管的进水口固定在带有重锤的钢丝绳上,到达预定水层用泵抽吸水样,水样便被吸到采样瓶中。此泵吸式采水器可用于多种监测项目的样品采集。

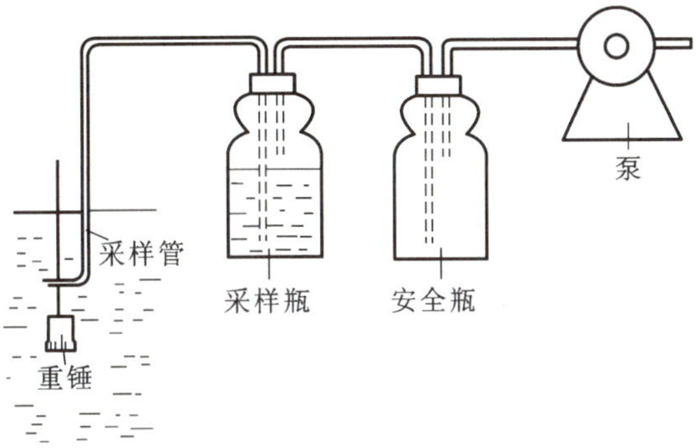

图 4.14 机械(泵)式采水器

(三)特殊项目的采样

1. pH、电导率

测定样品的 pH 值,应使用密封性好的容器。由于水样的 pH 值不稳定,且不宜保存,所以采样器采集样品后,应立即灌装。另外,在样品灌装时,应从采样瓶底部慢慢将样品容器完全充满并且紧密封严,以隔绝空气。

灌装样品前,每个样品瓶及瓶塞(盖)必须用水样充分荡洗。方法是装入样品瓶容积的 1/4 水样,盖紧摇动,倒出洗涤水时,同时冲洗瓶塞,重复操作两次。

测定电导率的样品可参照 pH 值测定样品要求采集,也可从测定 pII 值的样品中,分取部分样品用于电导率的测定(但不能用已测定过 pH 值的样品溶液再去测定电导率)。

2. 溶解氧、生化需氧量

应用碘量法测定水中溶解氧,水样需直接采集到样品瓶中。在采集水样时,要注意不使水样曝气或有气泡残存在采样瓶中。特别的采样器如直立式采水器和专用的溶解氧瓶可防止曝气和残存气体对样品的干扰。如果使用有机玻璃采水器则必须防止搅动水体,入水应缓慢小心。

当样品不是用溶解氧瓶直接采集,而需要从采样器(或采样瓶)分装时,溶解氧样品必须最先采集,而且应在采样器从水中提出后立即进行。用乳胶管一端连接采水器放入嘴或用虹吸法与采样瓶连接,乳胶管的另一端插入溶解氧瓶底。注入水样时,先慢速注至小半瓶,然后迅速充满,至溢流出瓶的水样达溶解氧瓶 1/3～1/2 容积时,在保持溢流状态下,缓慢地撤出管子。

合格的样品一经采集后立即加入保存剂固定。小心移开瓶塞,按顺序加锰盐溶液和碱性碘化钾溶液，加入时需将移液管的尖端缓慢插入样品液面稍下处，慢慢注入试剂。小心盖好瓶塞防止气泡残留在瓶内，将样品倒转 5～10 次以上，并尽快送实验室分析。

在现场用电极法测定溶解氧，可将预先处理好的电极直接放入河水或 1000 mL 以上容积的水样瓶中测量。采样方法同上。

测定生化需氧量的样品采集参照溶解氧水样。

3. 浊度、悬浮物、总残渣

浊度、悬浮物及总残渣测定用的水样，在采集后，应尽快从采样器中放出样品，在装瓶的同时摇动采样器，防止悬浮物在采样器内沉降。非代表性的杂质，如树叶、杆状物等应从样品中除去。灌装前，样品容器和瓶盖用水样彻底冲洗。

该类项目分析用样品都难以保存，所以采集后应尽快分析。

4. 重金属污染物、化学耗氧量

水体中的重金属污染物和部分有机污染物都易被悬浮物质吸附。特别在水体中悬浮物含量较高时，样品采集后，采样器内的样品中所含的污染物随着悬浮物的下沉而沉降。因此必须边摇动采样器（或采样瓶）边向样品容器灌装样品，以减少被测定物质的沉降，保证样品的代表性。

样品采集后为防止水体的生物、化学和物理作用，应立即过滤处理或加入固定剂保存。采样中要防止采样现场大气中降尘玷污水样。

5. 油类

①测定水中溶解的或乳化的油含量时，应该用单层采水器固定样品瓶在水体中直接灌装，采样后迅速提出水面，保持一定的顶空体积，水样不能充满容器，在现场用石油醚萃取。

测定油类的样品容器禁止预先用水样冲洗。

②测定水体中包括油膜的油含量时，要一并采集水面上的油膜样品，同时测量油膜厚度和覆盖面积。

采样方法是：将三角漏斗固定在球形分液漏斗上（分液漏斗的体积视样品需要量而定）。采样时，打开分液漏斗的支管活塞，手持分液漏斗，将其倒置迅速插入水中，水样和油膜一并通过三角漏斗进入分液漏斗中，即将充满时，关闭分液漏斗的支管活塞，快速倒转取出水面。

③测定水面上薄层油膜的油分含量时，可用一个已知面积的不锈钢格架，格架上布好不锈钢丝网，网上固着容易吸收油类的介质（如厚滤纸、有机溶剂泡洗过的纸浆、硅藻土、合成纤维等）。将不锈钢网格放在水面上吸收漂浮的油分。

六、水体流量测量

要全面了解水环境状况，除需要水质监测数据外，还需要测量水体水位、流速、流量等参数。

对于较大的河流，水文部门一般设有水文监测断面，应尽量利用其所测参数，或采用流速仪测定流速，根据河流断面面积进一步计算流量；对于较小河流，一般采用浮标法，下面进行介绍。

浮标法是一种粗略测量流速的简易方法。测量时，选择一个平直河段，测量该河段2 m间距内水流横断面的面积，求出平均横断面面积；在上游投入浮标，测量浮标流经确定河段(L)所需时间，重复测量几次，求出所需时间的平均值(t)，即可计算出流速(L/t)，再按下式计算流量：

$$Q = vS$$

式中 Q——水流量，m^3/s；

v——水流平均速度，m/s，一般取 $0.7L/t$；

S——水流平均横断面面积，m^2。

七、采样记录和样品标签

在进行地表水采样时，往往采样点较多，水样量大。因此，为防止水样混淆，同时也为了及时掌握水质的某些指标状态，需要在现场及时认真填写采样记录表和样品标签，并及时将标签牢固地贴于盛装水样的容器外壁上。书写时用不溶性墨水，字迹要工整、清晰忌涂改，填写完整。水质采样记录表见表 4.5 所示，其中包括采样现场描述与现场测定项目两部分内容，从采样记录表中可知，水温、pH 值、溶解氧、透明度、电导率等指标要现场测定，水的颜色、气味等感官指标要在现场描述。另外，还要记录水文参数和气象参数。现场测试项目的样品应记下平行样份数和体积，同时记录现场空白样和现场加标样的处置情况。这是一项非常重要的工作，不可忽视。

表 4.5 水质采样记录表

<table>
<tr><td colspan="3">气象参数</td><td colspan="3">水文参数</td><td>性状特征</td><td colspan="5">现场测定</td></tr>
<tr><td>天气</td><td>气温/℃</td><td>气压/kPa</td><td>流速</td><td>流量</td><td>水位</td><td>色、味</td><td>水温</td><td>pH</td><td>溶解氧</td><td>透明度</td><td>电导率</td></tr>
<tr><td></td><td></td><td></td><td></td><td></td><td></td><td></td><td></td><td></td><td></td><td></td><td></td></tr>
<tr><td rowspan="2">点位名称</td><td rowspan="2">样品编号</td><td colspan="5">样品采集</td><td rowspan="2" colspan="2">样品运输条件</td><td colspan="3">样品验收</td></tr>
<tr><td>分析项目</td><td>采样量</td><td colspan="2">容器</td><td>保存方法</td><td>样品量</td><td colspan="2">样品状况</td></tr>
<tr><td rowspan="3"></td><td></td><td></td><td></td><td colspan="2"></td><td></td><td colspan="2"></td><td></td><td colspan="2"></td></tr>
<tr><td></td><td></td><td></td><td colspan="2"></td><td></td><td colspan="2"></td><td></td><td colspan="2"></td></tr>
<tr><td></td><td></td><td></td><td colspan="2"></td><td></td><td colspan="2"></td><td></td><td colspan="2"></td></tr>
</table>

水样采集后，往往根据不同的分析要求，分装成数份，并分别加入保存剂，对每一份样品都应附一张完整的水样标签。样品标签可以根据实际情况设计并事先打印，可参考表4.6，内容一般包括：水样名称、水样编号、采样点位置、采样日期和时间、采样人员，测定项目、保存剂的加入量等。对于未知的特殊水样以及危险或潜在危险物质(如酸)，应用记号标出，并将现场水样情况做详细描述。对需要现场测试的项目，如 pH 值、电导率、温度、流量等应进行记录，并妥善保管现场记录。

表 4.6 样品标签

水样名称		水样编号	
取样地点			
分析项目		保存剂	
采样人员		采样日期	

水样送至实验室时，首先要检查水样是否冷藏，冷藏温度是否保持在 1～5 ℃；其次要验明标签，清点样品数量，确认无误后签字验收。如果不能立即进行分析，应尽快采取保存措施，防止水样被污染。应填写水样登记表和送检表，收样人应仔细核对，与采样人、送样人各执一份。水样登记表参考格式如表 4.7。

表 4.7 水样登记表

样品编号	采样河流（湖、库）	采样断面及采样点	采样时间（月、日）	添加剂种类及数量	分析项目	备注

采样人员： 送样人员： 收样人员：

八、水样的运输和保存

水样的保存和运输是水环境监测工作中的一个重要环节。前期按照要求和规范完成了水样采集后，若不采取适当的保存措施和正确的运输方式，水样中的待测组分会因为物理、化学及生物学性状的变化而发生改变，不能如实反映水质的真实状况，监测结果就没有代表性和准确性而言了。为将这些变化降低到最低程度，需要尽可能地缩短运输时间、尽快分析测定和采取必要的保护措施，有些项目必须在采样现场测定。

本任务主要介绍水样的保存和运输方法。采集样品易发生变化的成分应在现场测定，带回实验室的样品，在测试之前要妥善保存，确保样品在保存期间不发生明显的物理、化学、生物变化。

（一）水样的运输

采集的水样，除一部分监测项目在现场测定外，大部分水样要运回实验室进行分析测试。在水样运输过程中，为保持水样的完整性，使之不受污染、损坏和丢失，运输过程中要注意以下几点：

①用塞子塞紧采样容器。塑料容器要塞紧内塞，旋紧外盖，有时用封口胶、石蜡封口（测油类水样除外）。

②为防止样品在运输过程中因振动、碰撞而导致损失或玷污，要将采样容器装箱，用泡沫塑料、纸条或瓦楞纸板作衬里或隔板，样品按顺序装入箱内，并在箱顶贴上记号。

③需冷藏的样品，应配备专门的隔热容器，放入制冷剂，将样品瓶置于其中保存。冬

季应采取保温措施，以免冻裂样品瓶。

④根据采样记录和样品登记表，运送人员和接收人员必须清点、检查样品，并在登记表上签字，写明时间。送样单和采样记录应由双方各保存一份待查。

水样的运输时间一般以 24 h 为最大允许时间。

(二)水样的保存

水样采集后，应尽快进行分析测定。能在现场做的监测项目要求在现场测定，如水中的溶解氧、温度、电导率、pH 值等。但由于各种条件所限(如仪器、场地等)，往往只有少数监测项目可在现场测定，大多数项目仍需送往实验室进行测定。有时因人力、时间不足，还需在实验室内存放一段时间后才能分析。因此，从采样到分析的这段时间里，水样的保存技术就显得至关重要。

有些监测项目的水样在采样现场采取一些简单的保护性措施后，能够保存一段时间。应根据不同监测项目的要求，采取适宜的保存方法。水样允许保存的时间与水样的性质、分析指标、溶液的酸碱度、保存容器和存放温度等多种因素有关。一般来说，清洁水样可以保存较长时间，而污染水样保存时间较短。水样的最大存放时间为：清洁水样 72 h、轻污染水样 48 h、重污染水样 12 h。

采取适当的保护措施，虽然能够降低待测成分的变化程度或减缓变化的速度，但并不能完全抑制这种变化。水样保存的基本要求是应尽量减少其中各种待测组分的变化，要求做到：

①减缓水样的生物化学作用；

②减缓化合物或络合物的氧化还原作用；

③减少被测组分的挥发损失；

④避免沉淀、吸附或结晶物析出所引起的组分变化。

水样主要的保护性措施有以下几种：

1. 选择合适的保存容器

不同材质的容器对水样的影响不同，一般可能存在吸附待测组分或自身杂质溶出污染水样的情况，因此要选择材料适当、性质稳定、杂质含量低的容器。容器不能是新的污染源，如测定硅、硼时不能使用硼硅玻璃瓶；容器器壁不应吸收或吸附某些待测组分，如测定有机物不能使用聚乙烯瓶；容器不应与某些待测组分发生反应，如测氟的水样不应贮于玻璃瓶中；测定对光敏感的组分，其水样应贮于深色瓶中。常用的容器材质有硼硅玻璃、石英、聚乙烯和聚四氟乙烯，其中石英和聚四氟乙烯杂质含量少，但价格昂贵，一般常规监测中常使用聚乙烯和硼硅玻璃材质的容器。

2. 冷藏或冷冻

冷藏或冷冻的作用是抑制微生物活动、减缓物理挥发和化学反应，是一种较好的短期保存样品的方法，对测定基本无影响。但需要注意冷藏保存不能超过规定的保存期限，且冷藏温度必须控制在 4 ℃左右。因为水样结冰后体积膨胀，可能使玻璃容器破裂，样品受玷污。

各类型的水样，从采集到分析测定这段时间内，由于环境条件的改变，微生物新陈代谢活动和化学作用会引起水样某些物理参数及化学组分的变化，应根据不同测定项目的要求采取适宜的保存措施。不同测定项目的水样保存方法和保存期见表 4.4。

3. 加入保存药剂

在水样中加入合适的保存药剂(试剂),能够抑制微生物活动、减缓氧化还原反应发生,可以在采样后立即加入,也可以在水样分样时根据需要每瓶分别加入。

不同的水样、同一水样的不同监测项目要求使用的保存药剂不同。保存药剂主要有生物抑制剂、pH 值调节剂、氧化剂或还原剂等类型,具体的作用如下:

(1)生物抑制剂

在水样中加入适量的生物抑制剂可以阻止生物作用。常用的试剂有氯化汞($HgCl_2$),加入量为每升水样 20~60 mg,一般在测定氨氮、化学需氧量的水样中加入,抑制生物的氧化还原作用;对于需要测汞的水样,可加入苯或三氯甲烷,每升水样加 0.1~1.0 mL;对于测定苯酚的水样,用 H_3PO_4 调节水样的 pH 值,当 pH 值为 4 时,加入 $CuSO_4$,可抑制苯酚菌的分解活动。

(2)pH 值调节剂

加入酸或碱调节水样的 pH 值,可以使一些处于不稳定态的待测组分转变成稳定态。例如,测定水样中的金属离子时,常加 HNO_3 酸化调节水样使其 $pH\leqslant2$,既可防止重金属离子水解生成沉淀,又可避免金属离子被器壁吸附;测定氰化物或挥发酚的水样时,需要加入 NaOH 调节使其 $pH\geqslant12$,使两者分别生成稳定的氰盐或酚盐;测定余氯的水样最好现场分析,否则应在现场用过量 NaOH 固定,保存不应超过 6 h。另外,低 pH 还能抑制微生物的代谢,消除微生物代谢对 COD、总有机碳(TOC)、油脂等项目测定的影响。

(3)氧化剂或还原剂

在水样中加入氧化剂或还原剂可以阻止或减缓某些组分发生还原、氧化反应。例如,在测定硫化物的水样中加入抗坏血酸,可以防止硫化物被氧化;测定溶解氧的水样则需要加入少量硫酸锰和碱性碘化钾试剂将溶解氧固定在水中。

对保存药剂的一般要求是有效、方便、经济,而且加入的任何试剂都不应给后续的分析测试工作带来影响。另外,加入的保存试剂应该使用高纯品或分析纯级试剂,最好用优级纯试剂。当添加试剂的作用相互有干扰时,建议采用分瓶采样、分别加入的方法保存水样,还应做相应的空白试验,对测定结果进行校正。

九、采样的质量保证

水样采集是水质监测工作的重要内容。为了获得有代表性的监测水样,需要相关人员对监测的水体目标样品进行布点、采集、交接及预处理等系列操作。为此,需要确定水质检测采样负责人,并根据监测项目、监测标准制定样品采集方案,同时完成水样的采集、预处理等工作,从而实现对水质监测采样过程的质量保证与控制。

这里主要介绍水质监测频率和监测项目、水样的采集和保护、水样的预处理等水质监测采样质量保证与控制的相关知识和技能。

①采样人员必须通过岗前培训,切实掌握采样技术,熟知水样固定、保存、运输的条件。

②采样断面应有明显的标志物，采样人员不得擅自改动采样位置。

③水环境采样顺序是先水质后底质，采集多层次的深水水域样品时，按从浅到深的顺序采集。在同一采样点上分层采样时，应自上而下进行，避免不同层次水体混扰。

④用船只采样时，采样船应位于下游方向，逆流采样，避免搅动底部沉积物造成水样污染。采样人员应在船前部采样，尽量使采样器远离船体。

⑤采样时应避免剧烈搅动水体，任何时候都要避免搅动底质。如发现水体受底质影响浑浊时，应停止采样，待影响消除后再采集。当水体中漂浮有杂质时，应防止漂浮杂质进入采样器，否则应重新采样。用采水塑料桶或样品瓶人工直接采集水体表层水样时，采样容器的口部应该面对水流流向。

⑥采水器不能一次完成采样时，可以多次采集，将各次采得的水样集中装在洗涤干净的大容器中（容积大于 5 L 的玻璃瓶或聚乙烯桶），样品分装前应充分摇匀。注意测定 DO、BOD_5、油类、细菌学指标、硫化物、悬浮物、余氯等项目要单独采样，并且采集油类水样的采样瓶（容器）不能用采集的水样冲洗。测定油类的水样，应在水面至水面下 300 mm 采集柱状水样，并全部用于测定。

⑦采样时，除细菌总数、大肠菌群、油类、DO、BOD_5、有机物、余氯等有特殊要求的项目外，要先用采样水荡洗采样器与水样容器 2～3 次，然后再将水样采入容器中，并按要求立即加入相应的固定剂，贴好标签。应使用正规的不干胶标签。

⑧在样品分装和添加保存剂时，应防止操作现场环境可能对样品的玷污，尤其测定微量物质的样品更应格外小心，要预防样品瓶塞（或盖）玷污。

⑨测定 DO、BOD_5、pH 值等项目的水样，采样时必须充满，避免残留空气对测定项目的干扰。测定其他项目的样品瓶，在装取水样（或采样）后至少留出占容器体积 10％的空间，一般可装到瓶肩处，以便分析前对样品进行充分摇匀。

⑩从采样器向样品瓶注入水样时，应沿瓶内壁注入，除特殊要求外，放水管不要插入液面下装样。

⑪除现场测定项目外，样品采集后应立即按保存方法采取措施，加保存剂的操作应在采样现场进行。除碘量法测定溶解氧的样品要求移液管插入液面下加入保存剂外，一般项目加保存剂时，移液管嘴应靠瓶口内壁，使保存剂沿壁加到样品中，防止溅出。加入保存剂的样品，应颠倒摇动数次，使保存剂在水样中均匀分散。

⑫河流、湖泊、水库、河口和港湾水域可使用船舶进行采样监测，最好使用专用的监测船或采样船。如无专用船只，可根据监测点位所在水域的状况、气象条件、安全和采样要求，选用适当吨位的船只作为采样船。采样船只从到达采样点位开始直至采样结束，禁止排放任何污染物。采样时，船首应该逆向水流流向，保持逆流状态。水质样品的采集一般在船只的前半部分作业。测定油类的水样，必须在船首附近面对水流流向的位置操作，要避开船体及船上油性污染物玷污的局部水域。

⑬提前准备好采样记录本和水样标签，采样后及时认真填好采样记录，每个样品瓶都要贴上标签，标明点位编号、采样日期和时间、测定项目、采样人员及保存方法等。

⑭采样结束前应核对采样计划、记录与水样，如有错误或遗漏，应立即补采或重采。

⑮每批水样应选择部分项目加采密码质控样和现场空白样，与样品一起送实验室

分析。

密码质控样。在同一采样点上采样时，同时采集双份平行样，按密码方式交付实验室进行分析。这是最简单的采样质控方法，相当于现场平行样，用于判断采样和分析过程中的精密性，采集时应注意控制采样操作条件一致。

现场空白样。即在采样现场，用纯水按样品采集步骤装瓶，与水样同样处理，以掌握采样过程中环境与操作条件对检测结果的影响。

⑯每次分析结束后，除必要的留存样品外，样品瓶应及时清洗。水环境例行监测的水样容器和污染源监测的水样容器应分架存放，不得混用。各类采样容器应按测定项目与采样点位分类编号，固定专用。

任务三　水样的预处理

环境样品中污染物种类多、成分复杂，多数待测组分浓度低、存在形态各异，而且样品中存在大量干扰物质。更重要的是，随着环境科学技术的发展，对大多数有机污染物仍以综合指标(如 COD、BOD、TOC 等)进行定量描述已不能满足当今社会对环境监测工作的要求。很多有机物属于持久性、生物可积累的有毒污染物，并且具有“三致”作用，这些有机物在环境介质中浓度甚微，对上述综合指标的贡献极小，或根本反映不出来。所以在分析测定之前，需要根据样品性质及测试目的进行不同程度的样品预处理，以使待测组分的形态和浓度符合分析方法要求，并最大限度地与干扰性物质分离。因此，环境样品的预处理技术是保证分析数据有效、准确，以及环境影响评价结论正确和可靠的重要基础。

一、水样的过滤

如欲测定水样中的某组分的全量，采样后应立即加入保存剂，分析测定时充分摇匀后再取样。若测定溶解态的组分含量时，水样应用 0.45 μm 的微孔滤膜分离可滤态和不可滤态的介质，用孔径为 0.2 μm 的滤膜分离细菌介质，提高水样的稳定性，有利于保存。当测定不可过滤的金属时，应保留过滤用的滤膜备用。泥沙型水样可用离心方法处理。含有机质多的水样可用滤纸或沙芯漏斗过滤。用自然沉降后取上部清液的方法测定可滤态组分是不恰当的。

二、水样的消解

适用场合：当测定含有机物水样中的无机元素时，需进行消解处理。

消解处理的目的：破坏有机物，溶解悬浮性固体，将各种价态的待测元素氧化成单一高价态或转变成易于分离的无机化合物。

消解处理后的效果：消解后的水样应清澈、透明、无沉淀。

消解水样的方法：湿式消解法、干式分解法（干灰化法）和微波消解法。

常用的消解氧化剂有单元酸体系、多元酸体系和碱分解体系。最常使用的单元酸为硝酸。采用多元酸的目的是提高消解温度、加快氧化速度和改善消解效果。各消解体系的适用范围如下。

（一）湿式消解法

湿式消解法采用硝酸、硫酸、氢氟酸、高氯酸等作消解试剂以分解复杂的有机物。在进行消解时，应根据水样类型及采用的测定方法选择消解试剂。

1. 硝酸消解法

对于较清洁的水样，可用硝酸消解。《水质 金属总量的消解 硝酸消解法》（HJ 677—2013）中规定，控制温度为 95±5 ℃，用硝酸和过氧化氢破坏样品中的有机质，氧化消解水样，适用于地表水、地下水、生活污水和工业废水中 20 种金属元素的消解预处理。

方法要点：取混匀的水样 50～200 mL 于烧杯中，加入 5～10 mL 浓硝酸，在电热板上加热煮沸，蒸发至小体积，试液应清澈透明，呈浅色或无色，否则，应补加硝酸继续消解。蒸至近干，取下烧杯，稍冷后加 2%HNO_3（或 HCl）20 mL，温热溶解可溶盐。若有沉淀，应过滤，滤液冷却至室温后于 50 mL 容量瓶中定容，备用。当废（污）水样品中有机物含量较高时，可添加过氧化氢彻底破坏有机物，提升硝酸消解的效果。

2. 硝酸-高氯酸消解法

硝酸和高氯酸都是强氧化性酸，联合使用可消解含难氧化有机物的水样。方法要点：取适量水样于烧杯或锥形瓶中，加 5～10 mL 硝酸，在电热板上加热、消解至大部分有机物被分解；取下烧杯，稍冷，加 2～5 mL 高氯酸，继续加热至开始冒白烟，如试液呈深色，再补加硝酸，继续加热至冒浓厚白烟将尽（不可蒸至干涸）；取下烧杯冷却，用 2% HNO_3 溶解，如有沉淀，应过滤，滤液冷至室温定容备用。

注意：因高氯酸能与羟基化合物反应生成不稳定的高氯酸酯，有发生爆炸的危险，故应先加入硝酸，氧化水样中的羟基化合物，稍冷后再加高氯酸处理。

3. 硝酸-硫酸消解法

硝酸-硫酸混合酸是应用最为广泛的消解体系。两种酸都有较强的氧化能力，其中硝酸沸点低，而硫酸沸点高，二者结合使用，可大幅提高消解温度和消解效果。常用的浓硝酸与浓硫酸的比例为 5∶2。消解时，先将浓硝酸加入待消解水样中，加热蒸发至小体积，稍冷却后，再加入浓硫酸、浓硝酸，继续加热蒸发至冒大量白烟（不可蒸至干涸），稍冷却后，再加入适量水或质量分数为 2% 的 HNO_3 溶解可溶盐，若有沉淀，应过滤，滤液冷却至室温后定容，待分析测定。为提高消解效果，常加入少量过氧化氢。

若欲测定水样中存在易与硫酸反应生成难溶硫酸盐的元素时，如测定水样中铅、锶、钡等会与硫酸发生作用的元素，不宜采用此法消解，需改用硝酸-盐酸混合酸消解体系。

4. 硫酸-磷酸消解法

硫酸和磷酸的沸点都比较高，其中，硫酸氧化性较强，磷酸能与一些金属离子如 Fe^{3+} 等络合，故二者结合消解水样有利于测定时消除 Fe^{3+} 等离子的干扰。

5. 硝酸-氢氟酸消解法

氢氟酸能与水样中的硅酸盐和硅胶态物质发生反应，生成四氟化硅而挥发分离，消除其干扰。但氢氟酸也能与玻璃发生反应，故消解时应使用聚四氟乙烯材质的烧杯。

6. 硫酸-高锰酸钾消解法

此法常用于消解测定汞的水样。高锰酸钾是强氧化剂，在中性、碱性、酸性条件下都可以氧化分解有机物，其氧化产物多为草酸根，但在酸性介质中还可继续氧化，氧化分解有机物能力更强。消解要点：取适量水样，加适量硫酸和 5%(50 g/L)高锰酸钾溶液，混匀后控制温度在 95±5 ℃加热煮沸，直至消解液蒸发至近干，冷却后滴加盐酸羟胺溶液分解过量的高锰酸钾。

7. 多元消解方法

对于基体比较复杂的水样，为提高消解效果，需要使用三种及三种以上混合酸(氧化剂)消解体系。通过多种酸的配合使用，可以弥补单元酸或二元酸消解能力的不足，尤其在同时测定多种元素的复杂体系中更为有效。如测定废水全元素(总铬水样)时，需要用盐酸-硫酸-高锰酸钾三元体系消解。

8. 碱分解法

当用酸体系消解水样造成易挥发组分损失时，可改用碱分解法。方法要点：在水样中加入氢氧化钠-过氧化氢混合溶液，或加入氨水-过氧化氢混合溶液，加热煮沸至近干，稍冷却后加入去离子水或稀碱溶液，温热溶解可溶盐并过滤，滤液冷却至室温后转移至 50 mL容量瓶定容，待分析测定。

(二)干灰化法

干灰化法又称干式分解法或高温分解法，多用于固态样品如沉积物、底泥等底质以及土壤样品的消解。处理过程：取适量的水样于白瓷或石英蒸发皿中，置于水浴上或用红外灯蒸干，移入马弗炉内，于 450～550 ℃灼烧到残渣呈灰白色，使有机物完全分解除去；取出蒸发皿，冷却，用适量的质量分数为 2% HNO_3(或 HCl)溶解样品灰分，过滤，滤液定容后供测定用。本方法不适用于含易挥发组分(如砷、汞、镉、硒、锡等)的样品。

(三)微波消解法

微波消解是将高压消解和微波快速加热相结合的一项消解新技术。其原理是以水样和消解酸的混合液为发热体，从内部对样品进行激烈搅拌、充分混合和快速加热，显著提升了样品的分解速率，缩短了消解时间，提高了热氧化效率。在微波消解过程中，水样处于密闭容器中，也避免了待测元素的损失和可能造成的污染。参照标准《水质 金属总量的消解 微波消解法》(HJ 678—2013)，消解步骤分为三步：

①取 25 mL 水样于消解罐中，先加入适量过氧化氢，再根据待测元素加入适量消解液 1(5 mL 浓硝酸)或消解液 2(4 mL 浓硝酸、1 mL 浓盐酸的混合液)，置于通风橱中观察溶液，待氧化反应平稳后加盖旋紧；

②将消解罐放在微波消解仪中，按推荐的升温程序(即 10 min 升温至 180 ℃并保持 15 min)进行消解；

③微波程序运行结束后，将消解罐取出并置于通风橱内冷却至室温，开盖放气，转移消解液至 50 mL 容量瓶中，定容备用。

(四)消解操作注意事项

①选用的消解试剂应能有效分解试样，并且不使待测组分损失，也不引入待测组分

或任何其他干扰物质。

②消解过程应平稳，升温不宜过快，以免反应过于激烈造成样品损失或人身伤害。

③使用高氯酸消解时，不得直接向含有有机物的热溶液中加入高氯酸。

④消解操作必须在通风橱内进行。

三、富集和分离

当水样中待测组分含量低于分析方法的检测限时，就必须进行富集或浓缩；当有共存干扰组分时，就必须采取分离或掩蔽措施。富集和分离往往是不可分割、同时进行的。常用的方法有过滤、挥发、蒸馏、溶剂萃取、离子交换、吸附、共沉淀、色谱分离、低温浓缩等，要根据具体情况选择使用。这里重点介绍挥发、蒸馏、溶剂萃取和离子交换。

(一)挥发分离

挥发分离法是通过将挥发性强的污染组分或待测组分转变成挥发物质，然后用惰性气体带出而达到分离的目的。例如，用冷原子荧光法测定水样中的汞时，先将汞离子用氯化亚锡还原为原子态汞，再利用汞易挥发的性质通入惰性气体将其带出并送入仪器测定；用分光光度法测定水中硫化物时，先使之在磷酸介质中生成硫化氢，再用惰性气体(多为 N_2)载入乙酸锌-乙酸钠吸收液吸收，从而达到与母液分离的目的，分离装置见图 4.15。

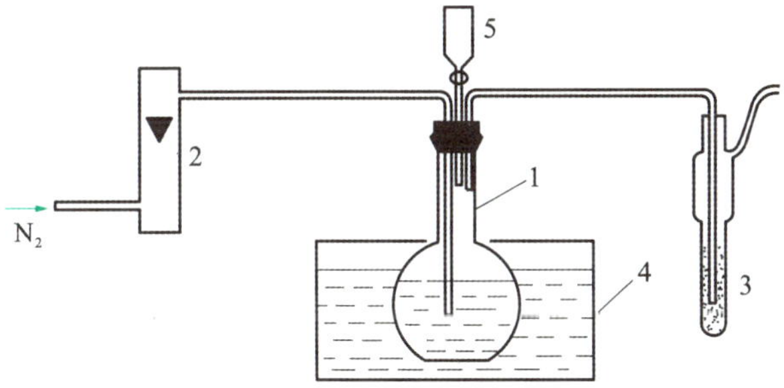

图 4.15　测定硫化物的吹气分离装置

1—500 mL 平底烧瓶(内装水样)；2—流量计；3—吸收管；4—50～60 ℃恒温水浴；5—分液漏斗

(二)蒸发浓缩

蒸发浓缩指加热水样使水分子逸出，从而达到浓缩水样中溶质的目的。

根据蒸发过程的物料衡算和能量衡算原理，可以推算出蒸发操作的基本关系式。图 4.16所示为蒸发过程物料衡算图，图中采用蒸汽夹套加热废水，使之沸腾蒸发。

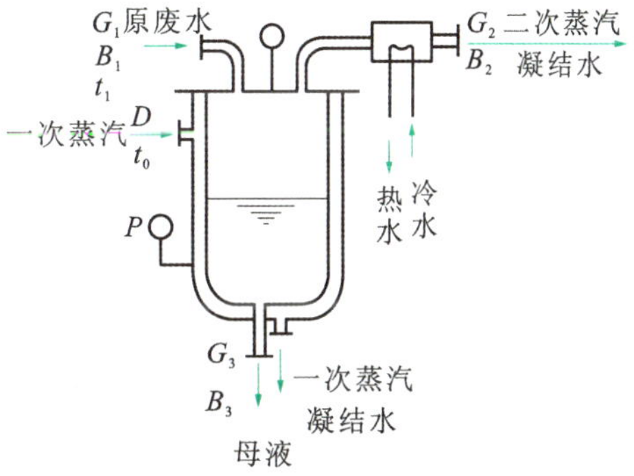

图 4.16　蒸发过程物料衡算图

设加热蒸汽为一次蒸汽，其量为 D，温度为 t_0；被加热的废水量为 G_1，溶质的初始含量为 B_1，温度为 t_1。废水在蒸发器内沸腾蒸发，逸出的蒸汽为二次蒸汽，经冷凝后变成水，其量为

G_2，溶质含量为 B_2。浓缩液(母液)的量为 $G_3=G_1-G_2$，溶质含量为 B_3。根据蒸发前后溶质总量不变的物料衡算原理，得出如下关系式：

$$G_1B_1=G_2B_2+G_3B_3=G_2B_2+(G_1-G_2)B_3$$

由此得浓缩后的溶质含量为：

$$B_3=(G_1B_1-G_2B_2)/G_3$$

由于 B_2 值一般都很小，可忽略不计，故得：

$$B_3=G_1B_1/G_3=\alpha B_1$$

式中　α——原水样量与浓缩液量的比值(G_1/G_3)，叫浓缩倍数。

由上式可知，浓缩倍数越大，浓缩液的溶质含量越高。一般原水样含盐量愈高，能达到的浓缩倍数就愈小。

在溶质不挥发的情况下，二次蒸汽中溶质的相对含量可用处理效率 η 反映：

$$\eta=\frac{B_1-B_2}{B_1}\times 100\%$$

在废水处理中，如溶质是不挥发物，η 值一般为 95%～99%。

(三)蒸馏法

蒸馏法是利用水样中各组分具有不同的沸点而使其彼此分离的方法。在加热时水样中易挥发的组分富集在蒸汽相，通过冷凝，进入馏出液或吸收液中，从而得到富集。测定水样中的挥发酚、氰化物、氟化物、氨氮时，均需在酸性(或碱性)介质中进行预蒸馏分离。蒸馏具有消解、富集和分离三种作用。两种蒸馏装置分别如图 4.17、图 4.18 所示。

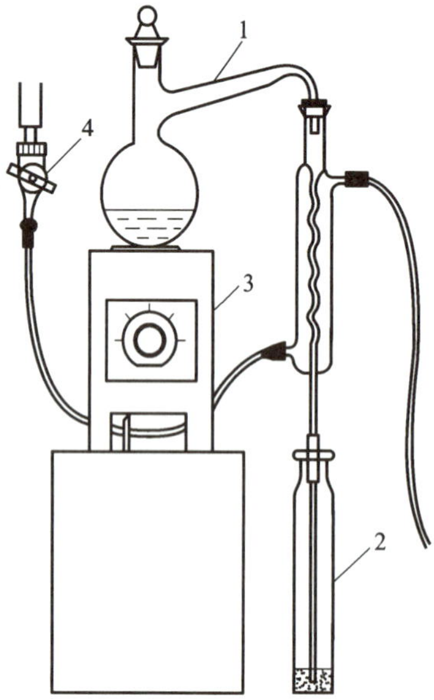

图 4.17　挥发酚、氰化物的蒸馏装置

1—500 mL 全玻璃蒸馏装置；
2—接收瓶；3—电炉；4—水龙头

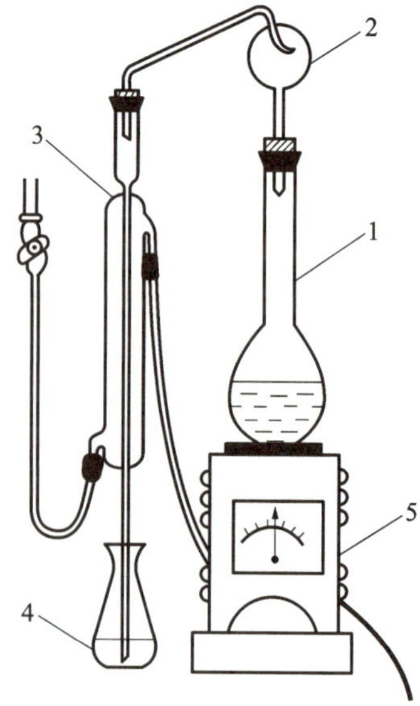

图 4.18　氨氮蒸馏装置

1—凯氏烧瓶；2—定氮球；
3—直形冷凝管及导管；4—收集瓶；5—电炉

(四)溶剂萃取

溶剂萃取也称液-液萃取法，根据物质在不同的溶剂相中分配系数不同，从而达到组分的分离与富集的目的，常用于水中有机化合物的预处理。根据相似相溶原理，用一种与水不相溶的有机溶剂与水样一起混合振荡，然后放置分层，此时有一种或几种组分进入有机溶剂中，另一些组分仍留在水相中，从而达到分离与富集的目的。该法常用于常量组分的分离及痕量组分的分离与富集，若萃取组分是有色化合物，可直接用于测定吸光度。

溶剂萃取法在圆形或梨形分液漏斗中进行，要把待测物质从溶液中完全萃取出来，通常萃取一次是无法完成的，必须重复萃取多次。实际应用时，萃取次数视具体效果而定。

萃取有以下两种类型：有机物萃取和无机物萃取。

①有机物萃取。分散在水相中的有机物更容易溶解在有机溶剂中，利用此原理可以富集分散在水样中的有机污染物质。例如，用4-氨基安替比林分光光度法测定水中的挥发酚，当酚含量低于0.05 mg/L时，水样经蒸馏分离后需再用三氯甲烷进行萃取浓缩；测定水中的油类和用气相色谱法测定有机农药(如六六六、DDT)时，也需先用石油醚萃取。

②无机物萃取。由于有机溶剂只能萃取水相中以非离子状态存在的物质(主要是有机物质)，而多数无机物质在水相中以水合离子状态存在，故无法用有机溶剂直接萃取。为实现用有机溶剂萃取，需先加入一种试剂，使其与水相中的离子态组分相结合，生成一种不带电荷、易溶于有机溶剂的物质，即将其由亲水性变成疏水性。该试剂与有机相、水相共同构成萃取体系，根据生成可萃取物类型的不同，可分为螯合物萃取体系、离子缔合物萃取体系、三元络合物萃取体系和协同萃取体系等。在水质监测中，螯合物萃取体系应用较多。螯合物萃取体系是指在水相中加入螯合剂，与被测金属离子生成易溶于有机溶剂的中性螯合物，从而被有机相萃取出来。例如，用分光光度法测 Hg^{2+}、Pb^{2+} 等时加入双硫腙后用 $CHCl_3$(CCl_4)萃取，构成双硫腙-三氯甲烷(四氯化碳)-水萃取体系。

(五)共沉淀分离

共沉淀是指溶液中一种难溶化合物在形成沉淀过程中，将共存的某些痕量组分一起载带沉淀出来的现象。共沉淀现象是一种分离富集微量组分的手段。例如，测定水中含量为1 μg/L的Pb时，由于Pb含量低，直接测定有困难，可将1000 mL水样调至微酸性，加入 Hg^{2+}，通入 H_2S 气体，使 Hg^{2+} 与 S^{2+} 生成HgS沉淀，同时将Pb共沉淀下来，然后用2 mL酸将沉淀物溶解后测定。此时，Pb的含量提高了500倍，测定就容易实现了。其中HgS称为载体，也叫捕集剂。

共沉淀分离的原理基于表面吸附、形成混晶、异电荷胶态物质相互作用等过程。

①利用吸附作用的共沉淀分离：该方法常用的无机载体有 $Fe(OH)_3$、$Al(OH)_3$、$Ga(OH)_3$、$MnO(OH)_2$、$Mg(OH)_2$ 及 H_2S 等。由于它们是表面积大、吸附力强的非晶形胶体沉淀，因此吸附和富集效率高。例如，用分光光度法测定水样中的 Cr^{6+} 时，当水样有色度、浑浊、Fe^{3+} 质量浓度低于200 mg/L时，可在pH值为8～9条件下，用 $Zn(OH)_2$ 做共沉淀剂吸附分离干扰物质。

②利用生成混晶的共沉淀分离：当待分离微量组分及沉淀剂组分生成沉淀时，如具有相似的晶格，就可能生成混晶而共同析出。例如，硫酸铅和硫酸锶的晶形相同，当分离水样中的痕量 Pb^{2+} 时，可加入适量 Sr^{2+} 和过量可溶性硫酸盐，则生成 $PbSO_4$-$SrSO_4$ 的混

晶，将 Pb^{2+} 共沉淀出来。

③利用有机共沉淀剂进行共沉淀分离：有机共沉淀剂的选择性较无机沉淀剂高，得到的沉淀也比较纯净，通过灼烧可除去有机沉淀剂，留下待测元素。例如，痕量 Ni^{2+} 与丁二酮肟生成很少量的丁二酮肟镍螯合物分散在溶液中，若加入丁二酮肟二烷酯（难溶于水）的乙醇溶液，则会析出固体的丁二酮肟二烷酯（载体），并将丁二酮肟镍螯合物共沉淀出来。丁二酮肟二烷酯只起载体作用，故称为惰性共沉淀剂。

（六）吸附分离法

吸附是利用多孔性的固体吸附剂将水中的一种或多种组分吸附于表面，以达到组分分离的目的。被吸附富集于吸附剂表面的组分可用有机溶剂或加热等方式解析出来，供分析测定。常用的吸附剂主要有活性炭、硅胶、氧化铝、分子筛和大孔树脂等。吸附剂以往多用于饮用水的净化处理工艺中。近 20 年来，正是由于选择性吸附剂的不断推出，吸附剂在水中痕量有机物的高效富集、样品制备等方面的应用日益广泛，逐渐形成了一门专门的萃取技术，即固相萃取技术。

吸附分离法在水处理中应用广泛，主要用于去除水中的有机物、重金属离子、颜色、气味等。以下是一些水样处理中吸附分离法的案例。

1. 饮用水处理

在饮用水处理中，活性炭吸附是常用的方法之一。活性炭因其巨大的比表面积和多种活性位点，能有效吸附水中的有机物、氯等消毒副产物、重金属离子等，提高饮用水的安全性。

2. 工业废水处理

工业废水中往往含有各种有害物质，如有机溶剂、重金属离子等。利用特定吸附剂（如离子交换树脂、活性炭、沸石等）可以有效去除这些污染物，达到排放标准。

3. 河水除臭

河水受到生活污水或工业废水排放的影响，常常伴有恶臭。通过活性炭吸附，可以有效去除水中的异味物质，改善河流的生态环境。

4. 地下水修复

在地下水受到污染的情况下，可以通过注入吸附剂（如零价铁、生物炭等）来修复地下水。这些吸附剂能与污染物发生化学反应或物理吸附，从而去除污染物。

5. 海水淡化

虽然吸附分离法在海水淡化中的应用不如膜分离法广泛，但仍有研究在探索利用吸附剂（如金属有机骨架材料）去除海水中的盐分。

吸附剂的选择应根据水中待测组分的性质而定。吸附水溶性或极性化合物通常选用极性的吸附剂，而吸附非极性的组分则选择非极性的吸附剂更为合适；吸附可电离的酸性或碱性化合物则适于选择离子交换型吸附剂。例如欲富集水中的杀虫剂或药物，通常均选择键合硅胶 C_{18} 吸附剂，杀虫剂或药物被稳定地吸附于键合硅胶表面，当用小体积甲醇或乙腈等有机溶剂解吸后，目标物被高倍富集。

吸附剂的用量与目标物性质（极性、挥发性）及其在水样中的浓度直接相关。通常，增加吸附剂用量可以增加对目标物的吸附容量，可通过绘制吸附等温线（例如根据水样状况选择 Freundlich 吸附等温线或 Langmuir 吸附等温线）来确定吸附剂的合适用量。

（七）离子交换

离子交换法是利用离子交换剂与溶液中的离子发生交换作用而使离子分离的方法。用途较广的是有机离子交换剂（离子交换树脂），根据阴、阳离子交换树脂对不同离子的亲和力不同，从而使不同离子分离、富集。

练习巩固

练习

项目四任务一～任务三 练习

任务四　pH 值的测定

【任务目标】

（1）能根据国家标准规范配制 pH 值测定用的标准缓冲溶液。

（2）熟悉玻璃电极法测定水中 pH 值的测量原理。

（3）学会 pH 计的校正及测定方法。

（4）通过水中 pH 值的测定实验与职业技能实训加深理解，学会监测操作的全过程。

【任务分析】

1. 明确任务流程

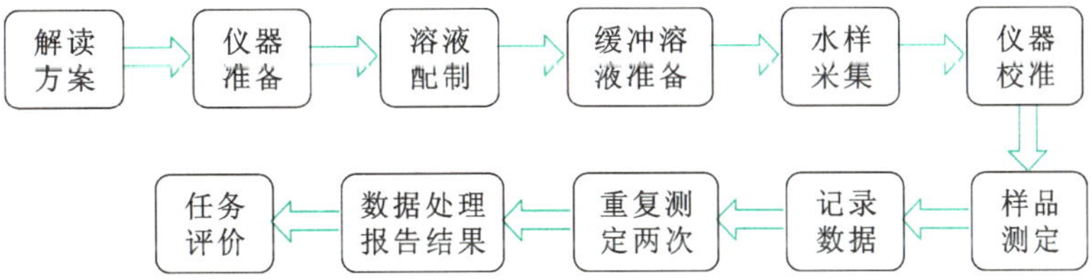

2. 任务重难点分析

（1）缓冲溶液的准备。

（2）pH 计的使用。

3. 任务前准备

(1)《水质 pH 值的测定 玻璃电极法》(GB 6920—1986)。

(2)水中 pH 值测定的视频资料。

(3)水中 pH 值测定所需的仪器和试剂。

要求各组长将本次项目涉及的任务在组内进行分解，各成员将分配到的任务填入表 4.8。

表 4.8 工作任务分配表

小组任务			
任务内容	小组成员	组员分工	注意事项

【知识链接】

pH 值是水质监测中的一个重要的测量项目。在日常的水质化验项目中，pH 值作为一个常规性的化验进行，是水质检测的重要指标。

(一)pH 值测定基础知识

pH 值是溶液中氢离子浓度的负对数，即 $pH=-\lg[H^+]$。

pH 是水溶液中酸碱度的一种表示方法。pH 值的大小反映了水的酸性或碱性，但并不能直接表明水样的具体酸度或碱度。pH 值的应用范围为 0～14，当 pH＝7 时水呈中性；pH ＜7 时水呈酸性，pH 越小，水的酸性越强；当 pH ＞7 时水呈碱性，pH 值越大，水的碱性越强。

天然水的 pH 值范围为 6～9，而饮用水的 pH 值为 6.5～8.5，江河水的 pH 值多为 6～8，湖水的 pH 值则通常为 7.2～8.5。当水体受到外界的酸碱污染后，可能会引起 pH 值发生较大变化。水体的酸污染主要来源于冶金、电镀、轧钢、金属加工等工业排出的含酸废水，碱污染主要来源于碱法造纸、生产化学纤维、制碱、制革、炼油等工业废水。水体受到污染后，pH 值发生变化，在水体 pH 值小于 6.5 或大于 8.5 时，水中微生物的生长受到一定程度的抑制，使得水体自净能力受到阻碍，使水生生物的种群逐渐变化，鱼类减少，甚至绝迹。

(二)pH 值测定方法

测定水中 pH 值的方法有电极法、比色法，也可用 pH 试纸粗略地测定。

1. 玻璃电极法

电极法测定 pH 值的原理符合能斯特方程。实际测试中，多采用标准比较法，即首先测得 pH 标准缓冲液的电位 E_s，再测定待测样品溶液的电位 E_x。从而得到下列关系：

$$pH_x - pH_s = \frac{E_x - E_s}{2.303RT/F}$$

式中 E_x——是未知溶液中电池的电动势，mV；

E_s——标准缓冲溶液中电池的电动势，mV；

pH_x——测得未知溶液的 pH 值；

pH_s——标准缓冲溶液的 pH 值；

R——摩尔气体常数，8.314472 J/(K·mol)；

T——绝对温度(t+273.15)，K；

F——法拉第常数，96485 C/mol。

当 t=25 ℃时，经换算得到：

$$pH_x - pH_s = \frac{E_x - E_s}{0.059}$$

电极法测定溶液的 pH 值，是以玻璃电极为指示电极(－)，饱和甘汞电极为参比电极(＋)组成电池。即在 25 ℃时，溶液的 pH 值变化 1 个单位时，电池的电动势改变59.0 mV。实验室使用的 pH 计上的刻度就是根据此原理制成的。通过标准溶液校准、定位后，可直接从表头读出 pH 值。

实际测量中，选用 pH 值与水样 pH 值接近的标准缓冲溶液，校正 pH 计(又叫定位)，并保持溶液温度恒定，以减少由于液接电位、不对称电位及温度等变化而引起的误差。测定水样之前，用两种不同 pH 值的缓冲溶液校正，如用一种 pH 值的缓冲溶液定位后，在测定相差约 3 个 pH 单位的另一种缓冲溶液的 pH 值时，误差应为±0.1 个 pH 单位。校正后的 pH 计，可以直接测定水样或溶液的 pH 值。

《水质 pH 值的测定 电极法》(HJ 1147—2020)适于地表水、地下水、生活污水和工业废水中 pH 值的测定。

电极法是我国测定水质 pH 值的标准方法，水的颜色、浊度、胶体物质、氧化剂、还原剂及高含盐量均不干扰测定。但在 pH<1 的强酸性溶液中，会有所谓"酸误差"，可按酸度测定；在 pH>10 的碱性溶液中，因有大量钠离子存在，产生误差，使读数偏低，通常称为"钠差"。消除"钠差"的方法，除了使用特制的"低钠差"电极外，还可以选用 pH 值与被测溶液相近的标准缓冲溶液对仪器进行校正。

2. 比色法

比色法测定原理是对各种酸碱指示剂在不同氢离子浓度的水溶液中所产生的不同颜色进行目视比色来测定，pH 值准确度可达到 0.1。

比色法适于测定浊度、色度很低的天然水及饮用水。

【任务实施】

活动 1 解读水质 pH 值的测定标准

1. 查找与阅读标准

(1)上网搜索查找 pH 值的测定方法标准(中华人民共和国生态环境部—生态环境标

准、食品伙伴网—标准下载中心等)。

(2)仔细阅读标准《水质 pH 值的测定 电极法》(HJ 1147—2020),确定 pH 值测定方案,找出方法的适用范围、检测限、干扰、方法原理、精密度和准确度等内容,并列出所需的其他相关标准。

2. 仪器和试剂的确认

依据查阅的标准,确认所需仪器和试剂。

3. 数据记录

将测定 pH 值所用的标准、仪器和试剂等填写在数据记录表 4.9 中。

表 4.9　数据记录

一、查阅标准			
方法原理			
标准名称			
适用范围		检测限	
准确度		精密度	
样品处理			
操作步骤			
二、仪器确认			
仪器设备			
三、试剂确认			
试剂药品			
四、安全防护			
防护措施			
记录人		复核人	

4. 注意事项

(1)pH 值应在水样采集时测定,或水样送到实验室后立即测定,不宜久存。

(2)测定结果只表示在测定温度时的实际 pH 值。

活动2 pH值测定的仪器及试剂准备

1.实验仪器

pH计及配套使用的电极、塑料小烧杯100～150 mL(4个,其中3个用于盛放标准缓冲溶液,1个盛放待测未知水样)、废液杯(1个,用于盛放冲洗废液)、滤纸纸片(若干,用于蘸干pH电极头的水分)、洗瓶(盛放蒸馏水或去离子水)、温度计等。

2.实验试剂

标准缓冲溶液(3份,其pH值分别为4.01、6.86、9.18)、蒸馏水或去离子水。

标准缓冲溶液配制:

(1)pH=4.01标准缓冲溶液甲(邻苯二甲酸氢钾标准缓冲溶液)

①用邻苯二甲酸氢钾pH标准物质GBW(E)130070 pH=4.01来配制:每次取一支邻苯二甲酸氢钾pH标准物质,将样品全部倒入250 mL的容量瓶中,用新蒸的蒸馏水多次洗涤装pH标准物质的小瓶并转入容量瓶,待全部溶解稀释至指定刻度,摇匀后即可使用。有效期为5年。

②用邻苯二甲酸氢钾(分析纯)来配制:称取在110～130 ℃下干燥过2～3 h的邻苯二甲酸氢钾5.06 g,用无CO_2的水溶解并稀释至500 mL。贮存于用所配溶液淌洗过的试剂瓶中,贴上标签。此溶液在25 ℃时,pH值为4.01。

(2)pH=6.86标准缓冲溶液乙(磷酸盐标准缓冲溶液)

①用混合磷酸盐pH标准物质(无水磷酸氢二钠和磷酸二氢钾)GBW(E)130071 pH=6.86来配制:每次取一支混合磷酸盐pH标准物质,将样品全部倒入250 mL的容量瓶中,用新蒸的蒸馏水多次洗涤装pH标准物质的小瓶并转入容量瓶,待全部溶解后稀释至指定刻度,摇匀后即可使用。有效期为5年。

②用混合磷酸盐(分析纯)来配制:称取在120±10 ℃下干燥过2～3 h的磷酸二氢钾(KH_2PO_4)1.70 g和磷酸氢二钠(Na_2HPO_4)1.77 g,用无CO_2水溶解并稀释至500 mL。贮存于用所配溶液淌洗过的试剂瓶中,贴上标签。此溶液在25 ℃时,pH值为6.86。

(3)pH=9.18标准缓冲溶液丙(硼酸钠标准缓冲溶液)

①用硼砂pH标准物质GBW(E)130072 pH=9.18来配制:每次取一支硼砂pH标准物质,将样品全部倒入250 mL的容量瓶中,用新蒸的蒸馏水多次洗涤装pH标准物质的小瓶并转入容量瓶,待全部溶解后稀释至指定刻度,摇匀后即可使用。有效期为5年。

②用硼砂(分析纯)来配制:称取1.90 g四硼酸钠($Na_4B_4O_7 \cdot 10H_2O$),用无CO_2水溶解并稀释至500 mL。贮存于用所配溶液淌洗过的试剂瓶中,贴上标签。此溶液25 ℃时,pH值为9.18。

3.注意事项

(1)邻苯二甲酸氢钾溶液保存期通常为4周。

(2)磷酸盐保存期可为1～2个月。

(3)硼砂溶液是碱性溶液,易吸收CO_2而使pH值降低。

(4)在空气中放置或使用过的溶液不宜倒回瓶内重复使用。

(5)标准缓冲液放在 4 ℃冰箱里存放，可以延长使用期限。

(6)缓冲液可保存在硬质玻璃瓶或聚乙烯塑料瓶中。

活动 3　采集 pH 值测定的水样

1. 样品采集

(1)取学校湖水的水样。

(2)取自来水水样。

(3)将水样采集记录填写在表 4.10 中。

表 4.10　水样的采集与保存记录

序号	测定项目	采样时间	采样地点	性状（色、味）	采样容器	保存剂及用量	采样量	保存期	备注

采样人员：　　　　　　　　　　　　　　记录人员：

2. 注意事项

最好现场测定。否则，应在采样后把样品在 0～4 ℃冷藏保存，并在采样后 6 h 之内进行测定。

活动 4　水样 pH 值的测定

1. 实验原理

以玻璃电极为指示电极，饱和甘汞电极为参比电极，插入溶液组成原电池。用已知 pH 值的标准溶液定位，校准，用 pH 计直接测出水样的 pH 值。

2. 操作步骤

(1)开机

开启 pH 计电源，预热 20 min。

(2)仪器校准

操作程序按仪器使用说明书进行。

①打开 pH 计后，用蒸馏水清洗电极，用滤纸片蘸干电极水分后，将电极放入标准缓冲溶液（pH=6.86）中；

②用温度计测量当前标准缓冲溶液的温度，并在仪器上设置相同的温度值；

设置温度值：用“温度”的上下键调节显示值，确定后按“确认”键，完成设置；如需放弃，按“pH/mV”键。

③待 pH 读数稳定后，按“定位”键，仪器提示“Std yE5”字样，按“确认”键，仪器自动

识别标定 pH 值；

④读数稳定后，调节数值到标准溶液读数，按“确认”键后，即完成一点标定(斜率为 100%)；

⑤再次用蒸馏水清洗电极，用滤纸片蘸干电极水分后，将电极放入标准缓冲溶液(pH=4.01 或 pH=9.18)中；

⑥待 pH 读数稳定后，按“斜率”键，仪器提示“Std yE5”字样，按“确认”键，仪器自动识别标定 pH 值；

⑦读数稳定后，调节数值到标准溶液读数，按“确认”键后，即完成二点标定。

(3)水样测定

①测定样品时，先用蒸馏水认真冲洗电极，用滤纸片蘸干电极水分后，将电极浸入待测水样中；

②小心摇动或搅拌使其均匀，静置，待 pH 计读数稳定后，记录数据。(每个水样需分别测量三次，得到三个平行数据)；

③水样测定结束后，关闭仪器电源、清洗电极，填写仪器使用记录。测定步骤如图 4.19 所示。

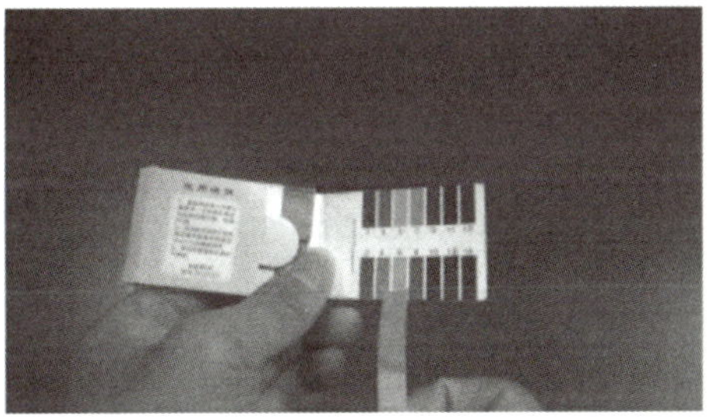

(1) 用试纸粗测水样的pH值

(2) 选择缓冲溶液

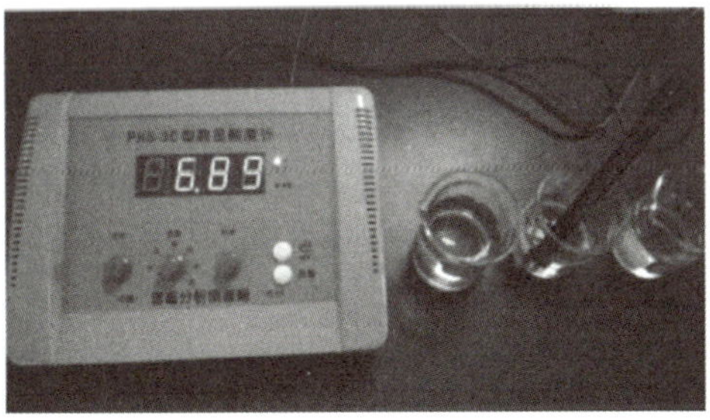

(3) 用与水样pH值相近的缓冲溶液定位

(4) 测定水样的pH值

图 4.19　水样 pH 值测定步骤

3.质量控制

(1)每批样品测定前应对仪器进行校准，当样品 pH 值变化较大或监测场地变化时均应重新校准。

(2)连续测定每 20 个样品或每批次(≤20 个样品/批)应分析一个有证标准样品或标准物质，测定结果应在保证值范围内，否则应重新校准，并重新测定该批次样品。

(3)每 20 个样品或每批次(≤20 个样品/批)应分析一个平行样。当 pH 值在 6～9

之间时，允许差为±0.1个pH单位；当pH值≤6或≥9时，允许差为±0.2个pH单位。测定结果取第一次测定值。

4. 注意事项

(1)测定pH值时，玻璃电极的球泡应全部浸入溶液中，并使其稍高于甘汞电极的陶瓷芯端，以免搅拌时碰杯，打破玻璃电极。

(2)测定pH值时，为减少空气和水样中二氧化碳的溶入或挥发，在测水样之前，不应提前打开水样瓶。

(3)在正式测量前，应检查仪器、电极、标准缓冲液三者是否正常。

通常做法是：①根据待测样品的pH值范围，在其附近选用两种标准缓冲溶液。②用第一种溶液定位后，对第二种溶液测试，观察其读数。仪器响应值与第二种溶液的pH值之差不得大于0.1个pH单位。

(4)更换标准缓冲液或样品时，要用蒸馏水对电极进行充分的冲洗，并用滤纸吸干电极表面的水，再用待测溶液冲洗。

(5)测量pH值时，溶液应适当进行搅拌，在读数时则应停止搅拌，静置片刻，以使读数稳定。

(6)pH值随水温变化而变化，测定时应在规定的温度下进行，或者校正温度。

(7)电极不能用于强酸、强碱或其他腐蚀性溶液。严禁在脱水性介质如无水乙醇、重铬酸钾等中使用。

活动5　水样pH值的测定数据记录与处理

将测定数据及处理结果记录于表4.11。

表4.11　pH值测定的原始记录

测定次数	1	2	3
样品pH值			
平均值			
质控样pH值			
平均值			
相对极差/%			

【任务评价】

实验结束后，针对全过程进行评价(表4.12)。

表 4.12　pH 值的测定任务评价

考核内容	序号	考核标准	分值	小组评价	教师评价
解读国家标准（7 分）	1	标准查找准确	2		
	2	仪器确认正确	1		
	3	试剂确认正确	2		
	4	解读标准的原始记录填写无误	2		
仪器准备（4 分）	5	仪器选择正确	2		
	6	仪器配套选择正确	2		
试剂准备（8 分）	7	试剂选择正确（种类、纯度）	2		
	8	正确配制所需溶液	6		
水样采集保存（15 分）	9	选择采样点、采样方法、容器、采样量、运输等正确	6		
	10	水样的保存方法、保存剂及用量、保存时间等正确	6		
	11	正确规范填写采样记录表	3		
测定操作（34 分）	12	正确规范使用 pH 计	10		
	13	正确进行两点校正	10		
	14	测定 pH 值操作正确	8		
	15	读数正确	3		
	16	样品重复测定两次	3		
团队协作（5 分）	17	任务分工明确、各司其职	5		
职业规范（7 分）	18	仪器归位正确、器皿清洗干净、无损坏	2		
	19	药品、仪器摆放整齐	2		
	20	实验室台面整洁	1		
	21	实验后积极打扫实验室卫生	2		
数据记录及处理（13 分）	22	正确、规范记录数据，无随意涂抹、篡改数据	3		
	23	计算正确	3		
	24	测定结果符合质控要求	4		
	25	相对极差≤1.0%	3		
实验报告（7 分）	26	报告格式规范、完整	2		
	27	正确撰写报告内容	5		
考核结果（满分 100 分）					

练习巩固

练习

项目四任务四 pH 值的测定 练习

任务五　浊度的测定

【任务目标】

(1)会查阅有关标准,并能根据国家标准确认所需仪器和试剂。

(2)能根据国家标准规范配制浊度测定的标准溶液。

(3)掌握分光光度法测定水中浊度的测定原理。

(4)通过水中浊度的测定实验与职业技能实训加深理解,学会浊度监测操作的全过程。

【任务分析】

1. 明确任务流程

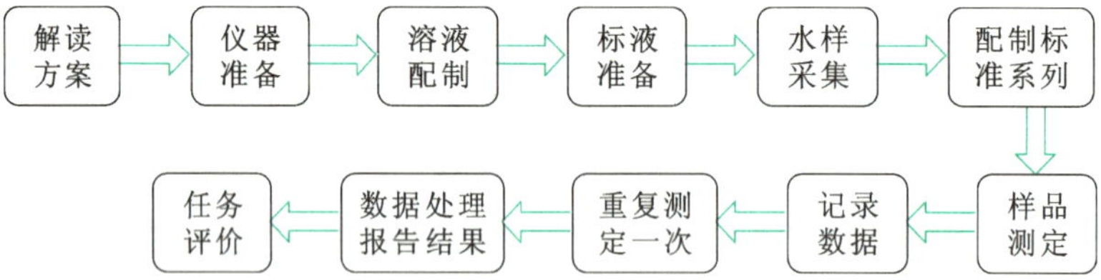

2. 任务重难点分析

(1)浊度标准贮备液的配制。

(2)分光光度计的使用。

3. 任务前准备

(1)《水质浊度的测定》(GB 13200—1991)。

(2)水中浊度测定所需的仪器和试剂。

①仪器:100 mL 具塞比色管、1 L 容量瓶、250 mL 具塞无色玻璃瓶、1 L 量筒等。

②试剂:无浊度水、硫酸肼($N_2H_4 \cdot H_2SO_4$)贮备液和六亚甲基四胺[$(CH_2)_6N_4$]贮备液、浊度标准溶液等。

要求各组长将本次项目涉及的任务在组内进行分解，各成员将个人分配到的任务填入任务分配表中(表 4.8)。

【知识链接】

(一)浊度及测定意义

浊度，是一种光学效应即水的浑浊程度，是指水中悬浮物(不溶性物质)对光线透过时所产生的阻碍程度，表示水层对光线散射和吸收的能力，不溶性物质包括悬浮于水中的固体颗粒物(泥沙、腐殖质、浮游藻类等)和胶体颗粒物。水的浊度大小不仅和水中存在颗粒物含量有关，而且和其粒径大小、形状、颗粒表面对光的散射特性等有密切关系。控制浊度是工业水处理的一个重要内容，也是一项重要的水质指标。

水质分析规定 1 L 蒸馏水中含有 1 mg SiO_2 所构成的浊度为一个标准浊度单位，简称 1 度，单位为 NTU。通常浊度越高，溶液越浑浊。根据水的不同用途，对浊度有不同的要求。天然水经过混凝、沉淀和过滤等处理，变得清澈。生活饮用水的浊度不得超过 1 NTU；要求循环冷却水处理的补充水浊度为 2～5 NTU；除盐水的进水(原水)浊度应小于 3 NTU；制造人造纤维要求水的浊度低于 0.3 NTU。构成浊度的悬浮及胶体微粒一般是稳定的，并大都带有负电荷，不进行化学处理不会自发沉降。在工业水处理中，主要采用混凝、澄清和过滤的方法来降低水的浊度。

(二)浊度测定的方法

测定水样浊度可用分光光度法、目视比浊法或浊度计(仪)法。国家标准《水质 浊度的测定》(GB 13200—1991)中规定了水质浊度测定的两种方法。一种是分光光度法，此法适用于检测饮用水、天然水及高浊度水，最低检测浊度为 3 NTU；另一种是目视比浊法，它适用于饮用水和水源水等低浊度的水，最低检测浊度为 1 NTU。此外还可用浊度仪进行测定，适用于饮用水、天然水及高浊度水，最低检测浊度为 3 NTU。

1. 目视比浊法

将水样与用硅藻土(或白陶土)配制的浊度标准溶液进行比较，以确定水样的浊度。测定时配制一系列标准浊度溶液，其范围视水样浊度而定，取与标准浊度溶液等体积的摇匀水样，目视比较水样的浊度。

2. 分光光度法

在适当的温度下，将一定量的硫酸肼与六亚甲基四胺聚合，生成白色高分子聚合物，以此作为浊度标准溶液，在一定条件下与水样比较。规定 1 L 溶液中含 1.25 mg 硫酸肼和 12.5 mg 六亚甲基四胺的反应产物为1 NTU。

用硫酸肼和六亚甲基四胺配制浊度为 400 NTU 的标准贮备液，然后配成标准色列。在 680 nm 处测其吸光度，绘制吸光度-浊度标准曲线，或求出线性回归方程。测定水样的吸光度，即可求得水样的浊度。如水样经过稀释，要换算成原水样的浊度。

本任务通过学习水中浊度的测定方法，熟悉浊度测定方法的原理，熟练运用分光光度法检测水样浊度的大小。

【任务实施】

活动1　解读水样浊度的测定标准

1. 查找与阅读标准

(1)上网搜索查找水样浊度的测定方法标准(中华人民共和国生态环境部—生态环境标准、食品伙伴网—标准下载中心等)。

(2)仔细阅读标准《水质 浊度的测定》(GB 13200—1991),确定浊度测定的方案,找出方法的适用范围、检测限、干扰、方法原理、精密度和准确度等内容,并列出所需的其他相关标准。

2. 仪器和试剂的确认

依据查阅的标准,确认所需仪器和试剂。

3. 数据记录

将浊度的测定标准、仪器和试剂等填写在数据记录表中(表4.9)。

活动2　浊度测定的仪器及试剂准备

1. 实验仪器

目视比浊法:2 L 试剂瓶、100 mL 具塞比色管、1 L 容量瓶、1 L 量筒等。

分光光度法:50 mL 具塞比色管、分光光度计等。

2. 实验试剂

无浊度水、浊度标准贮备液。

(1)无浊度水的制备:将蒸馏水通过 0.2 μm 滤膜过滤,收集于用过滤水荡洗两次的烧瓶中。

(2)1 g/100 mL 硫酸肼溶液:称取 1.000 g 硫酸肼溶于水中,定容至 100 mL。

(3)10 g/100 mL 六亚甲基四胺溶液:称取 10.00 g 六亚甲基四胺溶于水中,定容至 100 mL。

(4)浊度标准贮备液:取 5.00 mL 的硫酸肼溶液和 5.00 mL 六亚甲基四胺溶液,置入 100 mL 容量瓶中,混匀。在 25±3 ℃的条件下静置 24 h 后,以无浊度水将混合液稀释至 100 mL 标线并混合均匀,即为浊度 400 NTU 的浊度标准溶液。

3. 注意事项

(1)硫酸肼有毒、致癌,取用时应注意!

(2)配制的浊度标准溶液可保存一个月。

活动3　采集浊度测定的水样

1. 取学校湖水水样

将 1 L 的采水瓶按要求清洗干净,找一处水深在 1 m 以上的学校湖水,采集水面下 0.3～0.5 m 处的水样。

2. 取自来水水样

用橡皮管一端接水龙头，另一端插入 1 L 的采水瓶底部，打开水龙头，待水样进入采水瓶并溢出 1 min 后，取出橡皮管，采水瓶内不得留有气泡。

3. 记录数据

将水样采集和保存记录填写在表中(表 4.10)。

4. 注意事项

(1)测量浊度的样品应收集于具塞玻璃瓶内，应在取样后尽快测定。

(2)如需保存，可在 4 ℃冷藏环境及暗处保存 24 h。

(3)测试前要剧烈振摇水样并恢复到室温。

活动 4　水样浊度的测定

1. 实验原理

在适当温度下，硫酸肼与六亚甲基四胺聚合，形成白色高分子聚合物，以此作为浊度标准液，在一定条件下与水样浊度相比较。

2. 操作步骤

(1)目视比浊法

①浊度 10 NTU 及以下的水样测定

配制浊度标准系列溶液：吸取浊度为 100 NTU 的标准液 0 mL、0.5 mL、1.0 mL、1.5 mL、2.0 mL、2.5 mL、3.0 mL、3.5 mL、4.0 mL、4.5 mL 及 5.0 mL 于 50 mL 的比色管中，加水稀释至标线，混匀，配制成浊度为 0 NTU、1.0 NTU、2.0 NTU、3.0 NTU、4.0 NTU、5.0 NTU、6.0 NTU、7.0 NTU、8.0 NTU、9.0 NTU 和 10.0 NTU 的标准液。

水样浊度测定：取 50 mL 摇匀的水样于 50 mL 比色管中，与上述标液进行比较。可在黑色底板上由上向下垂直观察，选出与水样产生相近视觉效果的标准液，记下其浊度值。

②浊度为 10 NTU 以上的水样测定

配制浊度标准系列溶液：吸取浊度为 250 NTU 的标准液 0 mL、10 mL、20 mL、30 mL、40 mL、50 mL、60 mL、70 mL、80 mL、90 mL 及 100 mL 于 250 mL 容量瓶中，加水稀释至标线，混匀。即得浊度为 0 NTU、10 NTU、20 NTU、30 NTU、40 NTU、50 NTU、60 NTU、70 NTU、80 NTU、90 NTU 和 100 NTU 的标准液，将其移入成套的 250 mL 具塞无色玻璃瓶中，每瓶加入 1 g 氯化汞，以防菌类生长。

水样浊度测定：取 250 mL 摇匀的水样置于成套的 250 mL 具塞无色玻璃瓶中，瓶后放一块有黑线的白纸板作为判别标志。从瓶前向瓶后观察，根据目标的清晰程度选出与水样产生相近视觉效果的标准液，记下其浊度值。

水样浊度超过 100 NTU 时，用无浊度水稀释后测定。

(2)分光光度法

①分光光度法标准曲线的绘制

吸取浊度标准贮备液前要先充分摇匀！吸取浊度为 400 NTU 的标准液 0.00 mL、0.50 mL、1.25 mL、2.50 mL、5.00 mL、10.00 mL 及 12.50 mL 于 50 mL 具塞比色管，稀释至 50 mL 即可获得 0 NTU、4 NTU、10 NTU、20 NTU、40 NTU、80 NTU 和100 NTU

的浊度系列溶液。在 680 nm 波长下，用 30 mm 比色皿来测定溶液的吸光度，绘制浊度标准溶液的吸光度标准曲线。

②水样浊度测定

待测定水样的浊度如果低于 100 NTU 则直接取样 50.0 mL，水样不可含有气泡。如果大于 100 NTU 则取样量酌减并以无浊度水稀释至 50.0 mL，按绘制标准曲线步骤测定吸光度，从标准曲线上查得水样的浊度。

3. 结果的表述

(1)目视比浊法：水样的浊度直接以目视确定的浊度进行报告。

(2)分光光度法：

$$浊度 = \frac{A(B+C)}{C}$$

式中 A——稀释后水样的浊度，NTU；

B——稀释水的体积，mL；

C——原水样的体积，mL。

4. 注意事项

(1)所有与样品接触的玻璃器皿必须清洁，若器皿不清洁则水中溶解的空气泡会影响测定结果。可用盐酸或表面活性剂清洗。

(2)水样不准有碎屑及易沉降的颗粒。

(3)在 680 nm 波长下测定，天然水中存在的淡黄色、淡绿色不干扰测定。

活动 5　水样浊度的测定数据记录与处理

将测定数据及处理结果记录于表 4.13 中。

表 4.13　数据记录与处理

序号	1	2	3	4	5	6	7	水样 1	水样 2	空白
浊度标准使用液体积/mL	0.00	0.50	1.25	2.50	5.00	10.00	12.50			
浊度/NTU	0	4	10	20	40	80	100			
皿差										
原始吸光度										
扣除皿差										
空白校正吸光度										
水样浊度平均值/度										
相对平均偏差/%										

不同浊度范围测试结果的精度要求如表 4.14。

表 4.14　浊度测试精度要求

浊度范围/NTU	精度/NTU	浊度范围/NTU	精度/NTU
1～10	1	400～1000	50
10～100	5	>1000	100
100～400	10		

【任务评价】

实验结束后，针对全过程进行评价（表 4.15）。

表 4.15　浊度的测定任务评价

考核内容	序号	考核标准	分值	小组评价	教师评价
解读国家标准（10 分）	1	标准查找准确	2		
	2	仪器确认正确	2		
	3	试剂确认正确	2		
	4	解读标准的原始记录填写无误	4		
仪器准备（4 分）	5	仪器选择正确	2		
	6	仪器配套选择正确	2		
试剂准备（8 分）	7	试剂选择正确（种类、纯度）	2		
	8	正确配制所需溶液	6		
水样采集保存（15 分）	9	选择采样点、采样方法、容器、采样量、运输等正确	6		
	10	水样的保存方法、保存剂及用量、保存时间等正确	6		
	11	正确规范填写采样记录表	3		
测定操作（26 分）	12	正确规范使用分光光度计	10		
	13	测定浊度值操作正确	10		
	14	读数正确	3		
	15	样品重复测定一次	3		
团队协作（5 分）	16	任务分工明确、各司其职	5		
职业规范（7 分）	17	仪器归位正确、器皿清洗干净、无损坏	2		
	18	药品、仪器摆放整齐	2		
	19	实验室台面整洁	1		
	20	实验后积极打扫实验室卫生	2		
数据记录及处理（13 分）	21	正确、规范记录数据，无随意涂抹、篡改数据	3		
	22	标准曲线绘制准确无误	8		
	23	计算正确	2		
实验报告（12 分）	24	报告格式规范、完整	5		
	25	正确撰写报告内容	7		
考核结果（满分 100 分）					

练习巩固

练习

项目四任务五浊度的测定 练习

任务六　溶解氧的测定

【任务目标】

(1)了解溶解氧测定的意义和方法。

(2)掌握溶解氧样品的采集与保存方法。

(3)掌握碘量法测定溶解氧的原理与操作。

(4)通过水中溶解氧的测定实验与职业技能实训加深理解,学会监测操作的全过程。

【任务分析】

1. 明确任务流程

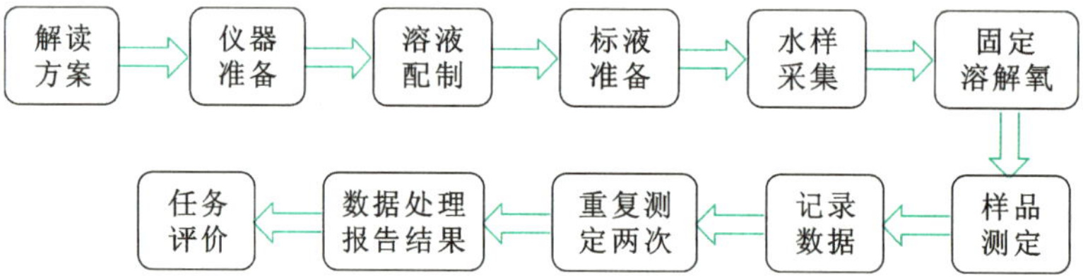

2. 任务重难点分析

(1)溶解氧水样的采集与保存。

(2)硫代硫酸钠标准溶液的标定。

(3)溶解氧的测定操作。

3. 任务前准备

(1)《水质 溶解氧的测定 碘量法》(GB 7489—1987)。

(2)水中溶解氧测定的视频资料。

(3)水中溶解氧测定所需的仪器和试剂。

①仪器:台秤、分析天平、溶解氧瓶(或细口瓶)、碘量瓶、移液管、吸量管、锥形瓶、滴定管、试剂瓶、量筒等。

②试剂:硫酸溶液、碱性碘化钾溶液、硫酸锰溶液、重铬酸钾标准溶液、硫代硫酸钠标准溶液、淀粉溶液、碘溶液、碘化钾等。

要求各组长将本次项目涉及的任务在组内进行分解，各成员将个人分配到的任务填入任务分配表（表 4.8）中。

【知识链接】

溶解氧是指溶解于水中的氧气。地面水与大气接触，以及某些含叶绿素的水生植物在水中进行生化作用，致使水中常有溶解氧存在。当水体受污染时，由于污染物质被氧化而耗氧，水中的溶解氧就会逐渐减少，甚至接近于零。

（一）溶解氧及测定意义

溶解氧以每升水所含氧的毫克数表示，通常记作 DO。天然水的溶解氧含量取决于水体与大气中氧的平衡，随水的深度增加而减少。溶解氧的饱和含量与空气中氧的分压、大气压、水温和水质有密切关系，若大气压强下降、水温升高、含盐量增加，都会导致溶解氧含量降低。溶解氧越少，表明污染越严重。

清洁地表水在常压情况下，所含溶解氧接近饱和状态，正常情况下含氧量约为 9 mg/L。水中存在水生植物并进行光合作用，就可能使水中含有过饱和的溶解氧。

溶解氧的测定对水体自净作用的研究有极其重要的作用，它可帮助了解水体在不同地点进行自净的速度。溶解氧与水生动物如鱼类等的生存有着密切的关系，许多鱼类在水中溶解氧低于 3～4 mg/L 时就不易生存，可能发生窒息死亡。溶解氧由于能使铁氧化而使腐蚀加速，所以对工业用水中溶解氧的测定是极其重要的。一般规定水体中的溶解氧至少在 4 mg/L 以上。在污废水的生化处理过程中，溶解氧也是一项重要的控制指标。

（二）溶解氧的测定方法

溶解氧测定的方法有碘量法和电化学探头法。《水质 溶解氧的测定 碘量法》(GB 7489—1987)是测定水中溶解氧的基准方法。在没有干扰的情况下，此方法适用于各种溶解氧浓度大于 0.2 mg/L 和小于氧的饱和浓度 2 倍（约 20 mg/L）的水样。《水质 溶解氧的测定 电化学探头法》(HJ 506—2009)适用于地表水、地下水、生活污水、工业废水和盐水中溶解氧的测定。清洁地表水可直接采用碘量法测定，对污染严重的地表水，必须采用修正的碘量法或膜电极法测定。

【任务实施】

活动 1　解读水中溶解氧的测定标准

1. 查找与阅读标准

（1）上网搜索查找水样溶解氧的测定方法标准（中华人民共和国生态环境部—生态环境标准、食品伙伴网—标准下载中心等）。

（2）测定方法使用标准的确定。

（3）仔细阅读国家标准《水质 溶解氧的测定 碘量法》(GB 7489—1987)和《水质 溶解氧的测定 电化学探头法》(HJ 506—2009)，确定溶解氧测定方案，找出方法的适用范围、检测限、干扰、方法原理、精密度和准确度等内容，并列出所需的其他相关标准。

2. 仪器和试剂的确认

依据查阅的标准，确认所需仪器和试剂。

3. 数据记录

将溶解氧的测定标准、仪器、试剂等填写在数据记录表中（表 4.9）。

活动 2　溶解氧测定的仪器及试剂准备

1. 实验仪器

250～300 mL 溶解氧瓶、250 mL 锥形瓶、250 mL 碘量瓶、移液管、滴定管、台秤、分析天平。

2. 实验试剂

硫酸锰溶液、碱性碘化钾溶液、氢氧化钠、浓硫酸、硫酸溶液（1＋5）、1％淀粉溶液、0.0250 mol/L重铬酸钾标准溶液、0.0100 mol/L 硫代硫酸钠溶液。

①硫酸锰溶液：称取 48 g 硫酸锰（$MnSO_4 \cdot H_2O$）溶于蒸馏水，过滤后用水稀释至100 mL于透明玻璃瓶中保存。将此溶液加至酸化过的碘化钾溶液中，遇淀粉不得产生蓝色。

②碱性碘化钾溶液：称取 50 g 氢氧化钠溶解于 30～40 mL 蒸馏水中，另称取 15 g 碘化钾溶于 20 mL 蒸馏水中，待氢氧化钠溶液冷却后，将上述两溶液合并，混匀，加蒸馏水稀释至 100 mL。如有沉淀（如氢氧化钠溶液表面吸收二氧化碳生成碳酸钠），则放置过夜后，倾出上层清液，贮于棕色瓶中，用橡皮塞塞紧，避光保存。此溶液酸化后，遇淀粉应不呈蓝色。

③硫酸溶液（1＋5）：将 100 mL 浓硫酸（ρ＝1.84 g/ mL）在不停搅动下加入 500 mL 蒸馏水中。

④1％（m/V）淀粉溶液：称取 1 g 可溶性淀粉，用少量水调成糊状，再用刚煮沸的水稀释至 100 mL。现用现配，或者冷却后加入 0.1 g 水杨酸或 0.4 g 氯化锌防腐。

⑤0.0250 mol/L 重铬酸钾（$1/6K_2Cr_2O_7$）标准溶液：称取于 105～110 ℃烘干 2 h，并冷却的优级纯重铬酸钾 1.2258 g，溶于水，移入 1000 mL 容量瓶中，用水稀释至标线，摇匀。

⑥0.0100 mol/L 硫代硫酸钠溶液：称取 2.5 g 硫代硫酸钠（$Na_2S_2O_3 \cdot 5H_2O$），溶于煮沸放冷的水中，加入 0.4 g 氢氧化钠，转移至 1000 mL 容量瓶中，用蒸馏水稀释至标线，摇匀，贮于棕色瓶中（放置暗处避光保存）。

活动 3　采集溶解氧测定的水样

1. 取学校湖水水样

将溶解氧瓶（或细口瓶）按要求清洗干净，找一处水深在 1 m 以上的学校湖水，在指定的采样点，将溶解氧瓶置于水面下 0.3～0.5 cm 处，溶解氧瓶口向上且倾斜 45°，使水样沿瓶壁缓缓流进溶解氧瓶，并排出瓶内气泡，直至装满后在水中将溶解氧瓶直立，静置 1～2 min，直至气泡全部排出。采集时注意不要使水样曝气或残留气泡。

溶解氧样品应尽量现场测定。如果不能现场测定，则将固定好的溶解氧样品于4 ℃、暗处保存，于 6 h 内完成测定。在每个采样点平行采集 2～3 份水样，同时记录水温和大气压力。

2. 取自来水水样

用橡皮管一端接水龙头，另一端插入溶解氧瓶底部，打开水龙头，待水试样进入溶解氧瓶并溢出 1 min 后，取出橡皮管，溶解氧瓶内不得留有气泡。采样后，立刻盖住盖子。取 3 瓶水样。

3. 记录数据

将水样采集和保存记录填写在表中(表 4.10)。

4. 注意事项

(1)采样瓶内不得留有气泡。

(2)在有氧化物或还原物的情况下需取 2 个试样。

(3)采样后，立即固定溶解氧。

活动 4　硫代硫酸钠溶液的标定

1. 实验原理

由于溶解在溶液中的二氧化碳、微生物、空气中的氧气、光照等均会使硫代硫酸钠变化，所以在配制时除称取稍多于理论计算量的硫代硫酸钠外，还应采取如下措施：用新煮沸后冷却的蒸馏水溶解溶质；加入少量的碳酸钠(0.02%)；溶液应贮存于棕色的试剂瓶中暗处放置，待标定。长期保存的溶液应定期标定，一般两个月一次。若发现有浑浊，则应将沉淀过滤去以后再标定。

硫代硫酸钠标准溶液通常用 $Na_2S_2O_3 \cdot 5H_2O$ 配置，由于 $Na_2S_2O_3$ 遇酸迅速分解产生 S，配置时若水中含 CO_2 较多，则 pH 值偏低，容易使配置的 $Na_2S_2O_3$ 变浑浊。另外，水中若有微生物也能够慢慢分解 $Na_2S_2O_3$。因此，配置 $Na_2S_2O_3$ 通常用新煮沸放冷的蒸馏水，并先在水中加入少量 $Na_2S_2O_3$，然后再把剩余 $Na_2S_2O_3$ 溶于其中。

标定 $Na_2S_2O_3$ 溶液可用 $KBrO_3$、KIO_3、$K_2Cr_2O_7$、$KMnO_4$ 等氧化剂，其中 $K_2Cr_2O_7$ 用得最多。标定时用置换滴定法，使 $K_2Cr_2O_7$ 先与过量 KI 作用，再用欲标定浓度的 $Na_2S_2O_3$ 溶液滴定析出的 I_2。

上述反应分两步进行：

第一步反应：$Cr_2O_7^{2-} + 6I^- + 14H^+ = 2Cr^{3+} + 3I_2 + 7H_2O$

在酸度较低时此反应完成较慢，若酸度太高又有使 KI 被空气氧化成 I_2 的可能，因此必须注意酸度的控制并避光放置 10 min，此反应才能定量完成。

反应后产生定量的 I_2，加水稀释后用硫代硫酸钠标准溶液滴定。

第二步反应：$2S_2O_3^{2-} + I_2 = S_4O_6^{2-} + 2I^-$

第一步反应析出 I_2 用 $Na_2S_2O_3$ 溶液滴定，以淀粉溶液作指示剂。淀粉溶液在有 I_2 存在时，能与 I_2 分子形成蓝色可溶性吸附化合物，使溶液呈蓝色。达到终点时，溶液中的 I_2 全部与 $Na_2S_2O_3$ 作用，则蓝色消失。但开始 I_2 太多，被淀粉吸附得过牢，不易被完全夺出，并且也难以观察终点；因此必须在滴定至终点时方可加入淀粉溶液，当溶液深蓝色刚好褪去即为终点。

$Na_2S_2O_3$ 与 I_2 的反应只能在中性或者弱酸性溶液中进行，因为在碱性溶液中会发生下面的副反应：

$$S_2O_3^{2-}+4I_2+10OH^- = 2SO_4^{2-}+8I^-+5H_2O$$

而在酸性溶液中 $Na_2S_2O_3$ 又易分解：

$$S_2O_3^{2-}+2H^+ = S\downarrow + SO_2\uparrow + H_2O$$

所以进行滴定以前溶液应加以稀释，一为降低酸度，二为使终点时溶液中的 Cr^{3+} 颜色不致太深，影响终点观察。另外 KI 浓度不可过高，否则 I_2 与淀粉所显颜色偏红紫，也不利于观察终点。

2. 硫代硫酸钠标定

在 250 mL 碘量瓶中，加入 100 mL 水（去离子水或蒸馏水）和 1 g 碘化钾，再加入 10 mL浓度为 0.0250 mol/L 重铬酸钾标准溶液、10 mL 硫酸溶液（1+5），密塞，摇匀。放暗处静置 5 min 后，用硫代硫酸钠溶液滴定至溶液呈淡黄色。加入 1 mL 淀粉溶液，继续滴定至蓝色刚好褪去为止，记录用量 V，做三个平行样，同时做空白实验。

空白试验：在 250 mL 碘量瓶中，加入 100 mL 水（去离子水或蒸馏水）和 1 g 碘化钾，再加入 10 mL 去离子水、10 mL 硫酸溶液（1+5），密塞，摇匀。放暗处静置 5 min 后，用硫代硫酸钠溶液滴定至溶液呈淡黄色。加入 1 mL 淀粉溶液，继续滴定至蓝色刚好褪去为止，记录用量 V_0。

$$c_{Na_2S_2O_3} = \frac{10\times 0.0250}{V-V_0}$$

式中 $c_{Na_2S_2O_3}$——硫代硫酸钠溶液的浓度，mol/L；

V——滴定样品时消耗的硫代硫酸钠溶液的体积，mL；

V_0——滴定空白时消耗的硫代硫酸钠溶液的体积，mL。

3. 数据记录与处理

将硫代硫酸钠溶液的标定数据记录在表 4.16 中。

表 4.16 硫代硫酸钠溶液的标定数据记录表

标定序号	标准溶液体积/mL	标液浓度/(mol/L)	$V_{Na_2S_2O_3}$/mL			$c_{Na_2S_2O_3}$/(mol/L)	$\bar{c}$	相对平均偏差(%)
			$V_{初}$	$V_{终}$	$V_{耗}$			
1								
2								
3								

4. 注意事项

(1) $K_2Cr_2O_7$ 与 KI 反应进行较慢，在稀溶液中尤慢，故在加水稀释前，应放置 10 min，使反应完全。滴定前，溶液要加水稀释。

(2) 如果测定空白，一定要将体积扣除。

(3) 酸度影响滴定，因此酸度应保持在 0.2～0.4 mol/L。

(4) KI 要过量，但不能太多，浓度不能超过 2%～4%，因为 I^- 太浓，淀粉指示剂的颜色转变不灵敏。

(5) 滴定至终点的溶液有回褪现象，放置后会逐渐变成浅蓝色。如果不是很快变为蓝色，可认为是由于空气中氧的氧化作用，不影响结果。如果很快(30 s 内)变为蓝，说明 $K_2Cr_2O_7$ 与 KI 尚未反应完全，还应继续滴定。

(6)指示剂不能加入过早，因淀粉是吸附指示剂，一定要等溶液呈浅黄绿色后才可加入指示剂。

(7)滴定开始时要快滴慢摇，减少 I_2 的挥发。但近终点时，要慢滴，并用力振摇，减少淀粉对 I_2 的吸附。

(8)配制的标准溶液的浓度不是一成不变的，放置一段时间后需要重新标定。

活动 5　水样溶解氧的测定

1. 实验原理

在水样中加入硫酸锰和碱性碘化钾，水中的溶解氧将二价锰氧化成四价锰，并生成棕色沉淀。加酸后，氢氧化物沉淀溶解，四价锰又可氧化碘离子而释放出与溶解氧量相当的游离碘。以淀粉作为指示剂，硫代硫酸钠作为滴定剂滴定碘，从而计算出溶解氧含量。

2. 溶解氧的测定

(1)溶解氧的固定

一般在取样现场固定。取样之后，最好在现场立即向盛有样品的溶解氧瓶中加1 mL 硫酸锰溶液(用刻度移液管加入，轻轻插入样品瓶的液面下 0.2～0.5 cm 处放出溶液)。用相同的方法再加入 2 mL 碱性碘化钾试剂。小心盖上塞子，避免把气泡带入。将溶解氧瓶上下颠倒混匀 3 次，使瓶内的成分充分混合，静置沉淀最少 5 min。待沉淀降至瓶内一半位置时，再重新颠倒混合，保证混合均匀。静置，待沉淀重新沉降至瓶底，这时可以将溶解氧瓶运送至实验室，若避光保存，样品最长可贮藏 24 h。

(2)溶解(碘的析出)

确保所形成的沉淀物已沉降在溶解氧瓶下三分之一部分。轻轻打开瓶塞，立即用移液管慢速加入 2.0 mL 硫酸溶液，小心盖好瓶塞，颠倒混合摇动溶解氧瓶，要求瓶中沉淀物完全溶解，并且碘已均匀分布。放置暗处静置 5 min。

(3)滴定

取 100 mL 上述溶液于 250 mL 锥形瓶中，用硫代硫酸钠标准溶液滴定至溶液呈淡黄色，加入 1 mL 淀粉溶液，继续滴定至蓝色刚好褪去为止，记录硫代硫酸钠溶液用量 V，做两次平行样。

$$\text{溶解氧}(O_2,\text{mg/L})=\frac{\bar{c}\times V\times 8\times 1000}{100}$$

式中　$\bar{c}$——硫代硫酸钠溶液的浓度，mol/L；

V——滴定时消耗的硫代硫酸钠溶液的总体积，mL；

8——$\frac{1}{4}O_2$ 的摩尔质量，即 $M\left(\frac{1}{4}O_2\right)$，g/mol。

3. 数据记录与处理

将溶解氧的测定数据记录在表 4.17 中。

表 4.17　溶解氧的测定数据记录

样品序号	取样体积/mL	标定浓度 $\bar{c}$ /(mol/L)	$V_{Na_2S_2O_3}$/mL			溶解氧浓度/(mg/L)	溶解氧浓度平均值	相对标准偏差/%
			$V_{初}$	$V_{终}$	$V_{耗}$			
1								
2								
3								

4.质量控制

分析于 20 ℃含饱和溶解氧 6.85～9.09 mg/L 的蒸馏水，单个实验室的相对标准偏差不超过 0.3%；分析含 4.73～11.4 mg/L 溶解氧的地面水，单个实验室的相对标准偏差不超过 0.5%。

5.注意事项

(1)水中溶解氧应在中性条件下测定。如果水样呈强酸性或强碱性，可用 NaOH 或 H_2SO_4 溶液调节至中性后再测。

(2)水样中游离氯含量大于 0.1 mg/L 时，应先加入一定量的硫代硫酸钠除去。硫代硫酸钠应定量加入，确定方法如下：将 250 mL 碘量瓶装满水样，加入 5 mL 3 mol/L 硫酸溶液和 1 g 碘化钾，摇匀，此时有碘析出，吸取 100.00 mL 该溶液于另一个 250 mL 碘量瓶中，用硫代硫酸钠标准溶液滴定至浅黄色，加入 1%淀粉溶液 1.0 mL，再滴定至蓝色刚好消失，记录硫代硫酸钠溶液用量(相当于去除游离氯的用量)。于另一瓶待测水样中加入同样量的硫代硫酸钠溶液，以去除游离氯的影响，然后按照测定步骤测定溶解氧。

(3)水样采集后，应在采样现场立即加入硫酸锰和碱性碘化钾溶液固定溶解氧；当水样含有藻类、悬浮物、氧化还原性物质时，必须进行预处理。

(4)加液时，移液管尖嘴应插入液面以下。

(5)当加入试剂后，水试样体积有所变化，对结果必有影响。但在只取一部分溶液滴定的情况下影响甚小，计算中可以略去。

【任务评价】

实验结束后，针对全过程进行评价(表 4.18)。

表 4.18　溶解氧的测定任务评价

考核内容	序号	考核标准	分值	小组评价	教师评价
解读国家标准(10 分)	1	标准查找准确	2		
	2	仪器确认正确	2		
	3	试剂确认正确	2		
	4	解读标准的原始记录填写无误	4		

续表 4.18

考核内容	序号	考核标准	分值	小组评价	教师评价
仪器准备（4 分）	5	仪器选择正确	2		
	6	仪器配套选择正确	2		
试剂准备（8 分）	7	试剂选择正确（种类、纯度）	2		
	8	正确配制所需溶液	6		
水样采集保存（15 分）	9	选择采样点、采样方法、容器、采样量、运输方法等正确	6		
	10	水样的保存方法、保存剂及用量、保存时间等正确	6		
	11	正确规范填写采样记录表	3		
测定操作（26 分）	12	正确规范进行硫代硫酸钠标准溶液的标定	10		
	13	溶解氧的测定操作正确	10		
	14	读数正确	3		
	15	样品重复测定两次	3		
团队协作（5 分）	16	任务分工明确，成员各司其职	5		
职业规范（7 分）	17	仪器归位正确，器皿清洗干净、无损坏	2		
	18	药品、仪器摆放整齐	2		
	19	实验室台面整洁	1		
	20	实验后积极打扫实验室卫生	2		
数据记录及处理（14 分）	21	正确、规范记录数据，无随意涂抹、篡改数据	3		
	22	硫代硫酸钠浓度计算正确	3		
	23	溶解氧浓度计算正确	3		
	24	相对标准偏差≤0.5%	5		
实验报告（11 分）	25	报告格式规范、完整	4		
	26	正确撰写报告内容	7		
考核结果（满分 100 分）					

练习巩固

练习

项目四任务六溶解氧的测定 练习

任务七　高锰酸盐指数的测定

【任务目标】

(1)了解高锰酸盐指数的含义及测定意义。

(2)熟悉滴定操作技术,提高标准溶液的配制与标定技能的水平。

(3)掌握酸性高锰酸钾法测定高锰酸盐指数的原理和方法。

(4)掌握高锰酸盐指数测定操作的基本技能。

【任务分析】

1.明确任务流程

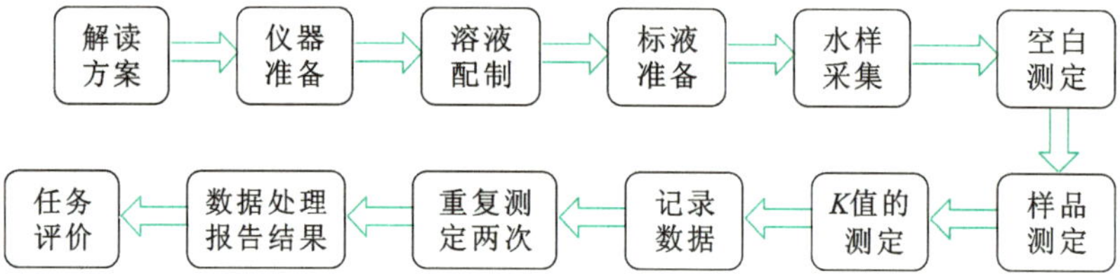

2.任务重难点分析

(1)高锰酸盐指数的测定操作。

(2)高锰酸盐指数测定的原理及计算。

3.任务前准备

(1)《水质 高锰酸盐指数的测定》(GB 11892—1989)。

(2)水中高锰酸盐指数测定的视频资料。

(3)水中高锰酸盐指数测定所需的仪器和试剂。

①仪器:沸水浴装置、250 mL 锥形瓶、50 mL 滴定管、常规玻璃仪器等。

②试剂:蒸馏水、高锰酸钾溶液($1/5KMnO_4=0.1$ mol/L)、高锰酸钾溶液($1/5KMnO_4=0.01$ mol/L)、硫酸溶液(1+3)、草酸钠标准溶液($1/2Na_2C_2O_4=0.100$ mol/L)、草酸钠标准溶液($1/2Na_2C_2O_4=0.0100$ mol/L)。

要求各组长将本次项目涉及的任务在组内进行分解,各成员将分配到的任务填入任务分配表中,同表4.8。

【知识链接】

高锰酸盐指数是反映清洁和较清洁水体中有机物和无机可氧化物质污染程度的常用指标。水中的亚硝酸盐、亚铁盐、硫化物等还原性无机物和可被氧化的有机物,均可消耗高锰酸钾,因此高锰酸盐指数常被作为地表水受有机污染物和还原性无机物污染程度的综合指标。

(一)高锰酸盐指数含义及测定意义

高锰酸盐指数是反映水体中有机及无机可氧化物质污染程度的常用指标。具体定义为:在一定条件下,用高锰酸钾作为氧化剂,氧化水样中的某些有机物及无机还原性物质,由消耗的高锰酸钾量计算相当的氧量,以 O_2 mg/L 来表示。

在规定的测定条件下,许多有机物只能部分被氧化,易挥发的有机物也不包含在测定值之内,因此高锰酸盐指数不能作为理论需氧量或总有机物含量的指标。

(二)测定方法选择

水质高锰酸盐指数的测定方法为高锰酸钾法,按测定溶液介质的不同,分为酸性高锰酸钾法和碱性高锰酸钾法。当清洁的地表水和被污染的水体中氯离子含量低于 300 mg/L 时,采用酸性高锰酸钾法;当水样中氯离子含量高于 300 mg/L 时,应采用碱性高锰酸钾法测定,因为在碱性条件下高锰酸钾的氧化能力较弱,此时不能氧化水中的氯离子,使测定结果能较为准确地反映水样中有机物的污染程度。

适用范围:该方法适用于饮用水、水源水和地表水中有机物的测定,不适用于工业废水中有机物的测定。方法测定范围为 0.5～4.5 mg/L,对于污染程度较重的水,则酌情少取水样,稀释后测定。不适用于测定工业废水中有机污染的负荷量,如需测定,可用重铬酸钾法测定化学需氧量。

【任务实施】

活动 1　解读水中高锰酸盐指数的测定标准

1.查找与阅读标准

(1)上网搜索查找水样中高锰酸盐指数测定方法的标准(中华人民共和国生态环境部—生态环境标准、食品伙伴网—标准下载中心等)。

(2)测定方法使用标准的确定。

(3)仔细阅读国家标准《水质 高锰酸盐指数的测定》(GB 11892—1989),确定高锰酸盐指数测定方案,找出方法的适用范围、检测限、干扰、原理、精密度和准确度等内容,并列出所需的其他相关标准。

2.仪器和试剂的确认

依据查阅的标准,确认所需仪器和试剂。

3.数据记录

将高锰酸盐指数的测定标准、仪器、试剂等填写在数据记录表中(表 4.9)。

活动 2　高锰酸盐指数测定的仪器及试剂准备

1.实验仪器

沸水浴装置、250 mL 锥形瓶、50 mL 滴定管、常规玻璃仪器等。

2. 实验试剂

蒸馏水、高锰酸钾溶液（1/5 $KMnO_4$ = 0.1 mol/L）、高锰酸钾溶液（1/5 $KMnO_4$ = 0.01 mol/L）、草酸钠标准溶液（1/2 $Na_2C_2O_4$ = 0.1000 mol/L）、草酸钠标准溶液（1/2$Na_2C_2O_4$ = 0.0100 mol/L）、硫酸溶液（1+3）、50%氢氧化钠溶液（500 g/L）。

①高锰酸钾溶液（1/5 $KMnO_4$ = 0.1 mol/L）：称取 3.2 g 高锰酸钾溶于水并稀释至 1000 mL，于 90～95 ℃水浴加热溶液 2 h，冷却，放置过夜，用 G-3 玻璃砂芯漏斗过滤后，滤液贮于棕色瓶中保存。

②高锰酸钾溶液（1/5 $KMnO_4$ = 0.01 mol/L）：吸取 100 mL 上述高锰酸钾溶液，用水稀释至 1000 mL，贮于棕色瓶中。使用当天应标定浓度。

③草酸钠标准溶液（1/2 $Na_2C_2O_4$ = 0.1000 mol/L）：称取 0.6705 g 在 120 ℃烘干 2 h 并冷却的草酸钠溶于水，移入 100 mL 容量瓶中，用水稀释至标线混匀，置于 4 ℃保存。

④草酸钠标准溶液（1/2 $Na_2C_2O_4$ = 0.0100 mol/L）：吸取 10.00 mL 上述草酸钠溶液，移入 100 mL 容量瓶中，用水稀释至标线。

⑤硫酸溶液（1+3）：将 1 体积硫酸（ρ = 1.84 g/mL）慢慢加入 3 体积水中，并不断搅拌。趁热加入数滴高锰酸钾溶液（0.01 mol/L）直至溶液出现粉红色。

⑥50%氢氧化钠溶液（500 g/L）：称取 50 g 氢氧化钠溶于水并稀释至 100 mL。

活动 3　采集高锰酸盐指数测定的水样

1. 样品采集

（1）取学校湖水水样

将 500 mL 的采水瓶按要求清洗干净，找一处水深在 1 m 以上的学校湖水，采集水面下 0.3～0.5 m 处的水样。水样采集后自然沉降 30 min，取上层非沉降部分。

水样采集后，应加入硫酸溶液（1+3）使 pH 值调至<2，以抑制微生物的活动。样品应尽快分析，并在 48 h 内测定。

（2）取自来水水样

用橡皮管一端接水龙头，另一端插入 500 mL 的采水瓶底部，打开水龙头，待水试样进入采水瓶并溢出 1 min 后，取出橡皮管，采水瓶内不得留有气泡。

2. 记录数据

将水样采集和保存记录填写在表中（表 4.10）。

3. 注意事项

（1）水样应使用磨口塞的硼硅玻璃容器，且在盛装水样前应用水样淋洗，使瓶壁所吸附的成分与水样一致。容器使用前的洗涤方法参照《水质采样 样品的保存和管理技术规定》（HJ 493—2009）规定（洗涤剂洗一次，自来水洗三次，蒸馏水洗一次）。

（2）采集的水样当天能完成分析时，可不加保存剂。

（3）采样后，立即加入浓硫酸酸化至 pH 值小于 2，并尽快分析，抑制微生物活动（这是由于水样中存在微生物，它会使有机物分解，引起高锰酸钾指数的变化）；如果保存时间超过 6 h，则需要放在暗处，0～5 ℃ 下保存，但不得超过 2 d。

活动 4　水样高锰酸盐指数的测定

1. 酸性高锰酸钾法

(1)实验原理

水样加入硫酸呈酸性后，再加入一定量的高锰酸钾标准溶液，并在沸水浴中加热反应 30 min，高锰酸钾将水样中的某些有机物和无机还原性物质氧化。剩余的高锰酸钾，加入过量的草酸钠溶液滴定，过量的草酸钠再用高锰酸钾溶液回滴（滴定），通过计算求出高锰酸钾指数，以 O_2 mg/L 表示。

$$4MnO_4^- + 5C + 12H^+ = 4Mn^{2+} + 5CO_2 + 6H_2O$$

$$2MnO_4^- + 5C_2O_4^{2-} + 16H^+ = 2Mn^{2+} + 10CO_2 + 8H_2O$$

对污染程度较重的水，当水样的高锰酸盐指数数值超过 5 mg/L 时，可少取水样，经适当稀释后测定；不适用于测定工业废水中有机污染的负荷量，如需测定，可用重铬酸钾法测定化学需氧量；适用于氯离子含量不超过 300 mg/L 的水样。

(2)操作步骤

①沸水浴加热反应

取 100 mL 经充分摇动、混匀的水样（如高锰酸钾指数高于 5 mg/L，则酌情少取，并用水稀释至 100 mL）于洁净、干燥的 250 mL 锥形瓶中。

加入 5 mL 硫酸溶液(1+3)，摇匀。

加入 10.00 mL 高锰酸钾溶液($1/5\ KMnO_4 = 0.01$ mol/L)，摇匀，立刻放入沸水浴中加热 30 min（从水重新沸腾起计时）。沸水浴液面要高于反应溶液的液面。

②滴定

取下锥形瓶，趁热加入 10.00 mL 0.0100 mol/L 草酸钠标准溶液($1/2\ Na_2C_2O_4$)，摇匀。趁热立即用 0.01 mol/L 的高锰酸钾溶液滴定至显微红色，并保持 30 s 不褪色，记录消耗的高锰酸钾溶液体积 V_1。

③空白试验

用 100 mL 水代替样品，按上述步骤操作，记录回滴的高锰酸钾标准溶液($1/5\ KMnO_4 = 0.01$ mol/L)体积 V_0，空白样品的测定值应小于方法检出限。

④高锰酸钾溶液的标定（K 值测定）

向上述空白试验滴定后的溶液中加入 10.00 mL 0.0100 mol/L 草酸钠标准溶液($1/2\ Na_2C_2O_4$)。如果需要，将溶液加热至约 80 ℃。用 0.01 mol/L 的高锰酸钾标准溶液($1/5\ KMnO_4$)继续滴定至刚出现粉红色，并保持 30 s 不褪。记录消耗的高锰酸钾标准溶液体积 V_2。

计算高锰酸钾溶液的校正系数 K 值($K = 10.00/V_2$)。K 值应在 0.95～1.01 范围内。

(3)注意事项

①沸水浴温度为 98 ℃，如在高原地区，报出数据时，需注明水的沸点。沸水浴的水

面要高于锥形瓶的液面。

②在水浴中加热完毕后，溶液仍保持淡红色，如变浅或全部褪去，说明高锰酸钾的用量不够。此时，应将水样稀释倍数增多后再重新沸水浴加热测定，加热氧化后残留的高锰酸钾以其加入量的 1/3～1/2 为宜。

③在酸性条件下，草酸钠和高锰酸钾的反应温度应保持在 60～80 ℃，所以滴定操作必须趁热进行。若溶液温度过低，反应速度会比较慢，需适当加热；但温度过高（高于 90 ℃）又会引起 $H_2C_2O_4$ 分解。水浴加热结束后，应在 7 min 内将样品滴定完毕，并且时间越快越好。

④控制酸度，开始一般为 0.5～1 mol/L，接近终点时酸度约为 0.2～0.5 mol/L。因为酸度过低 MnO_4^- 会被还原为 MnO_2，会促使 $H_2C_2O_4$ 分解。

⑤常规检测中，可直接加热 10 min 代替水浴加热 30 min，加热时应使样品迅速煮沸，时间不能太长，通常要求准确煮沸 10 min。煮沸 10 min 后应残留 40%～60%的高锰酸钾，倘若煮沸过程中红色消失或变黄，即说明有机物或还原性物质过多，需将水样稀释后重做，或用 0.1 mol/L 高锰酸钾（1/5 $KMnO_4$）和草酸（1/2 $Na_2C_2O_4$）标准溶液滴定。回滴过量的草酸标准溶液所消耗的高锰酸钾溶液的体积在 4～6 mL，否则需重新取适量水样进行测定。

⑥由于一般蒸馏水中常含有易被氧化的物质，因此用水稀释时，蒸馏水空白值应小于 0.80 mg/L，否则应将蒸馏水进行二次蒸馏或将样品适当稀释，以空白值校正测定结果。

2.碱性高锰酸钾法

(1)实验原理

当水样中氯离子浓度高于 300 mg/L 时，应采用碱性法（在碱性介质中氧化的测定方法）。在水样中加入过量的高锰酸钾标准溶液，加热前将溶液用氢氧化钠调至碱性，加热一定时间以氧化水中的还原性无机物和部分有机物。在加热反应之后加酸酸化，用草酸钠溶液（过量加入）还原剩余的高锰酸钾，再用高锰酸钾溶液滴定过量的草酸钠至微红色，通过计算得到样品中高锰酸盐指数。

(2)操作步骤

①吸取 100.0 mL 样品（或适量，用水稀释至 100 mL），置于 250 mL 锥形瓶中，加入 0.5 mL氢氧化钠溶液（500 g/L），摇匀。

②用滴定管加入 10.00 mL 高锰酸钾溶液，将锥形瓶置于沸水浴中 30±2 min（水沸腾，开始计时）。

③样品取出后，加入 10±0.5 mL(1+3)硫酸，摇匀，其他步骤同酸性法。

(3)数据记录与处理

同酸性法。

(4)注意事项

同酸性法。

活动 5 水样高锰酸盐指数测定的数据记录与处理

将测定数据及处理结果记录于表 4.19 中。

表 4.19 高锰酸盐指数测定数据记录表

编号	1	2	3
水样体积/mL			
滴定管初读数/mL			
滴定管终读数/mL			
高锰酸钾溶液用量 V_1/mL			
高锰酸钾溶液用量 V_1 平均值			
空白样品消耗/mL			
高锰酸钾溶液用量 V_2/mL			
高锰酸盐指数浓度/(mg/L)			
平均浓度/(mg/L)			
偏差			
相对标准偏差/%			

注意:相对标准偏差应不大于 4.2%

1. 水样不经稀释

高锰酸盐指数(I_{Mn})以每升样品消耗氧的质量(mg)来表示(O_2,mg/L)

计算公式(未稀释):

$$\text{高锰酸盐指数}(O_2,\text{mg/L})=\frac{\left[(10+V_1)\frac{10}{V_2}-10\right]\times c\times 8\times 1000}{100}$$

式中 V_1——滴定水样时,消耗的高锰酸钾溶液体积,mL;

V_2——标定高锰酸钾溶液时,所消耗的高锰酸钾溶液体积,mL;

c——草酸钠标准溶液($1/2\ Na_2C_2O_4$),0.0100 mol/L;

8——氧(1/2 O)摩尔质量,g/mol。

2. 水样经稀释

$$\text{高锰酸盐指数}(O_2,\text{mg/L})=\frac{\left\{\left[(10+V_1)\frac{10}{V_2}-10\right]-\left[(10+V_0)\frac{10}{V_2}-10\right]\times f\right\}\times c\times 8\times 1000}{V_3}$$

式中 V_0——空白试验时,消耗高锰酸钾溶液体积,mL;

V_3——测定时,所取样品体积,mL;

f——稀释样品时,蒸馏水在 100 mL 测定用体积内所占比例(例如:10.0 mL 样品用 90 mL 水稀释至 100 mL,则 $f=\frac{90}{100}=0.90$)。

【任务评价】

实验结束后,针对全过程进行评价(表 4.20)。

表 4.20　高锰酸盐指数的测定任务评价

考核内容	序号	考核标准	分值	小组评价	教师评价
解读国家标准（10 分）	1	标准查找准确	2		
	2	仪器确认正确	2		
	3	试剂确认正确	2		
	4	解读标准的原始记录填写无误	4		
仪器准备（4 分）	5	仪器选择正确	2		
	6	仪器配套选择正确	2		
试剂准备（8 分）	7	试剂选择正确（种类、纯度）	2		
	8	正确配制所需溶液	6		
水样采集保存（15 分）	9	选择采样点、采样方法、容器、采样量、运输方法等正确	6		
	10	水样的保存方法、保存剂及用量、保存时间等正确	6		
	11	正确规范填写采样记录表	3		
测定操作（25 分）	12	沸水浴操作正确	6		
	13	滴定操作及颜色判断准确	8		
	14	滴定读数正确	2		
	15	高锰酸钾溶液的标定准确	6		
	16	样品重复测定两次	3		
团队协作（5 分）	17	任务分工明确，成员各司其职	5		
职业规范（7 分）	18	仪器归位正确、器皿清洗干净、无损坏	2		
	19	药品、仪器摆放整齐	2		
	20	实验室台面整洁	1		
	21	实验后积极打扫实验室卫生	2		
数据记录及处理（14 分）	22	正确、规范记录数据，无随意涂抹、篡改数据	3		
	23	高锰酸盐指数计算正确	6		
	24	相对标准偏差≤4.2%	5		
实验报告（12 分）	25	报告格式规范、完整	5		
	26	正确撰写报告内容	7		
考核结果（满分 100 分）					

练习巩固

练习

项目四任务七高锰酸盐指数的测定 练习

任务八 五日生化需氧量的测定

【任务目标】

(1)了解五日生化需氧量(BOD_5)的含义及测定意义。

(2)熟练掌握碘量法测定溶解氧(DO)的操作。

(3)掌握用稀释与接种法测定生化需氧量的基本原理和操作。

(4)明确化学需氧量(COD)和生化需氧量(BOD)的相关性。

【任务分析】

1. 明确任务流程

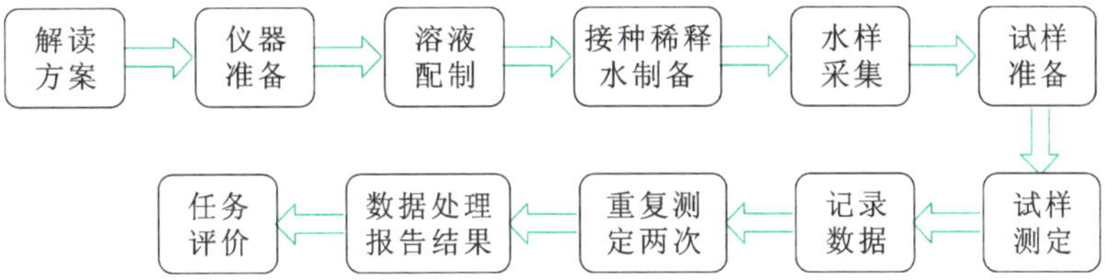

2. 任务重难点分析

(1)稀释水的制备与校核。

(2)稀释倍数选择。

(3)溶解氧的测定操作。

3. 任务前准备

(1)《水质 五日生化需氧量(BOD_5)的测定 稀释与接种法》(HJ 505—2009)。

(2)水中溶解氧测定的视频资料。

(3)水中溶解氧测定所需的仪器和试剂。

①仪器:分析天平、溶解氧瓶(或细口瓶)、移液管、吸量管、锥形瓶、滴定管、试剂瓶、量筒等。

②试剂:硫酸锰溶液、碱性KI溶液、1%淀粉溶液、0.02500 mol/L重铬酸钾(1/6 $K_2Cr_2O_7$)标准溶液、0.025 mol/L硫代硫酸钠溶液、硫酸溶液(1+5)、盐酸、氢氧化钠、丙烯基硫脲硝化抑制剂、稀释水和接种液。

要求各组长将本次项目涉及的任务在组内进行分解,各成员将分配到的任务填入任务分配表中(表4.8)。

【知识链接】

(一)五日生化需氧量的含义及测定意义

生化需氧量(BOD)是指在有溶解氧的条件下,好氧微生物分解水中有机物的生物化学过程中所消耗的溶解氧的量,用以间接表示水中可被微生物降解的有机物的含量,是反映有机污染物含量的重要指标之一。

微生物分解有机物是一个缓慢的过程。在有氧条件下,水中有机物在微生物作用下的分解过程主要分为碳化和硝化两个阶段进行,如图4.20所示。图中曲线(a)为第一阶段,称为含碳物质氧化阶段,主要是含碳有机物氧化为二氧化碳和水,又称有机物的无机化过程。碳氧化阶段所消耗的氧称为碳化生化需氧量,总的碳化生化需氧量又称为完全生化需氧量,常以 L_0 表示。c点表示碳化阶段的终点,即第一阶段结束的时间点。此时BOD值主要由有机碳物质的分解贡献。有机物生物分解的第二阶段称为硝化阶段,主要是含氮有机物在硝化细菌的作用下分解为亚硝酸盐和硝酸盐。硝化过程也要消耗水中的溶解氧,该阶段所消耗的氧量称为硝化生化需氧量,以 L_N 表示。图中曲线(b)表示的是碳化+硝化两个阶段所消耗溶解氧的总量。

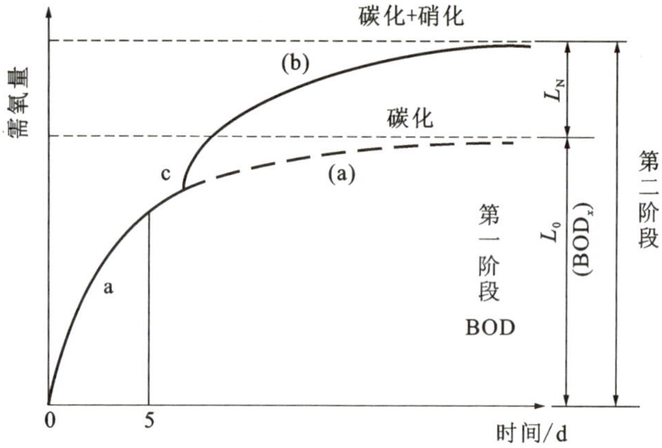

图4.20 水中有机物分解的两个阶段

通常条件下,要把可降解的有机物全部分解需要>20 d的时间,用这么长时间来测定生化需氧量是不现实的。目前,国内外普遍规定以在20 ℃温度条件下培养5 d所消耗的溶解氧作为生化需氧量的数值,称为五日生化需氧量,用 BOD_5 表示,也就是第一阶段BOD,是水体中有机物的碳化过程,此过程一般在5 d左右完成。

两个阶段分主次且同时进行,硝化阶段大约在5~7 d甚至10 d以后才显著进行,故目前常用20±1 ℃五天培养法(BOD_5 法)测定BOD值,即在20±1 ℃培养5 d,分别测定样品培养前后的溶解氧,二者之差即为五日生化需氧量,以氧的质量浓度(单位为mg/L)表示。

水样中的硫化物、亚铁等还原性无机物也同时被氧化。水体发生生物化学过程必备的条件是存在好氧微生物、足够的溶解氧、能被微生物利用的营养物质。BOD_5 值越大,水中溶解氧量越低,水质越差。因此,BOD_5 是反映水体中能被好氧微生物氧化分解的有机物污染程度的综合指标，也是研究废水可生化降解性、生化处理效果，以及废水生化处理工艺设计的重要参数。

（二）五日生化需氧量的测定方法

测定五日生化需氧量的方法可以分为溶解氧含量测定法、微生物传感器快速测定法和测压法 3 类。

溶解氧含量测定法是分别测定培养前后培养液中溶解氧的含量，进而计算出 BOD_5 的值，根据水样是否稀释或接种又分为非稀释法、非稀释接种法、稀释法和稀释接种法。如样品中的有机物含量较少，BOD_5 的质量浓度不大于 6 mg/L，且样品中有足够的微生物，用非稀释法测定；若样品中的有机物含量较少，BOD_5 的质量浓度不大于 6 mg/L，但样品中缺少足够的微生物，如酸性废水、碱性废水、高温废水、冷冻保存的废水或经过氯化处理等的废水，须采用非稀释接种法测定。若试样中的有机物含量较多，BOD_5 的质量浓度大于6 mg/L，且样品中有足够的微生物，采用稀释法测定；若试样中的有机物含量较多，BOD_5 的质量浓度大于 6 mg/L，但试样中无足够的微生物，必须采用稀释接种法测定。该方法适用于地表水、工业废水和生活污水中 BOD_5 的测定。

对于某些地表水及大多数工业废水、生活污水，因含较多的有机物，需要稀释后再培养测定，以降低其浓度，保证降解过程在有足够溶解氧的条件下进行。其具体水样稀释倍数可借助于高锰酸盐指数或化学耗氧量推算。

对于不含或少含微生物的工业废水，在测定 BOD_5 时应进行接种，以引入能分解污水中有机物的微生物。当污水中存在难以被一般生活污水中的微生物以正常速度降解的有机物或含有剧毒物质时，应接种经过驯化的微生物。

（三）COD_{Cr}、高锰酸盐指数、BOD_5 的比较

前面所介绍的三个指标 COD_{Cr}、高锰酸盐指数、BOD_5 都是用定量的数值来间接、相对地表示水中有机物含量的重要水质指标，都是利用氧化分解有机物的原理。前两者是利用化学物质，后者则是利用好氧微生物的作用，且三者的结果都是用 O_2 的 mg/L 来表示的。对于同一种水样，COD_{Cr}值会大于 BOD_5 值，也大于高锰酸盐指数；对于含有不易被微生物氧化分解的有机物量多的水样，其 BOD_5 可能比 COD_{Cr}小得多。

COD_{Cr}可以表示出水样中绝大多数有机物的量。重铬酸盐法不受水样水质的限制，适用于任何水样，在 3～4 h 内能完成测定。该法不足之处主要是测定时间较长，电能和冷凝水消耗较多，测定结果不能反映出水样中被微生物氧化分解的有机物量。

BOD_5 反映了水样中可以被微生物氧化分解的有机物的量，但稀释倍数与接种法测定 BOD_5 需要 5 d 时间，对于指导生产实践不够迅速及时，而且毒性强的污水会抑制微生物活动，甚至无法测定。

测高锰酸盐指数只适用于较清洁的地表水和饮用水中有机物的测定，测定所需时间虽然较短，但高锰酸钾氧化程度较低，测定条件下只能氧化部分有机物，也不能表示出能被微生物氧化分解的有机物的量。

【任务实施】

活动1　解读水样五日生化需氧量的测定标准

1. 查找与阅读标准

(1)上网搜索查找水样五日生化需氧量的测定方法标准(中华人民共和国生态环境部—生态环境标准、食品伙伴网—标准下载中心等)。

(2)测定方法使用标准的确定。

(3)仔细阅读标准《水质 五日生化需氧量(BOD_5)的测定 稀释与接种法》(HJ 505—2009),确定五日生化需氧量测定方案,找出方法的适用范围、检测限、干扰、原理、精密度和准确度等内容,并列出所需的其他相关标准。

2. 仪器和试剂的确认

依据查阅的标准,确认所需仪器和试剂。

3. 数据记录

将五日生化需氧量的测定标准、仪器、试剂等填写在数据记录表中(表4.9)。

活动2　五日生化需氧量测定的仪器及试剂准备

1. 实验仪器

恒温培养箱20±1 ℃、5～20 L细口玻璃瓶、1000～2000 mL量筒、玻璃搅棒(棒的长度应比所用量筒高度长200 mm。在棒的底端固定一个直径比量筒底小并带有几个小孔的硬橡胶板)、溶解氧瓶(250～300 mL,带有磨口玻璃塞并具有供水封用的钟形口)、虹吸管(供分取水样和添加稀释水用)、滴定管、250 mL碘量瓶、滤膜(孔径为1.6 μm)、曝气装置。

2. 实验试剂

硫酸锰溶液、碱性KI溶液、1%淀粉溶液、0.02500 mol/L重铬酸钾($1/6K_2Cr_2O_7$)标准溶液、0.025 mol/L硫代硫酸钠溶液、硫酸溶液(1+5)、0.5 mol/L盐酸、0.5 mol/L氢氧化钠、盐溶液、稀释水和接种液、丙烯基硫脲硝化抑制剂。

①硫酸锰溶液:称取36 g $MnSO_4 \cdot 4H_2O$,溶于蒸馏水中,转至100 mL容量瓶,定容至标线,摇匀(此溶液加至酸化过的碘化钾溶液中,遇淀粉不得产生蓝色)。

②碱性KI溶液:称取125 g NaOH溶于100～150 mL去离子水中,另称取37.5 g KI溶于50 mL蒸馏水中。待NaOH溶液冷却后将两种溶液合并,混合均匀,转移至250 mL容量瓶中,用水定容至标线,摇匀。若有沉淀,则放置过夜后,倾出上层清液,储于塑料瓶中,用黑纸包裹避光保存。此溶液酸化后,遇淀粉不得产生蓝色。

③1%淀粉溶液:称取1 g可溶性淀粉,用少量水调成糊状,再用刚煮沸的水冲稀至100 mL。冷却后,加入0.1 g水杨酸或0.4 g氯化锌防腐。

④0.02500 mol/L重铬酸钾($1/6\ K_2Cr_2O_7$)标准溶液:称取于0.1226 g在105～110 ℃烘干2小时并冷却的$K_2Cr_2O_7$,溶于水,移入100 mL容量瓶中,用水稀释至标线,

摇匀。

⑤0.025 mol/L 硫代硫酸钠溶液：称取 6.2 g 硫代硫酸钠($Na_2S_2O_3 \cdot 5H_2O$)，溶于煮沸放冷的水中，加入 0.2 g 碳酸钠，转移至 1000 mL 容量瓶中，用去离子水稀释至标线，摇匀。储于棕色瓶中，使用前用 0.02500 mol/L 重铬酸钾($1/6\ K_2Cr_2O_7$)标准溶液标定。

⑥硫酸溶液(1+5)：100 mL 浓硫酸+500 mL 水混合。先加水，然后把浓硫酸缓慢加入水中，加入过程不断搅拌。

⑦0.5 mol/L 盐酸溶液：将 40 mL 浓盐酸(HCl)溶于水中，稀释至 1000 mL。

⑧0.5 mol/L 氢氧化钠溶液：将 20 g 氢氧化钠溶于水中，稀释至 1000 mL。

⑨盐溶液：

氯化钙溶液，$\rho(CaCl_2)=27.6$ g/L：将 27.6 g 无水氯化钙($CaCl_2$)溶于水中，稀释至 1000 mL，此溶液在 0～4 ℃可稳定保存 6 个月，若发现任何沉淀或微生物生长应弃去。

氯化铁溶液，$\rho(FeCl_3)=0.15$ g/L：将 0.25 g 六水合氯化铁($FeCl_3 \cdot 6H_2O$)溶于水中，稀释至 1000 mL，此溶液在 0～4 ℃可稳定保存 6 个月，若发现任何沉淀或微生物生长应弃去。

硫酸镁溶液，$\rho(MgSO_4)=11.0$ g/L：将 22.5 g 七水合硫酸镁($MgSO_4 \cdot 7H_2O$)溶于水中，稀释至 1000 mL，此溶液在 0～4 ℃可稳定保存 6 个月，若发现任何沉淀或微生物生长应弃去。

磷酸盐缓冲溶液：将 8.5 g 磷酸二氢钾(KH_2PO_4)、21.8 g 磷酸氢二钾(K_2HPO_4)、33.4 g七水合磷酸氢二钠($Na_2HPO_4 \cdot 7H_2O$)和 1.7 g 氯化铵(NH_4Cl)溶于水中，稀释至 1000 mL，此溶液在 0～4 ℃可稳定保存 6 个月。此溶液 25 ℃时的 pH 值为 7.2。

⑩稀释水的制备：上述特制的、用于稀释水样的水通称为稀释水。它是专门为满足水体生物化学过程的 3 个条件而配制的。配制时，在 5～20 L 玻璃瓶内装入一定量的水，控制水温在 20±1 ℃。用曝气装置曝气 2～8 h，使稀释水中的溶解氧接近于饱和。停止曝气亦可导入适量纯氧。瓶口盖以两层经洗涤晾干的纱布，置于 20 ℃培养箱中放置数小时，使水中溶解氧含量在 8 mg/L 左右。临用前每升水中加入上述 4 种盐溶液各 1.0 mL，并混合均匀，用磷酸盐缓冲液调 pH 值至 7.2，20 ℃保存(满足微生物的生成需要)。稀释水的 pH 值应为 7.2，BOD_5 必须小于 0.2 mg/L，稀释水可在 20 ℃左右保存。

在曝气的过程中必须防止污染，特别是防止带入有机物、金属、氧化物或还原物。稀释水中氧的质量浓度不能过高，使用前需开口放置 1 h，且应在 24 h 内使用。剩余的稀释水应弃去。

⑪接种液：可选择以下任一方法，以获得适用的接种液(引进微生物)。

城市污水，一般采用生活污水，在室温下放置一昼夜，取上清液供用。化学需氧量不大于 300 mg/L，总有机碳不大于 100 mg/L。

表层土壤浸出液，取 100 g 花园或其他有植物生长土壤，加入 1 L 水，混合并静止 10 min。取上清液供用。

用含城市污水的河水或湖水。

污水处理厂的出水。

含有难降解物质的工业废水，需要进行微生物的驯化。担负这种驯化的微生物种群最好从接种污水的水体中取得。可以在工业废水排污口下游适当处(2～8 km),取水样作为废水的驯化接种液。也可以用人工方法驯化,采用一定量的生活污水,每天加入一定量的待测污水,连续曝气培养,直至培养出含有可分解污水中有机物的种群为止。当水中出现大量的絮状物时,表明微生物已繁殖,可用作接种液。一般驯化过程需 3～8 d。

⑫接种稀释水:根据接种液的来源不同,每升稀释水中加入适量接种液。城市生活污水和污水处理厂出水加 1～10 mL,或表层土壤浸出液 20～30 mL;河水或湖水加 10～100 mL,将接种稀释水存放在 20±1 ℃的环境中,当天配制当天使用。接种的稀释水 pH 值为 7.2,BOD_5 应小于 1.5 mg/L,以 0.3～1.0 mg/L 为宜。接种稀释水配制后应立即使用。

⑬丙烯基硫脲硝化抑制剂,$\rho_{C_4H_8N_2S}$=1.0 g/L:将 0.20 g 丙烯基硫脲($C_4H_8N_2S$)溶于水,稀释至200 mL,4 ℃保存,此溶液可稳定保存 14 d。

活动 3　采集五日生化需氧量测定的水样

1.样品采集

(1)取学校湖水水样

采样容器:棕色硬质玻璃瓶;

样品量:不小于 1000 mL;

保存条件:0～4 ℃避光保存;

保存期:24 h;

容器洗涤:洗涤剂洗一次,自来水洗三次,蒸馏水一次;

技术规范:《水质 五日生化需氧量(BOD_5)的测定 稀释与接种法》(HJ 505—2009)。

采集的样品应充满并密封于棕色玻璃瓶中,样品量不小于 1000 mL,在 0～4 ℃的暗处运输和保存,并于 24 h 内尽快分析,否则需冷冻保存(冷冻保存时避免样品瓶破裂),冷冻样品分析前需解冻、均质化和接种。

(2)将水样采集和保存记录填写在表中(表 4.10)。

2.注意事项

(1)测定生化需氧量的水样采集时应避免曝气,必须注满采样瓶,避免接触空气,上部不留空间,并采用水封。

(2)五日生化需氧量测定的水样要单独采样。

活动 4　水样五日生化需氧量的测定

1.实验原理

本方法主要依据《水质 五日生化需氧量(BOD_5)的测定 稀释与接种法》(HJ 505—2009),适用于地表水、工业废水和生活污水中五日生化需氧量(BOD_5)的测定。本方法的检出限为 0.5 mg/L,方法的测定下限为 2 mg/L,非稀释法和非稀释接种法的测定上限为 6 mg/L,稀释与稀释接种法的测定上限为 6000 mg/L。

分别测定水样培养前的溶解氧含量和在 20±1 ℃培养五天后的溶解氧含量,二者之差即为五日生化过程所消耗的氧量(BOD_5)。测定时取两份原水样或稀释后水样,一份测其当时的溶解氧，另一份充满在完全密闭的溶解氧瓶中，在20±1 ℃的暗处培养5 d±4 h[或(2+5)d±4 h，先在0～4 ℃的暗处培养2 d，接着在20±1 ℃的暗处培养5 d，即培养(2+5)d]，分别测定培养前后水样中溶解氧的质量浓度，由培养前后溶解氧的质量浓度之差，计算每升样品消耗的溶解氧量，以 BOD_5 形式表示。

若样品中的有机物含量较多，BOD_5 的质量浓度大于6 mg/L时，样品需适当稀释后测定。对于不含或含少量微生物的工业废水，如酸性废水、碱性废水、高温废水、冷冻保存的废水或经氯化杀菌处理的废水，培养时应进行接种，引入微生物以降解废水中的有机物。当废水中存在难以被一般生活污水中的微生物以正常速度降解的有机物或含有剧毒物质时，应将驯化后的微生物引入水样进行接种。

2. 水样的预处理

测定污水的 COD_{Mn} 值或 COD_{Cr} 值，应调节水样pH至中性。在测定前水样若pH值过高或过低、含有少量游离氯、含过饱和溶解氧及有毒物质等，均需预处理后再进行测定。

①水样的pH值若超出6～8范围时，可用盐酸或氢氧化钠溶液调节至中性，但用量不要超过水样体积的0.5%。

②水样中含有铜、铅、锌、镉、铬、砷等有毒物质时，可使用经驯化的微生物接种液的稀释水进行稀释，或增大稀释倍数，以减少有毒物的浓度。

③含有少量游离氯的水样，一般放置1～2 h游离氯即可消失。对于游离氯在短时间不能消散的水样，可加入亚硫酸钠溶液除之。其加入量的计算方法是：取中和好的水样100 mL，加入乙酸溶液(1+1)10 mL、100g/L碘化钾溶液1 mL，混匀，暗处静置5 min；以淀粉溶液为指示剂，用亚硫酸钠标准溶液滴定游离碘；根据亚硫酸钠标准溶液消耗的体积及其浓度计算水样中所需加入的亚硫酸钠溶液的量。

④从水温较低的水域中采集的水样，可能含有过饱和溶解氧，此时应将水迅速升温至20 ℃左右，充分振摇，以赶出过饱和的溶解氧。从水温较高的水域或污水排放口取得的水样，则应迅速使其冷却至20 ℃左右，并充分振摇，使与空气中氧分压接近平衡。

⑤水样中含有大量藻类时，BOD_5 测定结果会偏高，因此采用孔径为1.6 μm的滤膜过滤。

⑥样品均质化：含有大量颗粒物、需要较大稀释倍数的样品或经冷冻保存的样品，测定前均需搅拌均匀。

3. 非稀释法和非稀释接种法测定样品

如样品中的有机物含量较少，BOD_5 的质量浓度不大于6 mg/L，且样品中有足够的微生物，用非稀释法测定。若样品中的有机物含量较少，BOD_5 的质量浓度不大于6 mg/L，但样品中无足够的微生物，如酸性废水、碱性废水、高温废水、冷冻保存的废水或经过氯化处理的废水，采用非稀释接种法测定。

(1)试样的准备

①待测试样。测定前待测试样的温度控制为20±2 ℃，若样品中溶解氧浓度低，需要用曝气装置曝气15 min，充分振摇赶走样品中残留的气泡；若样品中氧过饱和，将容器2/3体积充满样品，用力振荡赶出过饱和氧，然后根据试样中微生物含量情况确定测定方法。非稀释法可直接取样测定；非稀释接种法，每升试样中加入适量的接种液，待测定。

若试样中含有硝化细菌，有可能发生硝化反应，需在每升试样中加入 2 mL 丙烯基硫脲硝化抑制剂。

②空白试样。非稀释接种法，每升稀释水中加入与试样中相同量的接种液作为空白试样，需要时每升试样中加入 2 mL 丙烯基硫脲硝化抑制剂。

(2)试样的测定

①碘量法测定试样中的溶解氧　将上述待测试样充满两个溶解氧瓶，使试样少量溢出，防止试样中的溶解氧质量浓度改变，使瓶中存在的气泡靠瓶壁排出。将一溶解氧瓶盖上瓶盖，加上水封，在瓶盖外罩上一个密封罩，防止培养期间水封水蒸发干，在恒温培养箱中培养 5 d±4 h 或(2+5)d±4 h 后测定试样中溶解氧的质量浓度。另一瓶15 min 后测定试样在培养前溶解氧的质量浓度。溶解氧的测定按《水质 溶解氧的测定 碘量法》(GB 7489—1987)进行操作。

②电化学探头法测定试样中的溶解氧　将上述待测试样充满一个溶解氧瓶，使试样少量溢出，防止试样中的溶解氧质量浓度改变，使瓶中存在的气泡靠瓶壁排出。测定培养前试样中的溶解氧的质量浓度。

盖上瓶盖，防止样品中残留气泡，加上水封，在瓶盖外罩上一个密封罩，防止培养期间水封水蒸发干。将试样瓶放入恒温培养箱中培养 5 d±4 h 或(2+5)d±4 h。测定培养后试样中溶解氧的质量浓度。

溶解氧的测定按《水质 溶解氧的测定 电化学探头法》(HJ 506—2009)进行操作。空白样的测定方法同上述两步骤。

4.稀释与接种法测定样品

稀释与接种法分为两种情况：稀释法和稀释接种法。

若试样中的有机物含量较多，BOD_5 的质量浓度大于 6 mg/L，且样品中有足够的微生物，采用稀释法测定；若试样中的有机物含量较多，BOD_5 的质量浓度大于 6 mg/L，但试样中无足够的微生物，采用稀释接种法测定。

(1)试样的准备

①待测试样处理

待测试样的温度控制为 20±2 ℃，若试样中溶解氧浓度低，需要用曝气装置曝气 15 min，充分振摇赶走样品中残留的气泡；若样品中氧过饱和，将容器的 2/3 体积充满样品，用力振荡赶出过饱和氧，然后根据试样中微生物含量情况确定测定方法。稀释法测定，稀释倍数按表 4.21 和 4.22 方法确定，然后用稀释水稀释。稀释接种法测定，用接种稀释水稀释样品。若样品中含有硝化细菌，有可能发生硝化反应，需在每升试样培养液中加入 2 mL 丙烯基硫脲硝化抑制剂。

表 4.21　典型的比值

水样的类型	总有机碳 $R_{BOD_5/TOC}$	高锰酸盐指数 $R_{BOD_5/I_{Mn}}$	化学需氧量 $R_{BOD_5/COD_{Cr}}$
未处理的废水	1.2～2.8	1.2～1.5	0.35～0.65
生化处理的废水	0.3～1.0	0.5～1.2	0.20～0.35

表 4.22 BOD_5 测定的稀释倍数

BOD_5 的期望值/(mg/L)	稀释倍数	水样类型
6～12	2	河水，生物净化的城市污水
10～30	5	河水，生物净化的城市污水
20～60	10	生物净化的城市污水
40～120	20	澄清的城市污水，轻度污染的工业废水
100～300	50	轻度污染的工业废水，原城市污水
200～600	100	轻度污染的工业废水，原城市污水
400～1200	200	重度污染的工业废水，原城市污水
1000～3000	500	重度污染的工业废水
2000～6000	1000	重度污染的工业废水

②稀释倍数的确定

样品稀释的程度应使消耗的溶解氧质量浓度不小于 2 mg/L，培养后样品中剩余溶解氧质量浓度不小于 2 mg/L，且试样中剩余的溶解氧的质量浓度为开始浓度的 1/3～2/3为最佳。

稀释倍数可根据样品的总有机碳（TOC）、高锰酸盐指数（I_{Mn}）或化学需氧量（COD_{Cr}）的测定值，按照表 4.21 列出的 BOD_5 与总有机碳（TOC）、高锰酸盐指数（I_{Mn}）或化学需氧量（COD_{Cr}）的比值 R 估计 BOD_5 的期望值（R 与样品的类型有关），再根据表 4.22 确定稀释倍数。

当不能准确地选择稀释倍数时，一个样品做 2～3 个不同的稀释倍数。由表 4.22 中选择适当的 R 值，按下式计算 BOD_5 的期望值

$$\rho = R \times Y$$

式中 ρ——BOD_5 的期望值，mg/L；

Y——总有机碳（TOC）、高锰酸盐指数（I_{Mn}）或化学需氧量（COD_{Cr}）的值，mg/L。

由估算出的 BOD_5 的期望值，按表 4.22 确定样品的稀释倍数。

③样品稀释

按照确定的稀释倍数，用虹吸管沿筒壁先引入部分稀释水（或接种稀释水）于 1000 mL 量筒中，加入需要体积的均匀水样，再引入稀释水（或接种稀释水）至刻度，轻轻混匀避免残留气泡。若稀释倍数超过 100 倍，可进行两步或多步稀释。

分析结果精度要求高或样品中存在微生物毒性物质时，应计算几个不同的稀释倍数，选与稀释倍数无关的结果取平均值。

④空白试样

另取两个溶解氧瓶，用虹吸法装满稀释水（或接种稀释水）作为空白试样，分别测定 5 d前后的溶解氧含量。

稀释法测定，空白试样为稀释水，必要时每升稀释水中加入 2 mL 丙烯基硫脲硝化抑制剂。稀释接种法测定，空白试样为接种稀释水，必要时每升接种稀释水中加入 2 mL 丙烯基硫脲硝化抑制剂。

(2)试样的测定

试样和空白试样的测定方法同上述步骤。采用虹吸法将 20±2 ℃的混匀水样转移至两个溶解氧瓶内，转移过程中应注意不使其产生气泡。用同样的操作使两个溶解氧瓶充满水样后溢出少许，加塞水封。瓶内不应有气泡。若水样中含有硝化细菌，需在每升水样中加入 2 mL 丙烯基硫脲硝化抑制剂，立即测定其中一瓶溶解氧。将另一瓶放入恒温培养箱中，在 20±1 ℃培养 5 d 后，测其溶解氧。

5.质量控制及注意事项

(1)空白试样。每批样品做两个空白试样分析，应满足以下要求：稀释法空白试样测定结果不超过 0.5 mg/L；接种法(非稀释接种法和稀释接种法)空白试样测定结果不超过 1.5 mg/L。如不符合，应检查可能的污染来源。

(2)接种液、稀释水质量的检查。每批样品要求做一个标准样品，标准样品的配制方法如下：取 20 mL 葡萄糖-谷氨酸标准溶液于稀释容器中，用接种稀释水稀释至 1000 mL，测定 BOD_5，测定结果的 BOD_5 应为 180～230 mg/L，否则应检查接种液、稀释水的质量或操作技术是否存在问题。

(3)平行样测定。每批样品至少做一组平行样，计算相对百分偏差 RP，计算公式如下：

$$RP = \frac{\rho_1 - \rho_2}{\rho_1 + \rho_2} \times 100\%$$

式中 RP——相对百分偏差，%；

ρ_1——平行样中第一个样品 BOD_5 的质量浓度，mg/L；

ρ_2——平行样中第二个样品 BOD_5 的质量浓度，mg/L。

当 $BOD_5 \leqslant 3$ mg/L 时，RP 值应≤±15%；当 BOD_5 为 3～100 mg/L，RP 值应≤±20%；当 $BOD_5 > 100$ mg/L 时，RP 值应≤±25%。

(4)玻璃器皿应彻底洗净。先用洗涤剂浸泡清洗，然后用稀盐酸浸泡，最后依次用自来水、蒸馏水洗净。

(5)在培养过程中注意及时添加封口水，控制好培养温度和时间。

(6)在两个或三个稀释比的样品中，凡消耗溶解氧大于 2 mg/L 和剩余溶解氧大于 1 mg/L时，计算结果应取其平均值。若剩余的溶解氧小于 1 mg/L，甚至为 0 时，应加大稀释比。溶解氧消耗量小于 2 mg/L，有几种可能：一种是稀释倍数过大，另一种可能是微生物菌种不适应，活性差，或含毒物质浓度过大，这时可能在几个稀释比中稀释倍数大的消耗溶解氧反而较多。

(7)水样稀释倍数超过 100 倍时，应预先在容量瓶中用水初步稀释后，再取适量进行最后稀释培养。

(8)水中有机物的生物氧化过程，可分为两个阶段。第一阶段为有机物中的碳和氢氧化生成二氧化碳和水，此阶段称为碳化阶段。完成碳化阶段在 20 ℃大约需 20 d 左右。第二阶段为含氮物质及部分氮氧化为亚硝酸盐及硝酸盐，称为硝化阶段。完成硝化阶段在 20 ℃时需要约 100 d。因此，一般测定水样 BOD_5 时，硝化作用很不显著或根本不发生硝化作用。但生物处理池的出水，其中含有大量的硝化细菌，因此在测 BOD_5 时也包括了部分含氮化物的需氧量。对于这样的水样，可以加入硝化抑制剂，抑制硝化过程。为抑制硝化过程，可在每升稀释水样中加入 1 mL 浓度为 500 mg/L 的丙烯基硫脲或一定量固定在氯化钠上的 2-氯代-6-三氯甲基吡啶（TCMP），使 TCMP 在稀释样品中的浓度大约为 0.5 mg/L。

活动 5　水样 BOD_5 测定的数据记录与处理

1. 数据记录

将测定数据及处理结果记录于表 4.23。

表 4.23　BOD_5 测定的数据记录

测定水样	稀释倍数/n	取样量/mL	测定时间	滴定前/mL	滴定后/mL	滴定体积/mL	DO/(mg/L)	BOD_5/(mg/L)
空白			当天					
			五天					
水样 1			当天					
			五天					
水样 2			当天					
			五天					
水样 3			当天					
			五天					
平均值								

2. 数据处理

(1)非稀释法

非稀释法按下式计算样品 BOD_5 的测定结果：

$$BOD_5(O_2, mg/L) = DO_1 - DO_2$$

式中　DO_1——水样在培养前溶解氧的质量浓度，mg/L；

DO_2——水样在培养后溶解氧的质量浓度，mg/L。

(2)非稀释接种法

采用碘量法或电化学探头法分别测定培养前后接种水样、空白样中溶解氧的质量浓度，按下列公式计算 BOD_5。

$$BOD_5(O_2, mg/L) = (DO_1 - DO_2) - (D_1 - D_2)$$

式中　DO_1——接种水样在培养前溶解氧的质量浓度，mg/L；

DO_2——接种水样在培养后溶解氧的质量浓度，mg/L；

D_1——空白样在培养前溶解氧的质量浓度，mg/L；

D_2——空白样在培养后溶解氧的质量浓度，mg/L。

(3)稀释与接种法

采用碘量法或电化学探头法分别测定培养前后接种稀释水样、空白样中溶解氧的质量浓度，按下列公式计算 BOD_5。

$$BOD_5(O_2, mg/L) = \frac{(DO_1 - DO_2) - (D_1 - D_2)f_1}{f_2}$$

式中　DO_1——接种稀释水样在培养前溶解氧的质量浓度，mg/L；

DO_2——接种稀释水样在培养后溶解氧的质量浓度，mg/L；

D_1——空白样在培养前溶解氧的质量浓度，mg/L；

D_2——空白样在培养后溶解氧的质量浓度，mg/L；

f_1——接种稀释水在培养液中所占比例；

f_2——原水样在培养液中所占比例。

BOD_5 测定结果以氧的质量浓度（mg/L）报出。对稀释与接种法，如果有几个稀释倍数的结果满足要求，结果取这些稀释倍数结果的平均值。结果小于 100 mg/L，保留一位小数；100～1000 mg/L，取整数位；大于 1000 mg/L 以科学记数法报出。结果报告中应注明：样品是否经过过滤、冷冻或均质化处理。

注：对于 f_1、f_2 的计算，$f_1=1-f_2$，例如培养液的稀释比为 3%，即 3 份水样，97 份稀释水，则 $f_1=0.97$，$f_2=0.03$。

培养 5 d 后，剩余 DO≥1 mg/L，消耗 DO≥2 mg/L（若不满足，舍弃该组结果）。

【任务评价】

实验结束后，针对全过程进行评价（表 4.24）。

表 4.24　五日生化需氧量的测定任务评价

考核内容	序号	考核标准	分值	小组评价	教师评价
解读国家标准（10 分）	1	标准查找准确	2		
	2	仪器确认正确	2		
	3	试剂确认正确	2		
	4	解读标准的原始记录填写无误	4		
仪器准备（4 分）	5	仪器选择正确	2		
	6	仪器配套选择正确	2		
试剂准备（10 分）	7	试剂选择正确（种类、纯度）	2		
	8	正确配制所需溶液	8		
水样采集保存（15 分）	9	选择采样点、采样方法、容器、采样量、运输方法等正确	6		
	10	水样的保存方法、保存剂及用量、保存时间等正确	6		
	11	正确规范填写采样记录表	3		
测定操作（25 分）	12	水样预处理正确	6		
	13	稀释倍数的确定正确	5		
	14	稀释接种水配制准确	6		
	15	空白试样测定正确	5		
	16	样品重复测定两次	3		

续表 4.24

考核内容	序号	考核标准	分值	小组评价	教师评价
团队协作（5 分）	17	任务分工明确，成员各司其职	5		
职业规范（7 分）	18	仪器归位正确、器皿清洗干净、无损坏	2		
	19	药品、仪器摆放整齐	2		
	20	实验室台面整洁	1		
	21	实验后积极打扫实验室卫生	2		
数据记录及处理（14 分）	22	正确、规范记录数据，无随意涂抹、篡改数据	3		
	23	五日生化需氧量计算正确	6		
	24	*RP* 值符合质控要求	5		
实验报告（10 分）	25	报告格式规范、完整	3		
	26	正确撰写报告内容	7		
考核结果（满分 100 分）					

练习巩固

练习

项目四任务八五日生化需氧量的测定 练习

任务九　水温的测定

一、概述

水的物理化学性质与水温有密切关系。水中溶解性气体（如氧、二氧化碳等）的溶解度、水中生物和微生物活动、化学和生物化学反应速率、非离子氨浓度、盐度、pH 值以及碳酸饱和度等都受水温变化的影响。

温度为现场监测项目之一，常用的方法有水温计法、深水温度计法、颠倒温度计法和热敏电阻温度计法。水温计法用于地表水、污水等浅层水温的测量，颠倒温度计法用于湖库等深层水温的测量。

二、水温计法

(一)仪器

水温计中的水银温度计安装在金属半圆槽壳内，开有读数窗孔，下端连接一个金属储水杯，温度表水银球部悬于杯中，其顶端的槽壳带一圆环，拴一定长度的绳子。测温范围通常为－6～41 ℃，最小分度为0.2 ℃，适用于测量水的表层温度。

(二)测量步骤

将水温计插入一定深度的水中，放置5 min后，迅速提出水面并读取温度值。当气温与水温相差较大时，尤应注意立即读数，避免受气温影响。必要时，重复插入水中，再一次读数。

三、颠倒温度计法

颠倒温度计测定步骤

颠倒温度计由主温表和辅温表构成。主温表部分有双端式水银温度计，用于观测水温；辅温表部分有普通水银温度计，用于观测读取水温时的气温，以校正因环境温度改变而引起的主温表读数的变化。测量范围：主温表－2～32 ℃，分度值为0.1 ℃；辅温表－20～50 ℃，分度值为0.5 ℃。适用于测量水深在40m以上的各层水温。具体测量步骤扫描二维码查阅。

四、热敏电阻温度计法

热敏电阻温度计是目前温度测量中应用极为广泛的一种温度测量系统，适用于表层和深层水温的测定。测量时，将仪器探头放入预定深度的水中，感温1 min，直接从数字显示屏上读取水温数值。

任务十　电导率的测定

本任务通过学习认识水中电导率的定义及监测意义，了解水中电导率测定方法的原理，并熟练运用电导率仪检测水样的电导率大小。

电导率是指物体传导电流的能力。溶液的导电能力用数字表示，衡量水中含盐量的大小，为电阻率的倒数，是表示水的导电能力的一项指标。水中溶解的盐类大都是强电解质，它们在水中都电离成能够导电的离子，离子浓度越高，电导率越大。纯水电导率很小，当水中含有无机酸、碱或盐时电导率增加。电导率常用于间接推测水中离子成分的总浓度，水溶液的电导率取决于离子的性质和浓度、溶液的温度和黏度等。水的电导率反映出水含盐量的多少，这是电导率的测定在水质分析中的主要实际意义。

不同类型的水有不同的电导率。新鲜蒸馏水的电导率为 0.5～2 μS/cm，但放置一段时间后，因吸收了空气中的二氧化碳，增加到 2～4 μS/cm；超纯水的电导率小于 0.1 μS/cm；天然水的电导率多在 50～500 μS/cm；矿化水可达 500～1000 μS/cm；含酸、碱、盐的工业废水电导率往往超过 10000 μS/cm；海水的电导率约为 30000 μS/cm。

电导率随温度的变化而变化，温度每升高 1 ℃，电导率增加约 2%，通常规定 25 ℃为测定电导率的标准温度。如果温度不是 25 ℃，必须进行温度校正，经验公式为：

$$K_t = K_s[1 + a(t - 25)]$$

式中　K_t——25 ℃电导率；

K_s——温度 t 时的电导率；

a——各种离子电导率的平均温度系数，定为 0.022。

电导率的测定方法是电导率仪法，电导率仪有实验室内使用的仪器和现场测试仪器两种。而现场测试仪器通常可同时测量 pH 值、溶解氧浓度、浊度、总盐度和电导率 5 个参数。

便携式电导率仪法测定电导率请扫二维码查阅。

PDF

便携式电导率仪法
测定电导率

任务十一　无机阴离子的测定

水中的各种盐类一般以离子形式存在，常见的阴离子有 HCO_3^-、SO_4^{2-}、Cl^-、F^-、NO_3^-、NO_2^- 等。水中阴离子的测定方法通常有离子选择电极法、重量法、滴定法和分光光度法等。每种离子的测定方法不尽相同且不能同时测定，操作烦琐，并存在较多的干扰因素。离子色谱法作为一种多元素高效、快速的分离和检测技术，是目前水中阴离子分析最常用的方法。

离子色谱主要用于环境样品的分析（包括地面水、饮用水、雨水、生活污水和工业废水、酸沉降物和大气颗粒物等样品中的阴、阳离子），以及与微电子工业有关的水和试剂中痕量杂质的分析。另外在食品卫生、石油化工、地质分析等领域也有广泛的应用。

测定依据标准《水质 无机阴离子（F^-、Cl^-、NO_2^-、Br^-、NO_3^-、PO_4^{3-}、SO_3^{2-}、SO_4^{2-}）的测定 离子色谱法》（HJ 84—2016）。该标准适用于地表水、地下水、工业废水和生活污水中 8 种可溶性无机阴离子（F^-、Cl^-、NO_2^-、Br^-、NO_3^-、PO_4^{3-}、SO_3^{2-}、SO_4^{2-}）的测定。进样量为 25 μL 时，8 种可溶性无机阴离子的方法检出限和测定下限见表 4.25 所示。

表 4.25　方法检出限和测定下限

单位:mg/L

离子名称	F^-	Cl^-	NO_2^-	Br^-	NO_3^-	PO_4^{3-}	SO_3^{2-}	SO_4^{2-}
方法检出限	0.006	0.007	0.016	0.016	0.016	0.051	0.046	0.018
测定下限	0.024	0.028	0.064	0.064	0.064	0.204	0.184	0.072

水质样品中的阴离子,经阴离子色谱柱交换分离。离子色谱法中使用的固定相是离子交换树脂。离子交换树脂上分布有固定的带电荷的基团和能离解的离子。当样品加入离子交换树脂后,用适当的溶液洗脱,样品离子即与树脂上能离解的离子进行交换,并且连续进行可逆交换分配,最后达到平衡。不同阴离子与阴离子树脂之间亲和力不同,其在交换柱上的保留时间应控制得不同,从而达到分离的目的。再应用抑制型电导检测器检测,根据保留时间定性,峰高或峰面积定量。

PDF

HJ 84—2016

具体测定请扫二维码查阅标准。

项目五　城镇污水监测

项目概述

城镇污水指城镇居民生活污水，机关、学校、医院、商业服务机构及各种公共设施排水，以及允许排入城镇污水收集系统的工业废水和初期雨水等。城镇生活污水中一般有机物含量高，N、P含量逐年增多。本项目介绍城镇污水监测即针对城镇污水处理厂污水的监测。城镇污水处理厂指对进入城镇污水收集系统的污水进行净化处理的工厂。城镇污水监测方案的制定应依据监测目的要求及国家有关标准和规范，如《城镇污水处理厂污染物排放标准》(GB 18918—2002)、《城镇污水处理厂运行监督管理技术规范》(HJ 2038—2014)等进行。

城镇污水监测是确保城镇污水处理厂有效运行和污水排放达到规定标准的重要措施。监测工作涵盖了多个方面，其中包括对污水处理厂的进、出口水质进行定期检测，对污水处理效果进行评估，以及对整个污水处理过程进行实时监控。城镇污水监测也是一项系统工程，涉及技术、管理、法规等多个方面。只有通过科学、严谨的监测，才能确保污水处理厂的运行效果，保护水资源，维护生态环境，促进经济社会的可持续发展。

思维导图

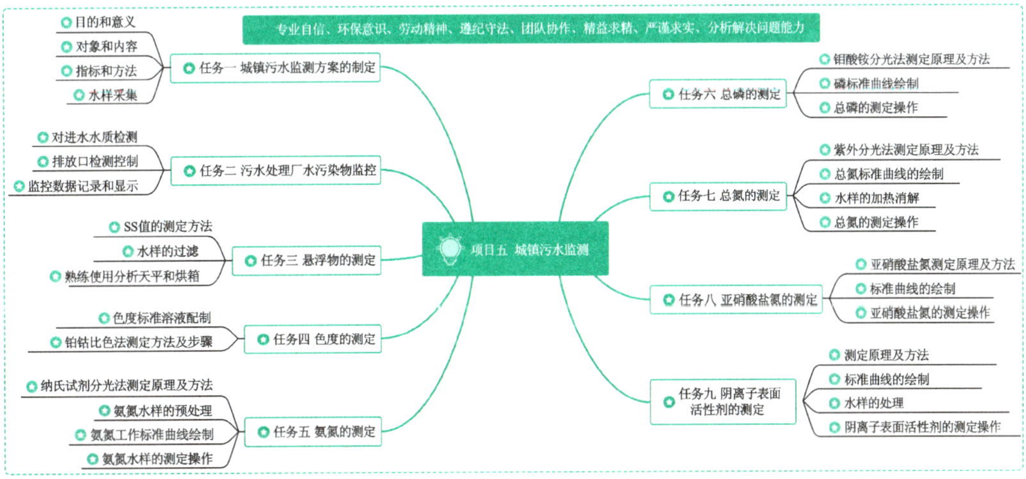

学习目标

1. 知识目标

(1)了解城镇污水监测方案的制定;

(2)知道城镇污水监测对象和内容;

(3)掌握城镇污水水样采集的布点和具体采集方法;

(4)熟悉污水处理厂水污染物监控流程;

(5)掌握城镇污水常规项目检测与分析方法。

2. 技能目标

(1)能够制定出城镇污水监测方案;

(2)能说出城镇污水监测对象和内容;

(3)能正确采集城镇污水水样;

(4)能说出污水处理厂水污染物监控要点;

(5)能够对城镇污水常规指标进行正确检测与分析。

3. 素质目标

(1)培养学生的环保理念与意识、专业认同感和职业责任感;

(2)培养学生的遵纪守法意识、精益求精的工作态度;

(3)培养学生的沟通协调能力与团队合作意识;

(4)培养学生的吃苦耐劳、实事求是的良好品德;

(5)提高学生分析问题与解决问题能力。

学习任务

任务一　城镇污水监测方案的制定

一、城镇污水监测目的和意义

城镇污水监测是确保城镇水环境质量、维护生态平衡和保障人民生活质量的重要措施。城镇污水监测对于环境保护和公共健康具有重要意义。通过监测污水中的污染物种类和浓度,可以掌握污染趋势,为污染控制和减排提供科学依据。同时,监测结果还可以评估城镇污水处理厂的运行效果,确保处理后的水质满足环境和健康标准。具体来说,包括以下几个方面:

①掌握污水状况:通过监测,可以准确了解城镇污水的性质和污染程度,包括各种污染物的种类、浓度及其变化规律,从而为制定合理的污水处理策略提供科学依据。

②环境管理与决策支持：污水监测数据是城镇水环境保护和管理的基础，有助于政府环保部门制定和调整环保政策、法规和标准，实现对城镇水环境的有效管理。

③评估污水处理效果：对城镇污水处理厂的进、出口水质进行监测，可以评价污水处理设施的运行效果，确保其达到设计处理能力和排放标准，维护城镇水环境质量。

④保障公共健康：污水中含有多种有害物质，如重金属、有机污染物等，通过监测及时发现和控制这些物质，减少其对环境和公共健康的影响。

⑤应对突发环境事件：在发生水环境污染事故时，快速响应和准确监测污水状况，有助于及时采取应对措施，减轻事故对环境和人民的危害。

⑥科学研究与教育：污水监测数据为环境科学研究提供了基础数据，有助于提高环境保护科技水平，同时也是教育公民树立环保意识和养成实践习惯的重要资源。

⑦促进绿色发展：随着全社会对生态环境保护意识的提高，污水监测助力实现绿色发展，促进人与自然和谐共生。

总之，城镇污水监测是维护城镇水环境质量、保障公共健康和促进生态文明建设的重要手段，具有不可替代的作用。通过科学有效的监测，可以为城镇污水处理、管理和其他相关事务决策提供有力支持，推动城镇可持续发展。

二、城镇污水监测对象和内容

城镇污水处理厂水质监测的对象包括进水口水质、总排口水质及各处理设施单元进出口水质。通过对城镇污水处理厂总排放口水质的监测，评价处理后出水水质达标情况；通过对进水口水质监测，可及时发现进水异常情况，及时采取有效控制措施，调整运行参数，防止发生运行事故。通过对整个处理工艺进水口、总排放口水质的监测，可评价污水处理工艺的处理效果；也可通过对各处理单元进水口和出水口的水质监测，评价该处理单元的处理效果。

具体来看，城镇污水处理厂水质监测主要包括以下几个方面：

①进水水质监测：监测污水处理厂接收的污水的水质状况，包括各种污染物的浓度、pH 值、温度等，以了解污水的污染程度和特性。

②出水水质监测：监测污水处理厂处理后的污水水质，确保其达到规定的排放标准，包括 COD、氨氮、总磷、总氮、pH 值、悬浮物等，以及重金属污染物、有机污染物等。

③中间处理过程监测：对污水处理过程中的关键环节进行监测，如初沉、二沉、生物处理单元等，以掌握处理效果和设施运行状况。

④污泥质量监测：监测污泥的性质和产量，包括污泥的含水率、pH 值、重金属污染物含量等，以评估污泥的处理效果。

⑤排放口周边环境监测：对污水处理厂排放口周边的水体、土壤、空气等进行监测，评估污水处理对周围环境的影响。

⑥在线监测设备性能监测：对在线监测仪器进行定期检查和校准，确保其准确性和可靠性。

通过对以上对象的监测，可以全面了解城镇污水处理厂的水质状况，评估其运行效果和环境影响，为污水处理的管理和决策提供科学依据。

三、城镇污水监测指标和方法

（一）监测指标选择

《城镇污水处理厂污染物排放标准》(GB 18918—2002)中规定了城镇污水处理厂水污染物排放基本控制项目(12 项)、一类污染物最高允许排放浓度(7 项)和选择控制项目(43 项)，适用于城镇污水处理厂出水控制的管理，分别见表 5.1～表 5.3。

表 5.1　基本控制项目最高允许排放浓度(日均值)　　单位：mg/L

序号	基本控制项目	一级标准		二级标准	三级标准
		A 标准	B 标准		
1	化学需氧量(COD)	50	60	100	120[a]
2	五日生化需氧量(BOD_5)	10	20	30	60[a]
3	悬浮物(SS)	10	20	30	50
4	动植物油	1	3	5	20
5	石油类	1	3	5	15
6	阴离子表面活性剂	0.5	1	2	5
7	总氮(以 N 计)	15	20	—	—
8	氨氮(以 N 计)	5(8)[b]	8(15)	25(30)	—
9	总磷(以 P 计)　2005 年 12 月 31 日前建设的	1	1.5	3	5
	总磷(以 P 计)　2006 年 1 月 1 日起建设的	0.5	1	3	5
10	色度(稀释倍数)	30	30	40	50
11	pH 值	6～9			
12	粪大肠菌群数/(个/L)	10^3	10^4	10^4	—

a. 下列情况下按去除率指标执行：当进水 COD 大于 350 mg/L 时，去除率应大于 60%；BOD 大于 160 mg/L 时，去除率应大于 50%。

b. 括号内数值为水温≤12 ℃时的控制指标，括号外数值为水温>12 ℃时的控制指标。

表 5.2　部分一类污染物最高允许排放浓度(日均值)　　单位：mg/L

序号	项目	标准值	序号	项目	标准值
1	总汞	0.001	5	六价铬	0.05
2	烷基汞	不得检出	6	总砷	0.1
3	总镉	0.01	7	总铅	0.1
4	总铬	0.1			

表 5.3　部分选择控制项目的最高允许排放浓度(日均值)　　单位:mg/L

序号	选择控制项目	标准值	序号	选择控制项目	标准值
1	总镍	0.05	11	硫化物	1.0
2	总铍	0.002	12	甲醛	1.0
3	总银	0.1	13	苯胺类	0.5
4	总铜	0.5	14	总硝基化合物	2.0
5	总锌	1.0	15	有机磷农药(以 P 计)	0.5
6	总锰	2.0	16	马拉硫磷	1.0
7	总硒	0.1	17	乐果	0.5
8	苯并[a]芘	0.00003	18	对硫磷	0.05
9	挥发酚	0.5	…	…	…
10	总氰化物	0.5	43	可吸附有机卤化物(以 Cl 计)	1.0

基本控制项目主要包括影响水环境和城镇污水处理厂一般处理工艺可以去除的常规污染物,以及部分一类污染物;选择控制项目包括对环境有较长期影响或毒性较大的污染物。

基本控制项目必须执行;选择控制项目,由地方环境保护行政主管部门根据污水处理厂接纳的工业污染物的类别和水环境质量要求选择控制。

(二)标准级别确定

根据城镇污水处理厂排入地表水域环境功能和保护目标,以及污水处理厂处理工艺,将基本控制项目的常规污染物标准值分为一级标准、二级标准和三级标准。一级标准分为 A 标准和 B 标准,一类重金属污染物和选择控制项目不分级。确定级别后,执行相应标准值。

①一级标准的 A 标准是城镇污水处理厂出水作为回用水的基本要求。当污水处理厂出水引入稀释能力较小的河湖作为城镇景观用水和一般回用水等用途时,执行一级标准 A 标准。

②城镇污水处理厂出水排入《地表水环境质量标准》(GB 3838—2002)地表水Ⅲ类功能水域(划定的饮用水水源保护区和游泳区除外)、《海水水质标准》(GB 3097—1997)海水二类功能水域和湖、库等封闭或半封闭水域时,执行一级标准的 B 标准。

③城镇污水处理厂出水排入《地表水环境质量标准》(GB 3838—2002)地表水Ⅳ类、Ⅴ类功能水域或《海水水质标准》(GB 3097—1997)海水三类、四类功能海域,执行二级标准。

④非重点控制流域和非水源保护区的建制镇污水处理厂,根据当地经济条件和水污染控制要求,采用一级强化处理工艺时,执行三级标准,但必须预留二级处理设施位置,分期达到二级标准。

(三)分析方法选取

《城镇污水处理厂污染物排放标准》(GB 18918—2002)中规定了城镇污水处理厂水

污染物监测分析方法，部分指标监测分析方法见表 5.4。

表 5.4　部分水污染物监测分析方法

序号	控制项目	测定方法	测定下限/(mg/L)	方法来源
1	化学需氧量(COD)	重铬酸盐法	30	HJ 828—2017
2	生化需氧量(BOD)	稀释与接种法	2	HJ 505—2009
3	悬浮物(SS)	重量法	—	GB/T 11901—1989
4	石油类及植物油	红外分光光度法	0.04	HJ 637—2018
5	阴离子表面活性剂	亚甲蓝分光光度法	0.05	GB/T 7494—1987
6	氨氮	蒸馏-中和滴定法	0.05	HJ 537—2009
		纳氏试剂分光光度法	0.025	HJ 535—2009
7	总氮	碱性过硫酸钾消解紫外分光光度法	0.05	HJ 636—2012
8	总磷	钼酸铵分光光度法	0.01	GB/T 11893—1989
9	色度	稀释倍数法	—	HJ 1182—2021
10	pH 值	电极法	—	HJ 1147—2020
11	粪大肠菌群数	滤膜法	—	HJ 347.1—2018
		多管发酵法	—	HJ 347.2—2018
12	总大肠菌群和粪大肠菌群	纸片快速法	20	HJ 755—2015
13	总铬	高锰酸钾氧化-二苯碳酰二肼分光光度法	0.004	GB/T 7466—1987
14	六价铬	二苯碳酰二肼分光光度法	0.004	GB/T 7467—1987
15	总砷	二乙基二硫代氨基甲酸银分光光度法	0.007	GB/T 7485—1987
16	挥发酚	4-氨基安替比林分光光度法	0.04	HJ 503—2009
17	总氰化物	异烟酸-吡唑啉酮分光光度法	0.016	HJ 484—2009

四、城镇污水水样采集

（一）采样点的布设

1. 城市污水管网

采样点应设在非居民生活排水支管接入城市污水干管的检查井、城市污水干管的不同位置、污水进入水体的不同位置。

2. 城市污水处理厂

在污水进口和总排放口布设采样点。如需监测各污水处理单元的处理效率，可在各处理单元的进、出口分别布设采样点。此外，还应当设置污泥采样点。

（二）取样位置

《城镇污水处理厂污染物排放标准》(GB 18918—2002)规定，水质取样应在污水处理厂处理工艺末端总排放口，以评价出水水质是否达到排放标准要求。此外在排放口还应设污水水量自动计量装置、自动比例采样装置，对 pH、COD、氨氮等主要水质指标应安装在线监测装置。《城镇污水处理厂运行监督管理技术规范》(HJ 2038—2014)规定，应在污水处理厂进水口、排放口布设采样点，安装连续采样装置和在线连续监测装置，装置产生的废液应进行收集和处理，运行记录应归档保存。

（三）采样时间和频率

对城市管网污水，可在一年的丰、平、枯水季，从总排放口分别采集一次流量比例混合样测定，每次进行一昼夜，每 4 h 采样一次。

在城市污水处理厂，为指导调节处理工艺参数和监督外排水水质，每天都要从处理单元和总排放口采集污水样品，对指标项目进行例行监测。城镇污水处理厂取样频率为至少每 2 h 一次，取 24 h 混合样，以日均值计。污废水采样记录表见表 5.5。

表 5.5 污废水采样记录表

监测站名：　　　　　　　　　年度：

序号	企业名称	行业名称	采样口	采样口位置（车间或出厂口）	采样口流量/(m^3/s)	采样时间（月日）	颜色	气味	备注

现场情况描述：

治理设施运行状况：

采样人员：　　　　　　　　企业接待人员：　　　　　　　　记录人员：

任务二　污水处理厂水污染物监控

污水处理厂应设置专用化验室，具备污染物检测和全过程监控能力，按相关规定实施全过程检测；应制定化验分析质量控制标准，定期检定和校验化验计量设备，以提高监测数据的可靠性。

一、对进水水质检测

污水处理厂应按照《水质自动采样器技术要求及检测方法》(HJ/T 372—2007)和《水污染源在线监测系统(COD_{Cr}、NH_3-N 等)运行技术规范》(HJ 355—2019)的规定，在进水口安装进水连续采样装置和水质在线连续监测装置。应按《城镇污水处理厂污染物排放标准》(GB 18918—2002)规定的污染指标(表 5.4)和采样化验频率检测进水水质。

二、排放口检测控制

(一)基本要求

污水厂排放口应规范化,排放口环境保护图形标志牌应符合《环境保护图形标志 排放口(源)》(GB 15562.1—1995)的相关规定;排放口应安装污水厂出水在线连续监测装置,并符合《水污染源在线监测系统(COD_{Cr}、NH_3-N 等)运行技术规范》(HJ 355—2019)的相关要求,运行记录应归档保存;运行单位应建立排放口维护管理制度,配备专业技术人员进行维护管理,保证设施正常运转,运行记录齐全、真实;污水处理厂应将在线连续监测装置产生的废液进行收集和处理,防止产生环境污染。

(二)水质检测化验的要求

排放口安装和运行的水质自动采样器应符合《水质自动采样器技术要求及检测方法》(HJ/T 372—2007)的相关规定;污水处理厂应按照《城镇污水处理厂污染物排放标准》(GB 18918—2002)的规定进行污水厂出水的采样和水质检测。

(三)水质的检验指标

污水处理厂应按规定检测并记录进水和出水的水质指标,包括:化学需氧量(COD)、五日生化需氧量(BOD_5)、悬浮物(SS)、pH、氨氮(以 N 计)、总氮(以 N 计)、总磷(以 P 计)和粪大肠菌群等。

三、监控数据记录和显示

①中控系统应实时记录污水厂的进、出水流量(含累计流量)和进、出水水质(COD、氨氮等关键指标)等分析数据,并依据记录数据自动生成动态变化曲线。

②将进水和出水的总氮(以 N 计)、总磷(以 P 计)、SS 等作为选择性指标时,中控系统可做相关记录并依据数据生成动态变化曲线。

③污水处理厂应安装再生水流量计并记录和传送流量数据,应具有表征再生水水质的色度、浊度等特征性指标的监测和数据记录,有明确用途的再生水应同时监测和记录其他选择性水质指标。

任务三　悬浮物的测定

【任务目标】

(1)熟练使用分析天平和烘箱。

(2)巩固称量分析法的操作要点。

(3)掌握重量法测定悬浮物的原理和操作。

(4)能正确计算出悬浮物的含量。

【任务分析】

1. 明确任务流程

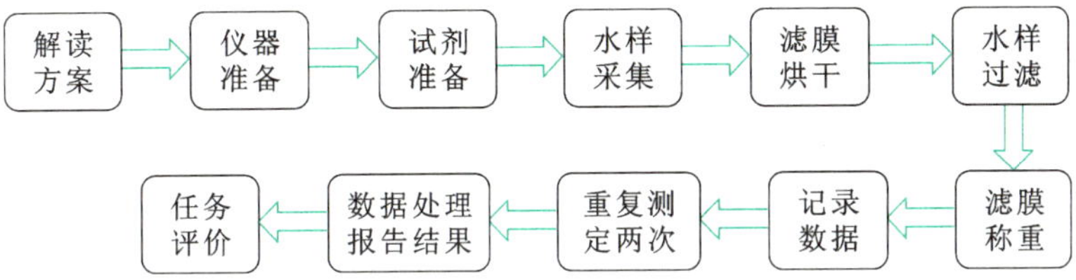

2. 任务重难点分析

(1)悬浮物测定的原理。

(2)悬浮物测定的过滤及称重操作。

3. 任务前准备

(1)《水质 悬浮物的测定 重量法》(GB 11901—1989)。

(2)水中 SS 值测定的视频资料。

(3)水中 SS 值测定所需的仪器和试剂。

①仪器:分析天平(万分之一)、全玻璃或有机玻璃微孔滤膜过滤器、真空泵、吸滤瓶、滤膜(孔径 0.45 μm)或玻璃漏斗、清洗过的滤纸(烘箱烘干)、烘箱、无齿扁嘴镊子、称量瓶、烧杯、玻璃棒、一般实验室常用仪器和设备等。

②试剂:蒸馏水或同等纯度的水。

要求各组长将本次项目涉及的任务在组内进行分解,各成员将分配到的任务填入表 4.8。

【知识链接】

(一)残渣的含义及测定意义

残渣分为总残渣、总可滤残渣和总不可滤残渣三种。它们是表征水中溶解性物质、不溶性物质含量的指标。

1. 总残渣

总残渣是水和废水在一定的温度下蒸发、烘干后剩余的物质,包括总不可滤残渣和总可滤残渣。其测定方法是取适量(如 50 mL)振荡均匀的水样于称至恒重的蒸发皿中,在蒸汽浴或水浴上蒸干,移入 103～105 ℃烘箱内烘至恒重(对滤膜是指两次称量不超过 0.0002 g,对载有悬浮物的滤膜是指两次称量不超过 0.0004 g),蒸发皿所增加的质量即为总残渣量。计算式如下:

$$总残渣(mg/L) = \frac{(A-B)\times 10^6}{V}$$

式中　A——总残渣和蒸发皿质量,g;

B——蒸发皿质量，g；

V——水样体积，mL。

2. 总可滤残渣

总可滤残渣量是指将过滤后的水样放在称至恒重的蒸发皿内蒸干，再在一定温度下烘至恒重，蒸发皿所增加的质量。一般测定 103～105 ℃烘干的总可滤残渣，但有时要求测定 180±2 ℃烘干的总可滤残渣。水样在此温度下烘干，可将吸着水赶尽，所得结果与化学分析结果所计算的总矿物质含量较接近。计算方法同总残渣。

3. 总不可滤残渣（悬浮物，简称 SS）

水样经过滤后留在过滤器上的固体物质，于 103～105 ℃烘至恒重得到的物质质量称为总不可滤残渣量。它包括不溶于水的泥沙、各种污染物、微生物及难溶无机物等。

常用的滤器有滤纸、滤膜、石棉坩埚。由于它们的滤孔大小不一致，故报告结果时应注明。石棉坩埚通常用于过滤含酸或碱浓度高的水样。

（二）悬浮物的测定方法

水中悬浮物的测定方法为重量法，该法适用于地面水、地下水、生活污水和工业废水中悬浮物的测定。悬浮物是指不能通过滤料，并于 103～105 ℃烘至恒重的固体物。一定体积的水样用滤膜过滤后，经烘干称重，得出水中悬浮物的含量（mg/L）。

【任务实施】

活动 1　解读水质悬浮物的测定标准

1. 查找与阅读标准

(1)上网搜索查找水中悬浮物的测定方法标准（中华人民共和国生态环境部—生态环境标准、食品伙伴网—标准下载中心等）。

(2)仔细阅读标准《水质 悬浮物的测定 重量法》(GB 11901—1989)，确定悬浮物的测定方案，找出方法的适用范围、检测限、干扰、原理、精密度和准确度等内容，并列出所需的其他相关标准。

2. 仪器和试剂的确认

依据查阅的标准，确认所需仪器和试剂。

3. 数据记录

将悬浮物的测定标准、仪器、试剂等填写在数据记录表中（表 4.9）。

活动 2　悬浮物测定的仪器及试剂准备

1. 实验仪器

①分析天平（万分之一）；

②全玻璃或有机玻璃微孔滤膜过滤器；

③真空泵、吸滤瓶、滤膜（孔径 0.45 μm）或玻璃漏斗、清洗过的滤纸（烘箱烘干）；

④烘箱、无齿扁嘴镊子；

⑤称量瓶、烧杯、玻璃棒等。

2. 实验试剂

蒸馏水或同等纯度的水。

活动3 采集保存悬浮物测定的水样

1. 样品采集

(1)取学校湖水的水样。

(2)将水样采集和保存记录填写在表中(表4.10)。

2. 注意事项

(1)所用聚乙烯瓶或瓶壁光洁的硬质玻璃瓶要用洗涤剂洗净，再依次用自来水和蒸馏水冲洗干净。

(2)采样前，再用即将采集的水样清洗3次，然后采集具有代表性的水样500～1000 mL，盖严瓶塞。

(3)采集的水样应尽快测定。如需放置，应贮存在4 ℃冷藏箱内，最长不超过7 d。样品不得加入任何保护剂，以防止破坏物质在固相、液相间的分配平衡。

活动4 水样悬浮物的测定

1. 实验原理

悬浮物(即悬浮固体)能使水体浑浊，透明度降低，影响水生生物的呼吸和代谢，造成水质恶化，污染环境；因此，在水和废水处理中，测定悬浮物具有特定意义。

水质中的悬浮物(SS)质量是指水样经过滤不能通过孔径为0.45 μm滤膜的固体物质，经103～105 ℃烘干至恒重得到的不可滤残渣的质量。常用0.45 μm滤膜、滤纸、石棉坩埚等，测定结果与选用过滤器有关，需注明。

2. 操作步骤

(1)滤膜的准备

用扁嘴无齿镊子夹取滤膜放于事先称重的称量瓶里，移入烘箱中，在103～105 ℃烘干0.5 h后，取出置干燥器内，冷却至室温，称其质量。反复烘干、冷却、称量，直至两次称量的质量差不超过0.2 mg。

将恒重的滤膜正确地放在滤膜过滤器的滤膜托盘上，加盖配套的漏斗，并用夹子固定好。以蒸馏水润湿滤膜，并不断吸滤。

如用滤纸，准备好用烘箱烘干0.5 h的滤纸。

(2)水样SS值的测定

量取充分混合均匀的试样100 mL于漏斗内，启动真空泵进行抽吸过滤。当水分全部通过滤膜后，再用每次约10 mL蒸馏水连续冲洗量器3次，继续吸滤以除去痕量水分。

停止吸滤后，仔细取出载有悬浮物的滤膜，放在原恒重的称量瓶里，打开瓶盖，移入烘箱中，在103～105 ℃烘干2 h后移入干燥器中，使其冷却至室温，称量。反复烘干、冷却、称量，直至恒重（≤0.4 mg）为止。

如用滤纸，量取 100 mL 水样倒入量筒，再经滤纸过滤，用每次约 10 mL 蒸馏水连续清洗量筒 3 次。将过滤后的滤纸放入表面皿（或培养皿），移入烘箱烘干 1 h，取出并冷却后，用天平称其重量（称 3 次，得 3 个平行数据），记录数据。

3. 质量控制

（1）漂浮于水面或浸没于水体底部的不均匀固体物质不属于悬浮物质，应在样品采集时加以避免。实验室测定阶段，处理样品时应以清洁水样为先。在定量取样时，应选择好合适的量器，水样均匀混合后应尽快量出。快速倾入漏斗过滤后，用每次约 10 mL 蒸馏水冲洗量器 3 次，倾入漏斗过滤时，应将量器底部的较大颗粒物质去除。

（2）贮存水样时不能加任何保护试剂，以防止破坏物质在固相、液相间的分配平衡。

（3）滤膜上截留过多的悬浮物，除了造成过滤困难，还会延长过滤、干燥时间。遇此情况，可酌情少取试样，浑浊水样采集 20～100 mL，比较清洁水样应采集 100～200 mL 为宜，特别清洁的水样可增大试样采集体积至 200～300 mL，否则会增大称量误差，影响测定精度。

（4）滤膜前处理阶段，以约 100 mL 蒸馏水抽滤至近干状态（以 50～60 s 为宜）。实际操作中，在同一批样品测定中最好确定一个蒸馏水用量和抽滤时间，以减少因蒸馏水量和抽滤时间的不同而带来的误差。无论采用何种滤膜，都必须对其进行前处理或进行相关试验。

（5）滤膜处理后和样品抽滤后，移入称量瓶加盖时，应保留适当缝隙，不要盖严，以保证滤膜和样品中水分、湿气能够充分逸出。

（6）经过 103～105 ℃的烘箱烘干的滤膜或样品在置于干燥器内冷却阶段，应在天平室进行，应避免空调器出风给称量带来的影响。天平室的温度会影响冷却的时间，一般 5～20 ℃时，可冷却 45 min；21～26 ℃时，可冷却 60 min；27～32 ℃时，可冷却 150 min 以上。滤膜上载附的悬浮物较多时，应增加冷却时间。

另外，干燥器内的称量瓶不宜过多，避免碰撞。所有的称量过程应按照号码顺序依次进行。清洁水样的滤膜与浑浊水样的滤膜分开冷却。称量瓶在使用前应仔细检查盖子本身的密闭性，淘汰进水的盖子。

（7）实验室的洁净度必须符合要求，防止因空气中粉尘、颗粒物的因素造成在样品抽滤过程中质量增加。

（8）分析操作人员在整个操作过程中，必须仔细、认真，勤洗手，避免因个人的原因造成称重上的误差。

4. 注意事项

（1）使用前应检查滤膜（或滤纸）有无破损；需进行烘干、冷却、称重至恒重（0.2 mg 以内），并编号。

（2）水样充分混匀后再量取，一般取 100 mL。水样较清时可多取，因为悬浮物过少，会增大测量误差，影响测定精度；水样浑浊时可适当少取，一般以 5～100 mg 悬浮物作为量取试样体积的适用范围。

（3）漂浮或浸没的固体物质不属于悬浮物，应从采集的水样中除去。

(4)样品保存时不能加入任何保护剂，以防破坏物质在固、液两相间的平衡。

(5)采集的水样应尽快分析测定。

活动 5　水样悬浮物的测定数据记录与处理

1. 数据记录

将测定数据及处理结果记录于表 5.6 中。

表 5.6　悬浮物的测定数据表

编号	取样体积 V/mL	m_A/g	m_b/g	相对平均偏差/%	ρ/(mg/L)
1					
2					
3					

2. 数据处理

计算公式：

$$\rho(\mathrm{mg/L}) = \frac{(m_A - m_b) \times 1000\ \mathrm{mg/g} \times 1000\ \mathrm{mL/L}}{V}$$

式中　m_A——过滤烘干后滤膜＋称量瓶＋悬浮物的质量，g；

m_b——过滤前滤膜＋称量瓶的质量，g；

V——水样体积，mL。

【任务评价】

实验结束后，针对全过程进行评价(表 5.7)。

表 5.7　悬浮物的测定任务评价

考核内容	序号	考核标准	分值	小组评价	教师评价
解读国家标准(10 分)	1	标准查找准确	3		
	2	仪器确认正确	3		
	3	解读标准的原始记录填写无误	4		
仪器准备(6 分)	4	仪器选择正确	3		
	5	仪器配套选择正确	3		
水样采集保存(15 分)	6	选择采样点、采样方法、容器、采样量、运输方法等正确	5		
	7	水样的保存方法、保存时间等正确	5		
	8	正确规范填写采样记录表	5		

续表 5.7

考核内容	序号	考核标准	分值	小组评价	教师评价
测定操作（32 分）	9	滤膜烘干至恒重	8		
	10	正确使用过滤器	8		
	11	水样正确过滤	8		
	12	滤膜烘干后测定正确	5		
	13	样品重复测定两次	3		
团队协作（5 分）	14	任务分工明确，成员各司其职	5		
职业规范（7 分）	15	仪器归位正确、器皿清洗干净、无损坏	2		
	16	药品、仪器摆放整齐	2		
	17	实验室台面整洁	1		
	18	实验后积极打扫实验室卫生	2		
数据记录及处理（10 分）	19	正确、规范记录数据，无随意涂抹、篡改数据	5		
	20	SS 值计算正确	5		
实验报告（15 分）	21	报告格式规范、完整	5		
	22	正确撰写报告内容	10		
考核结果（满分 100 分）					

练习巩固

练习

项目五任务三悬浮物的测定 练习

任务四　色度的测定

【任务目标】

（1）知道色度标准溶液的配制方法。

（2）掌握铂钴比色法的测定原理和操作。

【任务分析】

1. 明确任务流程

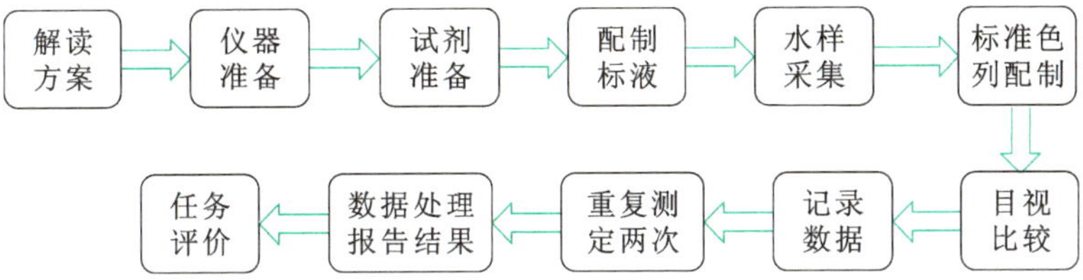

2. 任务重难点分析

(1)铂钴标准溶液的配制。

(2)标准色列的配制及目视判读。

3. 任务前准备

(1)《水质 色度的测定》(GB 11903—1989)(铂钴比色法)。

(2)水样色度测定的视频资料。

(3)水样色度测定所需的仪器和试剂。

①仪器：50 mL 具塞比色管，其刻线高度应一致。

②试剂：硫酸钴($CoSO_4 \cdot 7H_2O$)、氯铂酸钾(K_2PtCl_6)，后者可用重铬酸钾代替。

要求各组长将本次项目涉及的任务在组内进行分解，各成员将分配到的任务填入表 4.8。

【知识链接】

(一)色度含义及测定意义

色度是衡量水样颜色深浅程度的指标。纯水是无色透明的，天然水中存在腐殖质、泥土、浮游生物、矿物质等，显示不同颜色。工业废水因污染源不同，导致水色变得复杂。地表水受有色工业废水污染后着色，水体的透光性减弱，影响水生生物生长，故需对其进行测定。

色度分为真实颜色(真色)和表观颜色(表色)。真色是指经过滤或离心处理除去水中悬浮物后水样的颜色，表色是指没有除去水中悬浮物时水样所呈现的颜色。

水质分析中所表示的颜色，是指水的真色，故在测定前需先用澄清、离心沉降或用 0.45 μm 滤膜过滤的方法除去水中悬浮物，但不能用滤纸过滤(滤纸会吸收部分颜色)。有些水样含有颗粒太细的有机物或无机物质，不宜采用离心分离，只能测定水样的表色，这时需要在结果报告上注明。

(二)色度测定的方法

测定水样色度的方法为稀释倍数法及铂钴比色法。清洁水、轻度污染并略带黄色调的水可采用铂钴比色法测定，以度数表示；稀释倍数法适用于污染程度较严重的地表水和工业废水，以稀释倍数表示。两种方法应独立使用，没有可比性。本次任务主要使用铂钴比色法测定色度。

稀释倍数法简单介绍如下：

1. 方法原理

将污染严重的地表水或有色工业废水用光学纯水稀释到接近无色，记录稀释倍数，以此表示该水样的色度，并辅以文字描述颜色深浅（如无色、浅色或深色）、色调（如红、橙、绿）、透明度等。

2. 主要仪器及试剂

①50 mL 具塞比色管（其玻璃色泽及标线高度均应一致）及配套的比色管架。

②移液管、烧杯等玻璃仪器。

③光学纯水。

3. 分析步骤

(1)采样及样品贮存

将样品采集在玻璃瓶或塑料桶内，采样后尽早进行测定。如需贮存，则将样品贮存于暗处，尽量避免温度变化。

(2)观察水样颜色

将样品倒入 250 mL 量筒或 500 mL 烧杯中，静置 15 min，观察水样，用文字描述水样颜色深浅及色调。倾取上层液体作为试样进行测定。

(3)测定稀释倍数

将试样用光学纯水逐级稀释成不同倍数，分别置于具塞比色管至标线。将具塞比色管放在白色表面上，使光线自具塞比色管底部向上反射通过液柱，垂直向下观察液柱。将试样稀释至刚好与光学纯水无法区别为止，记下稀释倍数值。

稀释方法如下：

①试样色度在 50 倍以上时，用移液管准确吸取一定体积试样于具塞比色管中，用光学纯水定容至标线，每次取大的稀释比，使稀释后色度在 50 倍之内。

②试样的色度在 50 倍以下时，在具塞比色管中取试样 25 mL，用光学纯水定容至标线，每次稀释倍数为 2。

【任务实施】

活动 1　解读水样色度的测定标准

1. 查找与阅读标准

(1)上网搜索查找水样色度的测定方法标准（中华人民共和国生态环境部—生态环境标准、食品伙伴网—标准下载中心等）。

(2)仔细阅读标准《水质 色度的测定》(GB/T 11903—1989)，确定色度的测定方案，找出方法的适用范围、检测限、干扰、原理、精密度和准确度等内容，并列出所需的其他相关标准。

2. 仪器和试剂的确认

依据查阅的标准，确认所需仪器和试剂。

3. 数据记录

将色度的测定标准、仪器、试剂等填写在数据记录表中（表 4.9）。

活动 2　色度测定的仪器及试剂准备

1. 实验仪器

①50 mL 具塞比色管，其刻线高度应一致。

②可见分光光度计。

③容量瓶、移液管、量筒等常用玻璃仪器。

2. 实验试剂

①硫酸钴($CoSO_4 \cdot 7H_2O$)。

②氯铂酸钾(K_2PtCl_6),可用重铬酸钾代替。

③铂钴标准溶液:使用当天配制。称取 0.0437 g 重铬酸钾和 1.000 g 硫酸钴($CoSO_4 \cdot 7H_2O$),溶于少量水中,加入 0.50 mL 浓硫酸,用水稀释至 500 mL。此溶液的色度为 500 度,不宜久存。

活动 3　采集保存色度测定的水样

1. 样品采集

(1)取学校湖水的水样。

(2)将水样采集记录填写在表中(表 4.10)。

2. 注意事项

(1)用至少 1 L 的清洁无色的玻璃瓶按采样要求采集具有代表性的水样。

(2)所取水样应无树叶、枯枝等漂浮杂物。

(3)水样应尽快测定,否则应于 4 ℃左右冷藏保存,48 h 内测定。

活动 4　水样色度的测定

1. 实验原理

用氯铂酸钾与硫酸钴配成标准色列,与水样进行目视比色。每升水中含有 1 mg 铂和 0.5 mg 钴时所具有的颜色,称为 1 度,作为标准色度单位。

如水样浑浊,则放置澄清,亦可用离心法或用孔径为 0.45 μm 滤膜过滤以去除悬浮物,但不能用滤纸过滤,因滤纸会吸附部分溶解于水的颜色。

2. 测定步骤

(1)标准色列的配制:向一组 50 mL 具塞比色管中加入 0 mL、0.50 mL、1.00 mL、1.50 mL、2.00 mL、2.50 mL、3.00 mL、3.50 mL、4.00 mL、4.50 mL、5.00 mL、6.00 mL 及7.00 mL铂钴标准溶液,用水稀释至标线,混匀。各管的色度依次为 0 度、5 度、10 度、15 度、20 度、25 度、30 度、35 度、40 度、45 度、50 度、60 度和 70 度。密塞保存。

(2)水样的测定

①分取 50.0 mL 澄清透明水样于比色管中,如果目测水样色度较大(≥70 度),可酌情少取水样,再用水稀释至 50.0 mL,使色度落在标准色列范围内。

②将水样与标准色列进行目视比较。观察时,可将比色管置于白瓷板或白纸上,使光线从管底部向上透过液柱,目光自管口垂直向下观察,记下与水样色度相同的铂钴标准色列的色度。

3. 数据计算

色度计算公式:

$$色度 = A \times 50/B$$

式中 A——稀释后水样相当于铂钴标准比色法的色度；

B——水样的体积，mL。

4.注意事项

①如要测定水样的真色，应放置澄清，取上清液，或用离心法去除悬浮物后测定；如测定水样的表色，待水样中的大颗粒悬浮物沉淀后，取上清液测定。

②要注意水样的代表性，所取水样无树枝、枯枝等漂浮物。

③取回水样应尽快测定，否则应在 4 ℃冷藏保存，48 h 内测定。

【任务评价】

实验结束后，针对全过程进行评价（表 5.8）。

表 5.8　色度的测定任务评价

考核内容	序号	考核标准	分值	小组评价	教师评价
解读国家标准（10 分）	1	标准查找准确	2		
	2	仪器确认正确	2		
	3	试剂确认正确	2		
	4	解读标准的原始记录填写无误	4		
仪器准备（4 分）	5	仪器选择正确	2		
	6	仪器配套选择正确	2		
试剂准备（10 分）	7	试剂选择正确（种类、纯度）	2		
	8	正确配制所需溶液	8		
水样采集保存（15 分）	9	选择采样点、采样方法、容器、采样量、运输方法等正确	6		
	10	水样的保存方法、保存剂及用量、保存时间等正确	6		
	11	正确规范填写采样记录表	3		
测定操作（28 分）	12	标准色列配制准确	10		
	13	水样测定正确	8		
	14	目视判读准确	7		
	15	样品重复测定 3 次	3		
团队协作（5 分）	16	任务分工明确，成员各司其职	5		
职业规范（7 分）	17	仪器归位正确、器皿清洗干净、无损坏	2		
	18	药品、仪器摆放整齐	2		
	19	实验室台面整洁	1		
	20	实验后积极打扫实验室卫生	2		
数据记录及处理（8 分）	21	正确、规范记录数据，无随意涂抹、篡改数据	8		
实验报告（13 分）	22	报告格式规范、完整	5		
	23	正确撰写报告内容	8		
考核结果（满分 100 分）					

练习巩固

练习

项目五任务四色度的测定 练习

任务五　氨氮的测定

【任务目标】

(1)熟悉氨氮水样的采集、保存和预处理方法。

(2)掌握纳氏试剂分光光度法测定水质氨氮的原理和操作方法。

(3)能正确绘制标准曲线,进行质量控制实验。

【任务分析】

1.明确任务流程

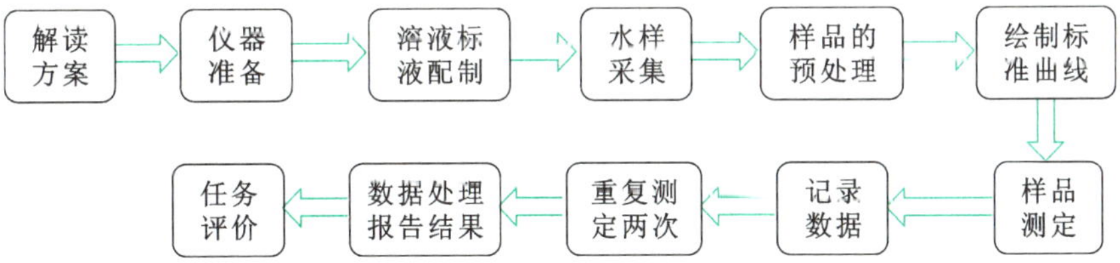

2.任务重难点分析

(1)氨氮测定的溶液配置及标准曲线绘制。

(2)实验过程中的质量控制。

3.任务前准备

(1)《水质 氨氮的测定 纳氏试剂分光光度法》(HJ 535—2009);

(2)水中氨氮测定的虚拟仿真视频资料;

(3)水中氨氮测定所需的仪器和试剂。

①仪器:可见分光光度计、20 mm 或 10 mm 比色皿、50 mL 比色管及配套比色管架、常规玻璃仪器(包括移液管、容量瓶、烧杯等)、氨氮蒸馏装置(按需准备)。

②试剂:蒸馏水、纳氏试剂、酒石酸钾钠、氨氮标准溶液、硫酸锌溶液、氢氧化钠溶液、盐酸溶液等。

要求各组长将本次项目涉及的任务在组内进行分解，各成员将分配到的任务填入表4.8。

【知识链接】

（一）氨氮的危害及来源

氨氮（NH_3-N）是指水中以游离氨（NH_3）或铵盐（NH_4^+）形式存在的氮。两者的组成比取决于水体的 pH 值和水温。当 pH 值偏高时，游离氨比例较高，反之铵盐比例较高，水温则相反。鱼类对水中氨氮比较敏感，当氨氮含量高时会导致鱼类死亡；氨氮对其他水生生物也有不同程度的危害。

水中氨氮主要来源于生活污水中含氮有机物受微生物作用的分解产物，以及某些工业污水（如焦化污水、合成氨化肥厂污水等）和农田排水。

（二）氨氮的测定方法

氨氮的测定方法有蒸馏-中和滴定法（HJ 537—2009）、纳氏试剂分光光度法（HJ 535—2009）、水杨酸分光光度法（HJ 536—2009）、气相分子吸收光谱法（HJ/T 195—2005）等。

此外还有流动注射-水杨酸分光光度法（HJ 666—2013）、连续流动-水杨酸分光光度法（HJ 665—2013），这两类方法均适用于地表水、地下水、生活污水和工业废水中氨氮的测定，需分别使用专用的流动注射分析仪和连续流动分析仪测定。

蒸馏-中和滴定法适用于生活污水和工业污水中氨氮的测定。当试样体积为 250 mL 时，本方法的检出限为 0.05 mg/L（以 N 计）。

纳氏试剂分光光度法适用于地表水、地下水、生活污水和工业污水中氨氮的测定。样品经预处理后，用一组 50 mL 比色管进行显色测定，具有操作简单、灵敏的特点。

水杨酸分光光度法也适用于地下水、地表水、生活污水和工业污水中氨氮的测定。样品经预处理后，用一组 10 mL 比色管进行显色测定，所用试剂较多，显色时间比较长（达 60 min），操作费时。

气相分子吸收光谱法适用于地表水、地下水、海水、饮用水、生活污水和工业污水中氨氮的测定。方法的最低检出限为 0.020 mg/L，测定下限为 0.080 mg/L，测定上限为 100 mg/L，需使用专用的气相分子吸收光谱仪进行分析测定。

下面介绍最常用的纳氏试剂分光光度法。

【任务实施】

活动1　解读水中氨氮的测定标准

1. 查找与阅读标准

（1）上网搜索查找水中氨氮的测定方法标准（中华人民共和国生态环境部—生态环境标准、食品伙伴网—标准下载中心等）。

（2）测定方法使用标准的确定。

（3）仔细阅读标准《水质 氨氮的测定 纳氏试剂分光光度法》（HJ 535—2009），确定氨氮的测定方案，找出方法的适用范围、检测限、干扰、原理、精密度和准确度等内容，并列出所需的其他相关标准。

2. 仪器和试剂的确认

依据查阅的标准，确认所需仪器和试剂。

3. 数据记录

将氨氮的测定标准、仪器、试剂等填写在数据记录表中(表 4.9)。

活动 2 氨氮测定的仪器及试剂准备

1. 实验仪器

可见分光光度计、20 mm 或 10 mm 比色皿、50 mL 比色管及配套比色管架、常规玻璃仪器(包括移液管、容量瓶、烧杯等)。

氨氮蒸馏装置(按需准备)：同蒸馏-中和法，由 500 mL 凯氏烧瓶、氮球、直形冷凝管和导管组成，冷凝管末端连接一段适当长度的滴管，使出口尖端浸入吸收液液面以下，亦可使用 500 mL 蒸馏烧瓶。

2. 实验试剂

蒸馏水、纳氏试剂、酒石酸钾钠、氨氮标准溶液、硫酸锌溶液、氢氧化钠溶液、盐酸溶液等。

①纳氏试剂(碘化汞-碘化钾-氢氧化钠溶液，HgI_2-KI-NaOH)：称取 16.0 g 氢氧化钠，溶于 50 mL 水中，充分冷却至室温。另称取 7.0 g 碘化钾和 10.0 g 碘化汞溶于水，然后将此溶液在搅拌下缓慢加入上述 50 mL 氢氧化钠溶液中，用水稀释至 100 mL。贮于聚乙烯瓶中，密塞保存。

②酒石酸钾钠溶液(ρ=500 g/L)：称取 50.0 g 酒石酸钾钠($KNaC_4H_4O_6 \cdot 4H_2O$)溶于 100 mL 水中，加热煮沸以除去氨，放冷，定容至 100 mL。

③氨氮标准溶液(ρ=1000 μg/mL)：称取 3.8190 g 经 100 ℃干燥 2 h 的氯化铵(NH_4Cl)溶于水中，移入 1000 mL 容量瓶中，稀释至标线。此溶液每毫升含 1.00 mg 氨氮。在 2～5 ℃可稳定保存一个月。

④10%(m/V)硫酸锌溶液(ρ=100 g/L)：称取 10.0 g 硫酸锌($ZnSO_4 \cdot 7H_2O$)溶于水，稀释至 100 mL。

⑤25%氢氧化钠溶液(ρ=250 g/L)：称取 25 g 氢氧化钠溶于水，稀释至 100 mL，贮于聚乙烯瓶中。用于絮凝沉淀预处理。

⑥盐酸溶液(c_{HCl}=1 mol/L)：取 8.5 mL 盐酸(密度为 1.18 g/ mL)于 100 mL 容量瓶中，用水稀释至标线(用于调节水样 pH 值)。

以下溶液按需配制：

①硼酸溶液(ρ=20 g/L)：称取 20 g 硼酸(H_3BO_3)溶于水，稀释至 1000 mL。

②溴百里酚蓝指示剂(ρ=0.5 g/L)：称取 0.05 g 溴百里酚蓝溶于 50 mL 水中，加入 10 mL无水乙醇，用水稀释至 100 mL(pH=6.0～7.6)。

③淀粉-碘化钾试纸：称取 1.5 g 可溶性淀粉于烧杯中，用少量水调成糊状，加入 200 mL 沸水，搅拌混匀放冷。加 0.50 g 碘化钾(KI)和 0.50 g 碳酸钠(Na_2CO_3)，用水稀释至

250 mL。将滤纸条浸渍后，取出晾干，于棕色瓶中密封保存。

活动3　采集保存氨氮测定的水样

1. 样品采集

(1)取学校湖水的水样。

(2)将水样采集记录填写在表4.10中。

2. 注意事项

(1)采样容器为聚乙烯瓶或玻璃瓶，用所采水样冲洗三遍。

(2)采样后要尽快分析，否则应在2～5 ℃下存放，或用硫酸酸化至 $pH<2$，2～5 ℃下可保存7 d。

(3)存放过程中应注意防止样品吸收空气中的氨而被污染。

活动4　水样氨氮的测定

1. 实验原理

在水样中加入含碘化钾和碘化汞的强碱性溶液(纳氏试剂)，以游离态的氨或铵离子等形式存在的氨氮与纳氏试剂反应生成黄棕色胶态化合物，此颜色在较大的波长范围内具有强烈吸收效果。在420 nm特征波长处测定吸光度，利用标准曲线法定量，求出水样中的氨氮含量。

当水样体积为50 mL，使用20 mm比色皿时，本方法检出限为0.025 mg/L，测定下限为0.10 mg/L，测定上限为2.0 mg/L。本法适用于地表水、地下水、工业废水和生活污水中氨氮含量的测定。

2. 干扰及消除

(1)对于较清洁的水样，采用絮凝沉淀法处理后测定；若水样浑浊有颜色，可用蒸馏法处理水样后再测定。

(2)水样中含有悬浮物、余氯、钙镁离子等金属离子、硫化物和有机物时会产生干扰，含有此类物质时要做适当处理，以消除对测定的影响。对于钙镁离子等金属离子的干扰，可在显色时先加入适量酒石酸钾钠溶液，通过络合来消除。

PDF

淀粉-碘化钾试纸检验余氯方法及原理

(3)若样品中存在余氯时，可加入适量的硫代硫酸钠溶液去除，用淀粉-碘化钾试纸检验余氯是否除尽。具体检验方法请扫二维码查看。

3. 水样的预处理(清洁水样直接测定)

(1)除余氯

若样品中存在余氯，可加入适量硫代硫酸钠标准溶液去除。每加0.5 mL可去除0.25 mg余氯。用淀粉-碘化钾试纸检验余氯是否除尽。

(2)絮凝沉淀

对于较清洁的水样，采用絮凝沉淀法预处理。

取100 mL水样加入10%硫酸锌溶液1 mL和25%氢氧化钠溶液0.1～0.2 mL，调节pH值至10.5左右，混匀。放置使之沉淀，取上清液分析。必要时，用经一定量无氨水冲洗过的中速定性滤纸过滤，弃去初滤液20 mL左右，得到过滤掉悬浮物的澄清水样。

(3)预蒸馏

对于污染程度严重的地表水、工业废水、生活污水,采用蒸馏法预处理。

分取 250 mL 样品(如氨氮含量较高,可适当少取水样,加水至 250 mL,使氨氮含量不超过 2.5 mg),移入烧瓶中,加几滴溴百里酚蓝指示剂,必要时用氢氧化钠溶液或盐酸溶液调整 pH 值至 6.0(指示剂呈黄色)~7.4(指示剂呈蓝色)。加入 0.25 g 轻质氧化镁及数粒玻璃珠,立即连接氮球蒸馏装置及冷凝管,导管下端插入盛有 50 mL 硼酸溶液的容量瓶液面下。加热蒸馏,使馏出液的速率约为 10 mL/min,待馏出液达 200 mL 时,停止蒸馏,加水定容至 250 mL。

4.操作步骤

(1)氨氮标准工作溶液配制

吸取 1.00 mL 氨氮标准贮备液,置于 100 mL 容量瓶中,用水稀释至标线,摇匀(每毫升溶液含 0.01 mg 氨氮,使用当天配制)。

(2)氨氮工作标准曲线

①在 8 个 50 mL 比色管中,加入 0 mL、0.50 mL、1.00 mL、2.00 mL、4.00 mL、6.00 mL、8.00 mL、10.00 mL 的氨氮标准工作溶液,加蒸馏水至 50 mL 标线,其所对应的氨氮含量分别为 0 μg、5.0 μg、10.0 μg、20.0 μg、40.0 μg、60.0 μg、80.0 μg、100 μg。

②加入 1.0 mL 酒石酸钾钠溶液,摇匀,再加入 1.5 mL 纳氏试剂,摇匀。

③放置 10 min 后,在波长 420 nm 处,用 20 mm 比色皿,以蒸馏水作为参比,测量吸光度。

④以空白校正后的吸光度为纵坐标,以其对应的氨氮含量(μg)为横坐标,绘制标准曲线。

注意:根据待测样品的浓度,也可选用 10 mm 比色皿(如绘制校准曲线时用 10 mm 比色皿,测定样品时也需用同样规格比色皿)。

(3)实际水样氨氮的测定

①清洁水样直接取 50 mL,按与校准曲线相同的步骤测量吸光度。

②有悬浮物或色度干扰的水样,取经预处理后的水样 50 mL(若水样中氨氮浓度超过2 mg/L,可适当少取水样体积),按与校准曲线相同的步骤测量吸光度。

注意:对于经蒸馏预处理后的水样,须加一定量 1 mol/L 氢氧化钠溶液,调节水样 pH 值至中性,用水稀释至 50 mL 标线,再按与校准曲线相同的步骤测量吸光度。

(4)空白试验用水代替水样,按与样品相同的步骤进行前处理和测定。

5.质量控制

(1)试剂空白的吸光度应不超过 0.030(10 mm 比色皿);校准曲线的相关系数应≥0.9950。

(2)纳氏试剂配制注意的问题。为保证纳氏试剂有良好的显色能力,配制时务必控制 $HgCl_2$ 的加入量,至微量 HgI_2 红色沉淀不再溶解时为止。配制 100 mL 纳氏试剂所需 $HgCl_2$ 与 KI 的用量之比约为 2.3∶5。配制纳氏试剂时为加快反应速度、节省配制时间,可低温加热进行,防止 HgI_2 红色沉淀提前出现。

(3)酒石酸钾钠配制注意的问题。纯酒石酸钾钠中铵盐含量较高时,仅加热煮沸不能完全除去氨,此时可加入少量氢氧化钠溶液,煮沸蒸发掉溶液体积的 20%~30%,冷却后用无氨水稀释至原体积。

(4)絮凝沉淀注意的问题。滤纸中含有一定量的可溶性铵盐，定量滤纸中含量高于定性滤纸，建议采用定性滤纸过滤，过滤前用无氨水少量多次淋洗（一般为 100 mL），这样可减少滤纸引入的测量误差。

(5)水样预蒸馏注意的问题。蒸馏刚开始时，氨气蒸出速度比较快，所以加热不能过快，否则会造成水样暴沸，馏出液温度升高，氨吸收不完全，馏出速度应保持在 10 mL/min 左右。蒸馏过程中，某些有机物很可能与氨同时蒸馏出，对测定有干扰，其中有些物质（如甲醛）可以在酸性条件下（pH<1）煮沸除去。

(6)蒸馏装置清洗。向蒸馏烧瓶中加入 350 mL 水，加数粒玻璃珠，装好仪器，蒸馏到至少收集 100 mL 水，将馏出液及瓶内残留液弃去。

6. 注意事项

(1)纳氏试剂中碘化汞与碘化钾的比例对显色反应的灵敏度有较大影响。静置后生成的沉淀应除去。

(2)滤纸中常含有痕量的铵盐，使用时注意用无氨水洗涤。样品应在无氨的环境中测定，所用玻璃器皿应避免实验室空气中氨的玷污。

活动 5　水样氨氮的测定数据记录与处理

1. 数据记录

将测定数据及处理结果记录于表 5.9 中。

表 5.9　氨氮测定的数据记录表

序号	1	2	3	4	5	6	7	8	样 1	样 2	样 3
氨氮标准使用液体积/mL											
氨氮含量/μg											
皿差											
原始吸光度											
扣除皿差											
空白校正吸光度											
氨氮浓度/(mg/L)											
相对标准偏差											

注意：标准曲线相关系数 $r \geqslant 0.995$。

2. 数据处理

氨氮浓度计算公式：

$$\rho = \frac{m}{V}$$

式中　ρ——水样中氨氮的质量浓度，以氮计，mg/L；

m——从标准曲线上计算的氨氮含量，μg；

V——水样体积，mL。

【任务评价】

实验结束后，针对全过程进行评价（表 5.10）。

表 5.10 氨氮的测定任务评价

考核内容	序号	考核标准	分值	小组评价	教师评价
解读国家标准（10 分）	1	标准查找准确	2		
	2	仪器确认正确	2		
	3	试剂确认正确	2		
	4	解读标准的原始记录填写无误	4		
仪器准备（4 分）	5	仪器选择正确	2		
	6	仪器配套选择正确	2		
试剂准备（8 分）	7	试剂选择正确（种类、纯度）	2		
	8	正确配制所需溶液	6		
水样采集保存（15 分）	9	选择采样点、采样方法、容器、采样量、运输方法等正确	6		
	10	水样的保存方法、保存剂及用量、保存时间等正确	6		
	11	正确规范填写采样记录表	3		
测定操作（28 分）	12	水样预处理正确	6		
	13	标准曲线的配制准确	8		
	14	分光光度计使用操作规范	5		
	15	水样、空白测定正确	6		
	16	样品重复测定两次	3		
团队协作（5 分）	17	任务分工明确，成员各司其职	5		
职业规范（7 分）	18	仪器归位正确、器皿清洗干净、无损坏	2		
	19	药品、仪器摆放整齐	2		
	20	实验室台面整洁	1		
	21	实验后积极打扫实验室卫生	2		
数据记录及处理（13 分）	22	正确、规范记录数据，无随意涂抹、篡改数据	3		
	23	试剂空白符合质控要求	4		
	24	标准曲线线性≥0.995	6		
实验报告（10 分）	25	报告格式规范、完整	3		
	26	正确撰写报告内容	7		
考核结果（满分 100 分）					

练习巩固

练习

项目五任务五氨氮的测定 练习

任务六　总磷的测定

【任务目标】

(1)了解水中总磷测定的目的和意义。

(2)掌握过硫酸钾消解水样的方法。

(3)掌握用钼酸铵分光光度法测定总磷的原理和方法。

(4)通过水中总磷的测定实验与职业技能实训加深理解,学会监测操作的全过程。

【任务分析】

1. 明确任务流程

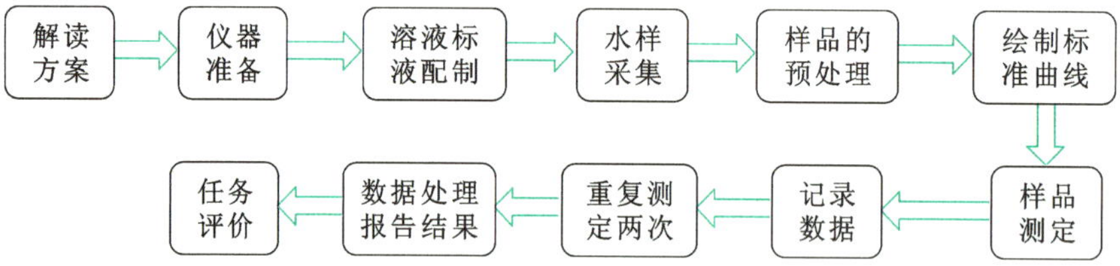

2. 任务重难点分析

(1)总磷测定的溶液配制及标准曲线绘制。

(2)实验过程中的质量控制。

3. 任务前准备

(1)《水质 总磷的测定 钼酸铵分光光度法》(GB 11893—1989)。

(2)水中总磷测定的视频资料。

(3)水中总磷的测定所需的仪器和试剂。

①仪器:分析天平(万分之一)、高压蒸汽消毒锅或一般压力锅(1.1～1.4 kg/cm^2)、50 mL 具塞(磨口)刻度管、容量瓶、烧杯、分光光度计等。

②试剂:硫酸溶液、氢氧化钠溶液、过硫酸钾溶液、抗坏血酸溶液、钼酸盐溶液、浊度-

色度补偿液、磷标准贮备溶液、磷标准使用液等。

要求各组长将本次项目涉及的任务在组内进行分解，各成员将分配到的任务填入表4.8。

【知识链接】

磷是生物生长的必需元素之一，但工业废水和生活污水的排放导致水中的磷含量超过自然生物生长所需的量，造成水体的富营养化。国家标准《水质 总磷的测定 钼酸铵分光光度法》(GB/T 11893—1989)中规定了水质总磷测定的方法。

(一)总磷的来源及存在形式

磷在自然界中分布很广，与氧化合能力较强，因此在自然界中没有单质磷。在天然水和废水中，磷几乎都以各种磷酸盐的形式存在。在淡水和海水中的平均含量分别为0.02 mg/L和0.088 mg/L。磷是生物生长必需的营养元素，水中含有适量的营养元素会促进生物生长，但令人关注的是磷对湖泊、水库、海湾等封闭状水域，或者水流迟缓的河流富营养化具有的特殊作用。水中磷的污染主要来自化肥、冶炼、化工合成(洗涤剂)等行业以及生活污水的排放。

水中磷的存在形式主要有正磷酸盐、缩合磷酸盐和有机结合的磷，因此水质监测通常分别测定总磷、溶解性正磷酸盐和总溶解性磷。总磷包括溶解的、颗粒的、有机的和无机的磷。总磷的测定可直接取混合水样经强氧化剂消解，测定正磷酸盐的量，再换算为总磷的量。

(二)总磷的测定方法

水中正磷酸盐的测定方法有：钼蓝分光光度法、钼酸铵(钼锑抗)分光光度法、重量法和离子色谱法。目前我们国家规定的水中总磷测定的标准方法是钼酸铵分光光度法。《水质 总磷的测定 钼酸铵分光光度法》(GB/T 11893—1989)规定了用过硫酸钾(或硝酸-高氯酸)为氧化剂，将未经过滤的水样消解，用钼酸铵分光光度法测定总磷的方法。该法适于地表水、生活污水及农药、磷肥、钢铁及煤油等工业废水中止磷酸盐的测定。取25 mL样品，最低检出浓度为0.01 mg/L，测定上限为0.6 mg/L。

【任务实施】

活动1　解读水中总磷的测定标准

1.查找与阅读标准

(1)上网搜索查找水中总磷的测定方法标准(中华人民共和国生态环境部—生态环境标准、食品伙伴网—标准下载中心等)。

(2)仔细阅读国家标准《水质 总磷的测定 钼酸铵分光光度法》(GB 11893—1989)，确定水中总磷测定方案，找出方法的适用范围、检测限、干扰、原理、精密度和准确度等内容，并列出所需的其他相关标准。

2.仪器和试剂的确认

依据查阅的标准，确认所需仪器和试剂。

3. 数据记录

将总磷的测定标准、仪器、试剂等填写在数据记录表中(表 4.9)。

活动 2　总磷测定的仪器及试剂准备

1. 实验仪器

分析天平(万分之一)、高压蒸汽消毒锅或一般压力锅(1.1～1.4 kg/cm^2)、50 mL 具塞(磨口)比色管、分光光度计、10 mm 比色皿、其他常规玻璃仪器。

2. 实验试剂

包括蒸馏水、硫酸溶液(1+1)、过硫酸钾溶液、抗坏血酸溶液、钼酸盐溶液、磷标准贮备液、浊度-色度补偿液等。

①硫酸溶液(1+1):将浓硫酸在搅拌下缓慢加入等体积的水中。

②过硫酸钾溶液(50 g/L):将 5 g 过硫酸钾($K_2S_2O_8$)溶于水,并稀释到 100 mL。

过硫酸钾配制时较难溶解,可使用超声波帮助其溶解。如果没有超声波,尤其是冬季室温较低,可以用水浴锅加热使其溶解(温度不能超过 60 ℃,否则过硫酸钾会分解)。因为溶液为过饱和,放冷后会有析出,再加热溶解是可以的,不影响总磷的测定。

③抗坏血酸溶液(100 g/L):将 10 g 抗坏血酸溶于水,并稀释到 100 mL。此溶液贮于棕色试剂瓶中,冷藏保存可稳定几周,如不变色可长时间使用。

④钼酸盐溶液:将 13 g 钼酸铵[$(NH_4)_6Mo_7O_{24}\cdot 4H_2O$]溶于 100 mL 水中,将 0.35 g 酒石酸锑钾[$KSbC_4H_4O_7\cdot 0.5H_2O$]溶于 100 mL 水中。在不断搅拌下分别把上述钼酸铵溶液、酒石酸锑钾溶液缓慢加到 300 mL 硫酸溶液(1+1)中混合均匀。此溶液贮于棕色试剂瓶中,可冷藏保存 3 个月。

⑤磷标准贮备液:称取 0.2197 g 于 110 ℃ 干燥在干燥器中冷却的磷酸二氢钾(KH_2PO_4),用水溶解后转移到 1000 mL 容量瓶中,加入约 800 mL 水,加 5 mL 硫酸溶液(1+1),用水稀释到标线,混匀。1.00 mL 此标准溶液含 50.0 μg 磷。此溶液在玻璃瓶中可储存至少 6 个月。

⑥浊度-色度补偿液:混合 2 体积硫酸溶液(1+1)和 1 体积抗坏血酸溶液。使用当天配制。

活动 3　采集保存总磷测定的水样

1. 样品采集

(1)取学校湖水的水样。

(2)将水样采集记录填写在表 4.10 中。

2. 注意事项

(1)样品从收集到实验室需进行运送,在运送中光照、温度等多种要素都可能引起水样的改变。首先,一定要采取隔温、避光、防溢漏丢失等方法对样品进行维护;其次,尽可能在 1 d 内将样品送到实验室,假如遇到特殊情况无法送达,可对样品进行低温保存,在样品中加硫酸使其 pH 值保持在 2 以下;最后,为确认样品的质量,在进行实验前还要进行空白试验。

(2)含磷量较少的水样,不要用塑料瓶采样,因磷酸盐易吸附在塑料瓶壁上。要用硬质玻璃瓶采集水样,避免杂质和附着被吸收而影响样品水质检测。

活动4　水样总磷的测定

1.实验原理

水样中加入过硫酸钾氧化剂,在加热条件(在高压锅内,加热至120 ℃)下将水中有机磷、无机磷、悬浮物内的磷氧化为正磷酸盐。正磷酸盐在一定酸度及还原条件(抗坏血酸)下,与钼酸铵形成磷钼杂多酸,立即被抗坏血酸还原,生成的络合物显蓝色,在700 nm和880 nm波长下均有最大吸光度。在一定范围内,其吸光值与磷浓度成正比,用比色法测定磷含量。

2.操作步骤

(1)磷标准使用溶液配制

吸取4.00 mL磷标准贮备液,置于100 mL容量瓶中,用水稀释至标线,摇匀。(每毫升溶液含2.00 μg磷,使用当天配制)

(2)标准曲线的绘制

①在7个50 mL比色管中,分别加入0 mL、0.50 mL、1.00 mL、3.00 mL、5.00 mL、10.00 mL、15.00 mL的磷标准使用溶液,加水至25 mL;

②每个比色管中加入4 mL过硫酸钾溶液,将盖塞紧后放在大烧杯中,用一小块纱布和线将玻璃塞扎紧,再将大烧杯中置于压力锅中加热,待压力达到1.1 kg/cm^2,温度为120 ℃,保持半小时后停止加热,待压力表读数降至0后,取出后冷却,然后将每个比色管用水稀释至刻度标线(由于加热时,比色管内液体会蒸发至塞子和管壁上形成蒸汽冷凝水,因此稀释时,需要先冲洗管壁和塞子,再定容至刻度标线);

③各比色管加入1 mL抗坏血酸溶液混匀,30 s后再加2 mL钼酸盐溶液充分混匀;

④吸光度测量:室温下放置15 min后,于700 nm波长处,用10 mm比色皿,以蒸馏水做参比,测定吸光度并作空白校正,绘制标准曲线。

(3)水样的总磷测定

①水样pH值应该调整到3～8,最好为中性偏弱酸性。如用硫酸保存水样,当用过硫酸钾消解时,需先将试样调至中性。

②吸取5 mL预处理后水样于比色管中(做两个平行样),加入4 mL过硫酸钾溶液,放入大的玻璃烧杯中(烧杯中事先加入自来水),再置于电炉上加热。当自来水快沸腾时,将比色管的塞子旋转松动一下。自来水沸腾后继续蒸煮10 min后,关闭电炉。比色管取出冷却,然后用水稀释至刻度标线。

③向各比色管中加入1 mL抗坏血酸溶液混匀,30 s后再加2 mL钼酸盐溶液充分混匀。

④室温下放置15 min后,于700 nm波长处,用10 mm比色皿,以蒸馏水做参比,测定吸光度,从标准曲线中算出总磷的含量。

⑤空白试验:用纯水代替样品,用与样品相同的处理步骤进行。

注：如显色时室温低于 13 ℃，可在 20～30 ℃水浴中显色 15 min。

3. 注意事项

(1)水中砷、铬、硫严重干扰测定。砷含量大于 2 mg/L 时测定结果偏高，可用硫代硫酸钠除去；硫含量大于 2 mg/L 时干扰测定，通氮气除去；铬含量大于 50 mg/L 时干扰测定，用亚硫酸钠除去。

(2)如试样具有一定浊度或色度时，需配制一个空白试样（消解后用水稀释至标线），向试样中加入 3 mL 浊度-色度补偿液，但不加抗坏血酸溶液和钼酸盐溶液。然后从样品的吸光度中扣除空白试样的吸光度。

(3)含氯化合物含量高的水样在消除过程中会产生 Cl_2，从而对测定产生干扰。不含磷的有机物过多会影响有机磷消解转化成正磷酸，此种样品应选用 HNO_3-$HClO_4$ 方法消解。

(4)如果水样已经加酸保存了，则需中和后加过硫酸钾消煮。

(5)玻璃器皿（包括采样瓶）应用酸洗涤，不应用含有磷酸盐的洗涤剂洗涤，以免因玻璃表面吸附作用而造成磷酸盐的污染和样品中磷酸盐的损失。

(6)消解和过滤。水体悬浮物会对仪器的读数造成干扰，可运用纤维滤膜或中速定性滤纸将消解后的样品进行过滤，将过滤后的样品重新放到另外一个 50 mL 比色管中，然后用洁净的水对比色管、滤膜以及滤纸进行冲刷，将其一并移入比色管，将水加至标线位置，为后期分析做好充足的准备。

活动 5　水样总磷的测定数据记录与处理

1. 数据记录

将测定数据及处理结果记录于表 5.11 中。

表 5.11　总磷测定的数据记录表

样品名称				测定项目			
测定方法				测定时间			
一、标准曲线的绘制							
磷标准贮备液浓度/(μg/mL)							
磷标准工作液浓度/(μg/mL)							
序号	1	2	3	4	5	6	7
磷标准工作液体积/mL							
标准溶液总磷含量/μg							
皿差							
原始吸光度 *A*							
皿差校止							
空白校正吸光度 *A*′							
标准曲线方程							

续表 5.11

样品名称		测定项目	
测定方法		测定时间	

二、水样总磷的测定				
测定次数	样品 1	样品 2	样品 3	空白
水样体积/mL				
吸光度 A				
皿差校正				
空白校正吸光度 A'				
水样中总磷含量/μg				
水样中总磷浓度/(mg/L)				
水样中总磷平均浓度/(mg/L)				
相对标准偏差/%				

2. 数据处理

根据标准曲线得出水样中磷的含量，并按下式计算水样的总磷(TP)含量；

$$c_{P,mg/L} = \frac{m}{V}$$

式中　$c_{P,mg/L}$——水样中总磷的质量浓度，mg/L；

m——试样测得含磷量，mg；

V——测定用水样体积，mL。

【任务评价】

实验结束后，针对全过程进行评价(表 5.12)。

表 5.12　总磷的测定任务评价

考核内容	序号	考核标准	分值	小组评价	教师评价
解读国家标准(10 分)	1	标准查找准确	2		
	2	仪器确认正确	2		
	3	试剂确认正确	2		
	4	解读标准的原始记录填写无误	4		
仪器准备(4 分)	5	仪器选择正确	2		
	6	仪器配套选择正确	2		

续表 5.12

考核内容	序号	考核标准	分值	小组评价	教师评价
试剂准备（8 分）	7	试剂选择正确（种类、纯度）	2		
	8	正确配制所需溶液	6		
水样采集保存（15 分）	9	选择采样点、采样方法、容器、采样量、运输方法等正确	6		
	10	水样的保存方法、保存剂及用量、保存时间等正确	6		
	11	正确规范填写采样记录表	3		
测定操作（30 分）	12	水样消解操作正确	6		
	13	正确使用分光光度计、正确测量皿差	8		
	14	标准曲线绘制正确	8		
	15	测定总磷操作正确	6		
	16	样品重复测定两次	2		
团队协作（5 分）	17	任务分工明确，成员各司其职	5		
职业规范（7 分）	18	仪器器皿清洗、归位正确	2		
	19	药品、仪器摆放整齐	2		
	20	实验室台面整洁	1		
	21	实验后积极打扫实验室卫生	2		
数据记录及处理（11 分）	22	正确、规范记录数据，无随意涂抹、篡改数据	3		
	23	标准曲线线性≥0.995	4		
	24	相对标准偏差≤5%	4		
实验报告（10 分）	25	报告格式规范、完整	3		
	26	正确撰写报告内容	7		
考核结果（满分 100 分）					

练习巩固

练习

项目五任务六总磷的测定 练习

任务七 总氮的测定

【任务目标】

(1)知道总氮指标的定义及测定意义。

(2)熟悉碱性过硫酸钾消解紫外分光光度法测定总氮的原理。

(3)掌握总氮的检测方法及操作步骤。

【任务分析】

1.明确任务流程

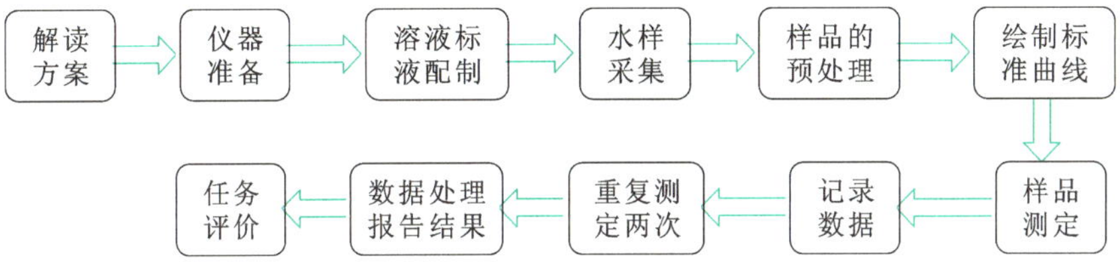

2.任务重难点分析

(1)总氮测定的标准曲线绘制。

(2)水样总氮测定的原理及质量控制。

3.任务前准备

(1)《水质 总氮的测定 碱性过硫酸钾消解紫外分光光度法》(HJ 636—2012)。

(2)水中总氮测定的视频资料。

(3)水中总氮的测定所需的仪器和试剂。

①仪器:紫外分光光度计、10 mm 石英比色皿、25 mL 具塞比色管、高压蒸汽灭菌锅。

②试剂:蒸馏水、碱性过硫酸钾溶液、盐酸溶液(1+9)、硝酸钾标准贮备液(氮含量100 mg/L)。

要求各组长将本次项目涉及的任务在组内进行分解,各成员将个人分配到的任务填入表 4.8。

【知识链接】

(一)总氮的含义及来源

总氮是指在规定的测定条件下,样品中能测定的溶解态氮及悬浮物中氮的总和,包括亚硝酸盐、硝酸盐、无机铵盐、溶解态氨以及大部分有机含氮化合物中的氮,水中的氮通过生物化学作用可以互相转化。大量生活污水、农田排水或含氮工业废水排入水体,使水中有机氮和各种无机氮化物含量增加,水体呈现富营养化状态,生物和微生物大量繁殖，消耗水中溶解氧，使水质恶化。因此，总氮是衡量水质的重要指标之一。

(二)总氮测定的方法

总氮测定方法有碱性过硫酸钾消解紫外分光光度法、流动注射-盐酸萘乙二胺分光光度法、连续流动-盐酸萘乙二胺分光光度法和气相分子吸收光谱法等，以上方法均适用于地表水、地下水、工业废水和生活污水中总氮的测定。

碱性过硫酸钾消解紫外分光光度法为实验室常用测定方法，仪器设备相对较简单；流动注射-盐酸萘乙二胺分光光度法和连续流动-盐酸萘乙二胺分光光度法需分别使用专用的流动注射分析仪和连续流动分析仪等仪器测定。

这里重点介绍常用的过硫酸钾消解紫外分光光度法。本方法主要依据《水质 总氮的测定 碱性过硫酸钾消解紫外分光光度法》(HJ 636—2012)，主要适用于地表水、水库、湖泊、江河水、地下水、工业废水和生活污水中总氮的测定。当样品量为 10 mL 时，本方法的检出限为 0.05 mg/L，测定范围为 0.20～7.00 mg/L。

【任务实施】

活动 1　解读水中总氮的测定标准

1.查找与阅读标准

(1)上网搜索查找水中总氮的测定方法标准(中华人民共和国生态环境部—生态环境标准、食品伙伴网—标准下载中心等)。

(2)仔细阅读国家标准《水质 总氮的测定 碱性过硫酸钾消解紫外分光光度法》(HJ 636—2012)，确定水中总氮测定方案，找出方法的适用范围、检测限、干扰、原理、精密度和准确度等内容，并列出所需的其他相关标准。

2.仪器和试剂的确认

依据查阅的标准，确认所需仪器和试剂。

3.数据记录

将总氮的测定标准、仪器、试剂等填写在数据记录表中(表 4.9)。

活动 2　总氮测定的仪器及试剂准备

1.实验仪器

紫外分光光度计、10 mm 石英比色皿、25 mL 具塞比色管、高压蒸汽灭菌锅(最高工作压力不低于 1.1～1.4 kg/cm^2，最高工作温度不低于 120～124 ℃)、纱布和棉线及一般实验室常用仪器和设备。

2.实验试剂

包括蒸馏水(无氨水)、氢氧化钠溶液、碱性过硫酸钾溶液、硝酸钾标准贮备液(氮含量 100 mg/L)、盐酸溶液(1+9)、硫酸溶液(1+3)。

①无氨水：每升水中加入 0.10 mL 浓硫酸蒸馏，收集馏出液于具塞玻璃容器中。也可使用新制备的去离子水。

②200.0 g/L 氢氧化钠溶液：称取 20.0 g 氢氧化钠溶于无氨水中，稀释至 100 mL。

③20.0 g/L 氢氧化钠溶液：量取 200.0 g/L 氢氧化钠溶液 10 mL，稀释至 100 mL。

④碱性过硫酸钾溶液：称取 40.0 g 过硫酸钾溶于 500 mL 水中(可置于 50 ℃水浴中加热至全部溶解)，另称取 15.0 g 氢氧化钠溶于 300 mL 水中。待氢氧化钠溶液冷却至室温后，混合两种溶液定容至 1000 mL，存放于聚乙烯瓶中，可保存一周。

⑤硝酸钾标准贮备液，$\rho(N)=100.0$ mg/L：称取 0.7218 g 在 105～110 ℃烘箱中烘干 3 h并于干燥器中冷却后的硝酸钾，溶于纯水中，移至 1000 mL 容量瓶中。加入 1～2 mL 三氯甲烷作为保护剂，在 0～10 ℃暗处，可稳定保存 6 个月。也可直接购买市售有证标准溶液。

活动 3 采集保存总氮测定的水样

1. 样品采集

(1)取学校湖水的水样。

(2)将水样采集记录填写在表 4.10 中。

2. 注意事项

(1)将采集好的样品贮存在聚乙烯瓶或硬质玻璃瓶中，用浓硫酸调节 pH 值小于 2，在低温(4 ℃左右)下存放，并在 48 h 内测定完毕。贮存在聚乙烯瓶中，−20 ℃冷冻，可保存 1 个月。

(2)采样前先用水样荡涤采样容器和盛样容器 2～3 次。采样时不可搅动水底部的沉积物，不能混入漂浮于水面上的物质。水样采集后自然沉降 30 min，取上层非沉降部分。

(3)如果监测断面水样清澈，水质总氮检测现场可不进行自然沉降 30 min，直接进行水样分装。水样返回实验室后，不可再次沉降，且测定前必须摇匀。

活动 4 水样总氮的测定

1. 实验原理

在 60 ℃以上水溶液中，过硫酸钾可分解产生硫酸氢钾和原子态氧，硫酸氢钾在溶液中离解而产生氢离子，故在氢氧化钠的碱性介质中可促使分解过程趋于完全。分解出的原子态氧在 120～124 ℃条件下，可使水样中氨、铵盐、亚硝酸盐以及大部分有机氮化合物氧化为硝酸盐。并且在此过程中有机物同时被氧化分解。利用紫外分光光度法于波长 220 nm 和 275 nm 处，分别测出吸光度 A_{220} 和 A_{275}，按照公式求出吸光度 $A=A_{220}-2A_{275}$，按 A 的值查校准曲线并计算总氮含量。

当碘离子含量为总氮含量的 2.2 倍以上，溴离子含量为总氮含量的3.4倍以上时，测定会受干扰。水样中的六价铬离子和三价铁离子也会对测定产生干扰，可加入 1～2 mL 5%盐酸羟胺溶液消除。

2. 操作步骤

(1)硝酸钾标准使用溶液配制

移取 10.00 mL 硝酸钾标准贮备液，置于 100 mL 容量瓶中，用水稀释至标线，摇匀(氮含量 10.0 mg/L)。

(2)标准曲线的绘制

①在 7 个 25 mL 比色管中,分别加入 0 mL、0.20 mL、0.50 mL、1.00 mL、3.00 mL、5.00 mL、7.00 mL 的硝酸钾标准使用溶液,其对应的总氮(以 N 计)含量分别为 0.00 μg、2.00 μg、5.00 μg、10.0 μg、30.0 μg、50.0 μg 和 70.0 μg,加水稀释至 10 mL。

②消解:每个比色管中加入 5.00 mL 碱性过硫酸钾溶液,塞紧磨口塞,用纱布和线绳扎紧管塞,以防弹出,将比色管置于高压蒸汽灭菌锅中盖好盖子,加热至顶压阀吹气,继续加热至 120 ℃开始计时,保持温度在 120~124 ℃,30 min 后关闭开关,开阀放气,移去外盖,取出比色管冷却至室温,按住管塞将比色管中的溶液颠倒混匀 2~3 次(注意:比色管在消解过程中如果出现管口或管塞破裂,应更换比色管重新取样分析)。

③每个比色管加入 1.0 mL 盐酸溶液(1+9),然后用水稀释至 25 mL 刻度标线,盖塞混匀。

④吸光度测量:在紫外分光光度计上,以纯水作参比,用 10 mm 石英比色皿分别在 220 nm 及 275 nm 波长处测定吸光度。用空白溶液校正的吸光度绘制标准曲线。

空白溶液的校正吸光度 A_b、其他标准系列的校正吸光度 A_s 及其差值 A_r 按照下列公式进行计算。以总氮(以 N 计)含量(μg)为横坐标,对应的 A_r 值为纵坐标,绘制校准曲线。

$$A_b = A_{b220} - 2A_{b275}$$

$$A_s = A_{s220} - 2A_{s275}$$

$$A_r = A_s - A_b$$

式中 A_b——空白溶液的校正吸光度;

A_{b220}——空白溶液于波长 220 nm 处的吸光度;

A_{b275}——空白溶液于波长 275 nm 处的吸光度;

A_s——标准溶液的校正吸光度;

A_{s220}——标准溶液于波长 220 nm 处的吸光度;

A_{s275}——标准溶液于波长 275 nm 处的吸光度;

A_r——标准溶液校正吸光度与空白溶液校正吸光度的差。

(3)水样总氮测定

①试样制备:取适量样品用 20 g/L 氢氧化钠溶液或硫酸溶液(1+35)调节 pH 值至 5~9,待测。

②取 10.0 mL 水样于 25 mL 具塞比色管中,按照上述相同的步骤进行测定(注意:若总氮含量超过 70 μg,可减少取样量并加水稀释至 10.0 mL,稀释倍数记为 f)。

③空白试验:用 10.0 mL 纯水代替样品,按照样品测定过程进行测定。

3.质量控制

(1)校准曲线的相关系数 r 应大于等于 0.9990。

(2)每批样品至少做一个空白试验,空白试验的校正吸光度值 A 应小于 0.030。超过该值时应检查实验用水、试剂(主要是氢氧化钠和过硫酸钾)纯度、器皿和高压蒸汽灭菌锅的污染状况。

(3)每批样品应至少测定 10%的平行双样,样品数量少于 10 时,应至少测定一个平行双样。当样品总氮含量≤1.00 mg/L 时,测定结果的相对偏差应≤10%;当样品总氮含量>1.00 mg/L时，测定结果的相对偏差应≤5%。测定结果以平行双样的平均值报出。

(4)每批样品应测定一个校准曲线中间点浓度的标准溶液，其测定结果与校准曲线该点浓度的相对误差应≤10%，否则需重新绘制校准曲线。

(5)每批样品应至少测定10%的加标样品，样品数量少于10时，应至少测定一个加标样品，加标回收率应在90%～110%。

4.注意事项

(1)溶解性有机物对紫外光有较强的吸收，虽使用了双波长测定扣除法以校正，但不同样品的受干扰强度和特性不同，有机物中氮未能完全转化为硝酸盐氮对测定结果也有一定影响。

(2)玻璃器皿可用10%盐酸浸洗，用蒸馏水冲洗后再用无氨水冲洗。

(3)测定悬浮物较多的水样时，在过硫酸钾氧化后可能出现沉淀。遇此情况，可吸取氧化后的上清液进行紫外分光光度法测定。

(4)水样采集后立即放于低于4 ℃的环境下保存，保存时间不得超过24 h。

(5)当水样放置时间较长时，可在1000 mL水样中加入约0.5 mL硫酸(密度为1.84g/ mL)，酸化到pH值小于2，并尽快测定。

(6)钙镁金属离子对测定结果会产生严重干扰，含量越大，影响越大，应添加金属螯合剂消除金属离子对实验的干扰。

活动5　水样总氮的测定数据记录与处理

1.数据记录

将测定数据及处理结果记录于表5.13中。

表5.13　总氮测定的数据记录表

样品名称				测定项目			
测定方法				测定时间			
一、标准曲线的绘制							
硝酸钾标准贮备溶液浓度/(μg/mL)							
硝酸钾标准使用溶液浓度/(μg/mL)							
序号	1	2	3	4	5	6	7
硝酸钾标准使用液体积/mL							
总氮含量/μg							
原始吸光度 A_{220}							
原始吸光度 A_{275}							
原始吸光度 $A=A_{220}-2A_{275}$							
空白溶液校正吸光度 A'							
标准曲线方程							

续表 5.13

样品名称		测定项目		
测定方法		测定时间		
二、水样总氮的测定				
测定次数	样品 1	样品 2	样品 3	空白
水样体积/mL				
原始吸光度 A_{220}				
原始吸光度 A_{275}				
原始吸光度 $A=A_{220}-2A_{275}$				
空白溶液校正吸光度 A'				
水样中总氮含量/μg				
水样中总氮浓度/(mg/L)				
水样中总氮平均浓度/(mg/L)				
相对标准偏差/%				

2.数据处理

参照相应公式计算试样校正吸光度和空白试验校正吸光度差值 A_r，样品中总氮的质量浓度按下述公式进行计算：

$$\rho(\mathrm{mg/L}) = \frac{(A_r - a)f}{bV}$$

或

$$\rho(\mathrm{mg/L}) = \frac{mf}{V}$$

式中 ρ——水样中总氮的质量浓度，mg/L；

A_r——水样的校正吸光度与空白试验校正吸光度的差值；

a——校准曲线的截距；

b——校准曲线的斜率，μg^{-1}；

V——测定用水样体积，mL。

如果没有稀释，公式中的 f 不需要；如果有稀释，f 为稀释倍数。

【任务评价】

实验结束后，针对全过程进行评价（表 5.14）。

表 5.14　总氮的测定任务评价

考核内容	序号	考核标准	分值	小组评价	教师评价
解读国家标准（10 分）	1	标准查找准确	2		
	2	仪器确认正确	2		
	3	试剂确认正确	2		
	4	解读标准的原始记录填写无误	4		
仪器准备（4 分）	5	仪器选择正确	2		
	6	仪器配套选择正确	2		
试剂准备（8 分）	7	试剂选择正确（种类、纯度）	2		
	8	正确配制所需溶液	6		
水样采集保存（15 分）	9	选择采样点、采样方法、容器、采样量、运输方法等正确	6		
	10	水样的保存方法、保存剂及用量、保存时间等正确	6		
	11	正确规范填写采样记录表	3		
测定操作（28 分）	12	标准曲线的配制准确	8		
	13	标准曲线和水样消解操作正确	8		
	14	紫外分光光度计使用规范	5		
	15	水样、空白测定正确	4		
	16	样品重复测定两次	3		
团队协作（5 分）	17	任务分工明确，成员各司其职	5		
职业规范（7 分）	18	仪器归位正确、器皿清洗干净、无损坏	2		
	19	药品、仪器摆放整齐	2		
	20	实验室台面整洁	1		
	21	实验后积极打扫实验室卫生	2		
数据记录及处理（13 分）	22	正确、规范记录数据，无随意涂抹、篡改数据	3		
	23	空白、标准曲线、水样校正吸光度计算正确	5		
	24	标准曲线相关系数≥0.9990	5		
实验报告（10 分）	25	报告格式规范、完整	3		
	26	正确撰写报告内容	7		
考核结果（满分 100 分）					

练习巩固

练习

项目五任务七总氮的测定 练习

任务八　亚硝酸盐氮的测定

【任务目标】

(1)了解水中亚硝酸盐氮的含义及测定意义。

(2)掌握水中亚硝酸盐氮的测定方法和原理。

(3)能完成萘乙二胺分光光度法测定水样亚硝酸盐氮的实验操作,能计算出水样的亚硝酸盐氮值。

【任务分析】

1. 明确任务流程

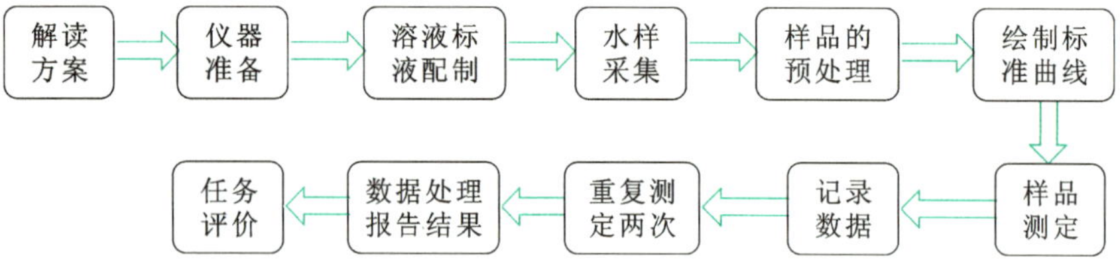

2. 任务重难点分析

(1)亚硝酸盐氮的测定方法。

(2)水样亚硝酸盐氮测定的原理及质量控制。

3. 任务前准备

(1)《水质 亚硝酸盐氮的测定 分光光度法》(GB 7493—1987)。

(2)水中亚硝酸盐氮测定的视频资料。

(3)水中亚硝酸盐氮的测定所需的仪器和试剂。

①仪器:分光光度计、20 mm 比色皿、50 mL 具塞比色管、容量瓶、移液管、滴定管、其他常规玻璃仪器。

②试剂:蒸馏水、亚硝酸盐标准贮备液(100 mg/L)、草酸钠标准溶液、高锰酸钾溶液、氢氧化铝悬浮液、磺胺溶液(10 g/L)、盐酸萘乙二胺溶液(1 g/L)等。

要求各组长将本次项目涉及的任务在组内进行分解,各成员将分配到的任务填入表4.8。

【知识链接】

亚硝酸盐氮是水体中含氮有机物进一步氧化,进而硝化的中间产物。水中存在亚硝酸盐氮,表明有机物的分解过程还在继续进行,无机化过程尚未完成。亚硝酸盐氮的含量如果太高，即说明水中有机物的无机化过程进行得相当强烈，表示水体存在有机物污染的危害。测定水中亚硝酸盐氮的含量，可以了解水体污染和自净情况。

（一）亚硝酸盐含义及测定意义

亚硝酸盐（NO_2^-）是含氮化合物分解过程中的中间产物，它是标志性无机污染物之一。亚硝酸盐不稳定，根据水环境条件，可被氧化为硝酸盐，也可被还原为氨氮。在硝化过程中，由 NH_3 转化为 NO_2^- 过程比较缓慢，而由 NO_2^- 转化成 NO_3^- 比较快，所以亚硝酸盐在天然水体中含量并不高，通常不超过 0.1 mg/L。亚硝酸盐进入人体后，可使血液中正常携氧的铁血红蛋白氧化成高铁血红蛋白，使之失去输送氧的能力，人体会出现缺氧的症状。亚硝酸盐还可与仲胺类物质反应，生成具致癌性的亚硝胺类物质。pH 值较低的酸性条件，有利于亚硝胺类物质的形成。

（二）亚硝酸盐的测定方法

水中亚硝酸盐常用的测定方法有离子色谱法（HJ 84—2016）、气相分子吸收光谱法（HJ/T 197—2005）和分光光度法（GB 7493—1987）。前两种方法简便、快速、干扰较少；分光光度法灵敏度较高，选择性较好。亚硝酸盐氮的测定通常用重氮偶合光度法，按使用试剂不同分为 N-(1-萘基)-乙二胺光度法和盐酸萘乙二胺光度法。下面主要介绍盐酸萘乙二胺光度法的测定过程。该方法的最低检测浓度为 0.003 mg/L，测定上限为0.20 mg/L，适用于饮用水、地表水、地下水、生活污水和工业废水中亚硝酸盐氮的测定。

【任务实施】

活动 1　解读水中亚硝酸盐氮的测定标准

1. 查找与阅读标准

(1)上网搜索查找水中亚硝酸盐氮的测定方法标准（中华人民共和国生态环境部—生态环境标准、食品伙伴网—标准下载中心等）。

(2)仔细阅读国家标准《水质 亚硝酸盐氮的测定 分光光度法》(GB 7493—1987)，确定水中亚硝酸盐氮的测定方案，找出方法的适用范围、检测限、干扰、原理、精密度和准确度等内容，并列出所需的其他相关标准。

2. 仪器和试剂的确认

依据查阅的标准，确认所需仪器和试剂。

3. 数据记录

将亚硝酸盐氮的测定标准、仪器、试剂等填写在数据记录表中（表 4.9）。

活动 2　亚硝酸盐氮测定的仪器及试剂准备

1. 实验仪器

分光光度计、50 mL 具塞比色管、分析天平，以及容量瓶、移液管、滴定管等常规玻璃仪器。

2. 实验试剂

磺胺溶液(10 g/L)、盐酸萘乙二胺溶液(1 g/L)、亚硝酸钠标准贮备溶液(100 mg/L)、氢氧化铝悬浮液、草酸钠标准溶液(0.050 mol/L)、高锰酸钾溶液(0.050 mol/L)等。

①磺胺溶液(10 g/L):称取 5 g 磺胺($NH_2SO_2C_6H_4NH_2$),溶于 360 mL 盐酸溶液(1+6),用水稀释至 500 mL,盛于棕色试剂瓶中,有效期为 2 个月。

②盐酸萘乙二胺溶液(1 g/L):称取 0.5 g 盐酸萘乙二胺($C_{10}H_7NHCH_2CH_2NH_2 \cdot 2HCl$),溶于 500 mL 水中,盛于棕色试剂瓶中,于冰箱内保存,有效期为 1 个月。

③亚硝酸钠标准贮备溶液(100 mg/L):称取 0.4926 g 亚硝酸钠($NaNO_2$,于 110 ℃烘干),溶于少量水中后全量转移入 1000 mL 容量瓶中,加水至标线,混匀。加 1 mL 三氯甲烷($CHCl_3$,能防止细菌生长,且不干扰生色反应),混匀。贮于棕色试剂瓶中,于冰箱内保存,有效期为 2 个月。

由于亚硝酸盐氮在潮湿环境中易被氧化,所以贮备液在测定时需标定。其标定方法如下:

在 250 mL 具塞锥形瓶内依次加入 50 mL 摩尔浓度为 0.050 mol/L 的高锰酸钾溶液,5 mL浓硫酸及 50 mL 亚硝酸盐贮备液(加亚硝酸钠贮备液时应将吸管插入高锰酸钾溶液液面以下),混匀,在水浴上加热至 70~80 ℃后,按每次 10.00 mL 的量加入过量的 0.050 mol/L 草酸钠标准溶液,使溶液紫红色褪去,记录草酸钠标准溶液用量(V_2)。再以 0.050 mol/L 高锰酸钾溶液滴定过量的草酸钠,至溶液呈微红色,记录高锰酸钾溶液的用量(V_1)。再以 50 mL 不含亚硝酸盐的水代替亚硝酸盐贮备液,并按上步骤操作,用草酸钠标准溶液标定高锰酸钾溶液,按下式计算高锰酸钾溶液浓度(mol/L):

$$c_{1/5KMnO_4} = \frac{0.050 \times V_4}{V_3}$$

式中 $c_{1/5KMnO_4}$——经标定的高锰酸钾标准溶液的浓度,mol/L;

V_4——滴定水时,加入草酸钠标准溶液的总量,mL ;

V_3——滴定水时,所加高锰酸钾标准溶液的总量,mL 。

按下式计算亚硝酸盐标准贮备液的浓度(mg/L):

$$c_{亚硝酸盐氮} = \frac{V_1 \times c_{1/5KMnO_4} - 0.050 \times V_2}{50.00} \times 7 \times 1000$$

式中 $c_{亚硝酸盐氮}$——亚硝酸盐储备溶液浓度(以 N 计),mg/L ;

V_1——滴定亚硝酸盐标准储备液时,所用高锰酸钾溶液总量,mL;

V_2——滴定亚硝酸盐标准储备液时,所加草酸钠标准溶液总量,mL;

0.050——草酸钠标准溶液的浓度($1/2Na_2C_2O_4$,0.050 mol/L);

50.00——亚硝酸钠标准储备液用量,mL ;

7——亚硝酸盐氮(1/2N)的摩尔质量,g/mol 。

④氢氧化铝悬浮液:溶解 125 g 硫酸铝钾[$KAl(SO_4)_2 \cdot 12H_2O$]或 125 g 硫酸铝铵[$NH_4Al(SO_4)_2 \cdot 12H_2O$]于 1000 mL 水中,加热至 60 ℃,在不断搅拌下,缓慢加入 55 mL 浓氨水,放置约 1 h 后,移入 1000 mL 量筒内,用水反复洗涤沉淀,直至洗涤液中不含亚硝酸

盐为止。澄清后，把上清液尽量全部倾出，只留稠的悬浮物，最后加入 100 mL 水即可，使用前应振荡摇匀。

⑤草酸钠标准溶液($1/2Na_2C_2O_4$，0.050 mol/L)：称取 3.350 g 经 105 ℃干燥 2 h 的优级纯无水草酸钠溶于水中，转入 1000 mL 容量瓶内，加水稀释至刻度。

⑥高锰酸钾溶液($1/5KMnO_4$，0.050 mol/L)：溶解 1.6 g 高锰酸钾于 1.2 L 水中，煮沸 0.5～1 h，使体积减少至 1000 mL 左右，放置过夜，用玻璃漏斗过滤后，滤液储存于棕色试剂瓶中，用上述草酸钠标准溶液标定其准确浓度。

活动 3 采集保存亚硝酸盐氮测定的水样

1. 样品采集

(1)取学校湖水的水样。

(2)将水样采集记录填写在表 4.10 中。

2. 注意事项

(1)实验室样品应用玻璃瓶或聚乙烯瓶采集，并在采集后尽快分析，不要超过 24 h。

(2)若需短期保存(1～2 d)，可以在每升实验室样品中加入 40 mg 氯化汞，并于 2～5 ℃保存。

活动 4 水样亚硝酸盐氮的测定

1. 实验原理

水中亚硝酸盐氮的测定方法通常采用重氮-偶联反应，能生成红紫色染料。该方法灵敏，选择性强。

在酸性介质中，亚硝酸盐与对氨基苯磺酰胺(磺胺)发生重氮化反应，生成重氮盐，再与盐酸萘乙二胺偶合生成红色偶氮染料。在 540 nm 波长处测定吸光值。

亚硝酸盐在水中可受微生物等作用而很不稳定，在采集后应尽快进行分析，必要时冷藏以抑制微生物的影响。

本方法适用于饮用水、地表水、地下水、生活污水和工业废水中亚硝酸盐的测定。最低检出浓度为 0.003 mg/L，测定上限为 0.20 mg/L。

2. 操作步骤

(1)配制亚硝酸盐标准使用溶液(1 mg/L)

取 1 mL 贮备液于 100 mL 容量瓶中，用蒸馏水稀释至标线，混匀。实验当天临用现配。

(2)绘制校准曲线

①取 7 个 50 mL 具塞比色管，分别依次吸取亚硝酸盐标准使用液 0 mL、0.25 mL、0.50 mL、1.00 mL、2.00 mL、3.00 mL、5.00 mL，用水稀释至标线，混匀。标准系列各管的亚硝酸盐氮含量分别为 0 μg、0.25 μg、0.50 μg、1.00 μg、2.00 μg、3.00 μg、5.00 μg。

②每个比色管中各加入 1.0 mL 磺胺溶液，混匀，放置 5 min。

③每个比色管中加入 1.0 mL 盐酸萘乙二胺溶液，混匀，放置显色 5 min。

④用 1 cm 比色皿，于波长 540 nm 处，以蒸馏水为参比，测量吸光度。用空白校正后的吸光度值做纵坐标，亚硝酸盐氮含量为横坐标，绘制标准曲线。

(3)水样亚硝酸盐氮的测定

①水样预处理。水样如有颜色和悬浮物，可以每 100 mL 水样中加入 2 mL 氢氧化铝悬浮液搅拌，静置过滤，弃去 25 mL 初滤液。

②水样测定。取 50 mL 预处理后的澄清水样到比色管中(如亚硝酸盐氮含量较高，则分取适量，用水稀释至标线)，然后按与校准曲线绘制相同的步骤操作，测量吸光度。经空白校正后，从校准曲线上查得亚硝酸盐氮含量。水样测定 3 次。

③空白试验。用蒸馏水代替水样，按相同步骤进行全程测定。

3. 质量控制

(1)试剂空白的吸光度应不超过 0.030(10 mm 比色皿)。

(2)所有玻璃器皿都应用 2 mol/L 盐酸仔细洗净，然后用水彻底冲洗。

(3)样品最大体积为 50.0 mL，可测定亚硝酸盐氮浓度高至 0.20 mg/L。浓度更高时，可相应用较少量的样品或将样品进行稀释后，再取样。

(4)干扰及消除：氯胺、氯、硫化硫酸盐、聚磷酸钠和高铁离子对检测有明显干扰。水样呈碱性(pH>11)时，可加酚酞溶液为指示剂，滴加磷酸溶液至红色消失。水样有颜色或悬浮物，可加氢氧化铝悬浮液沉降。

4. 注意事项

(1)水样加盐酸萘乙二胺溶液后，须在 2 h 内测量完毕，并避免阳光照射。

(2)温度对测定的影响不显著，但以 10～25 ℃内测定为宜。

(3)标准曲线每隔一周需重制一次，当测定水样的实验条件与制定校准曲线的条件相差较大时，如更换光源或光电管、温度变化较大时，要及时重制标准曲线。如果测定的样品吸光度数值超过了标准曲线的最高吸光度值，则应根据情况配制更高浓度的标准曲线溶液。

(4)亚硝酸盐是含氮化合物分解过程中的中间产物，很不稳定，采集的水样应尽快分析。

(5)如水样经预处理后还有颜色，则分取两份体积相同的经预处理的水样，一份加 1.0 mL显色剂，另一份加 1.0 mL 磷酸溶液(1+9)。由加显色剂的水样测得的吸光度，减去空白试验测得的吸光度，再减去改加磷酸溶液的水样所测得的吸光度后，获得校正吸光度，以进行色度校正。

活动 5　水样亚硝酸盐氮的测定数据记录与处理

1. 数据记录

将测定数据及处理结果记录于表 5.15 中。

表 5.15 亚硝酸盐氮测定的数据记录表

样品名称				测定项目			
测定方法				测定时间			
一、标准曲线的绘制							
亚硝酸盐标准贮备液浓度/(μg/mL)							
亚硝酸盐标准使用液浓度/(μg/mL)							
序号	1	2	3	4	5	6	7
亚硝酸盐标准使用液体积/mL							
标准溶液亚硝酸盐氮含量/μg							
皿差							
原始吸光度 A							
皿差校正							
空白校正吸光度 A'							
标准曲线方程							

二、水样亚硝酸盐氮的测定				
测定次数	样品 1	样品 2	样品 3	空白
水样体积/mL				
吸光度 A				
皿差校正				
空白校正吸光度 A'				
水样中亚硝酸盐氮含量/μg				
水样中亚硝酸盐氮浓度/(mg/L)				
水样中亚硝酸盐氮平均浓度/(mg/L)				
相对标准偏差/%				

2. 数据处理

由水样测得的吸光度减空白试验的吸光度后，根据标准曲线得出水样中亚硝酸盐氮的含量，并按下式计算水样的亚硝酸盐氮的质量浓度：

$$\rho_{N,mg/L} = \frac{m}{V}$$

式中 $\rho_{N,mg/L}$——水样中亚硝酸盐氮的质量浓度，mg/L；

m——水样测得的校准吸光度值，从校准曲线上查得相应的亚硝酸盐氮含量，mg；

V——测定用水样体积，mL。

【任务评价】

实验结束后，针对全过程进行评价(表 5.16)。

表 5.16　亚硝酸盐氮的测定任务评价

考核内容	序号	考核标准	分值	小组评价	教师评价
解读国家标准(10 分)	1	标准查找准确	2		
	2	仪器确认正确	2		
	3	试剂确认正确	2		
	4	解读标准的原始记录填写无误	4		
仪器准备(4 分)	5	仪器选择正确	2		
	6	仪器配套选择正确	2		
试剂准备(8 分)	7	试剂选择正确(种类、纯度)	2		
	8	正确配制所需溶液	6		
水样采集保存(15 分)	9	选择采样点、采样方法、容器、采样量、运输方法等正确	6		
	10	水样的保存方法、保存剂及用量、保存时间等正确	6		
	11	正确规范填写采样记录表	3		
测定操作(28 分)	12	水样预处理正确	5		
	13	标准曲线的配制准确	8		
	14	分光光度计使用操作规范	6		
	15	水样、空白测定正确	6		
	16	样品重复测定两次	3		
团队协作(5 分)	17	任务分工明确、成员各司其职	5		
职业规范(7 分)	18	仪器归位正确、器皿清洗干净、无损坏	2		
	19	药品、仪器摆放整齐	2		
	20	实验室台面整洁	1		
	21	实验后积极打扫实验室卫生	2		
数据记录及处理(13 分)	22	正确、规范记录数据，无随意涂抹、篡改数据	3		
	23	空白、标准曲线、水样校正吸光度计算正确	5		
	24	标准曲线相关系数≥0.9990	5		
实验报告(10 分)	25	报告格式规范、完整	3		
	26	正确撰写报告内容	7		
考核结果(满分 100 分)					

练习巩固

练习

项目五任务八亚硝酸盐氮的测定 练习

任务九 阴离子表面活性剂的测定

【任务目标】

(1)了解水质阴离子表面活性剂的含义及测定意义。

(2)掌握水质阴离子表面活性剂的测定方法和原理。

(3)能完成亚甲蓝分光光度法测定水质阴离子表面活性剂的实验操作,并进行数据处理和分析。

【任务分析】

1.明确任务流程

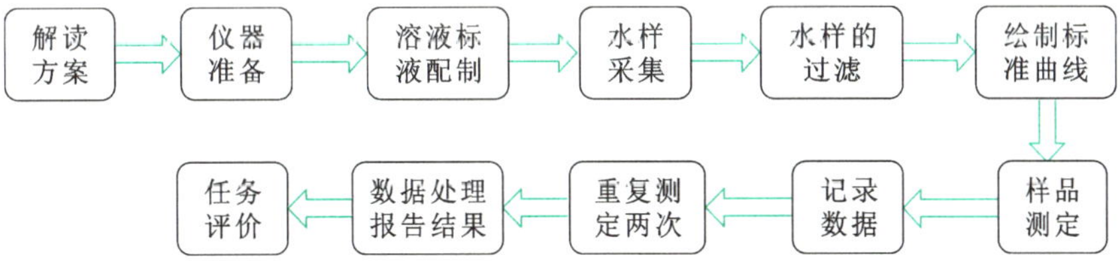

2.任务重难点分析

(1)阴离子表面活性剂的测定实验操作。

(2)水质阴离子表面活性剂测定的原理及质量控制。

3.任务前准备

(1)《水质 阴离子表面活性剂的测定 亚甲蓝分光光度法》(GB 7494—1987)。

(2)水质阴离子表面活性剂的测定视频资料。

(3)水质阴离子表面活性剂的测定所需的仪器和试剂。

①仪器:分光光度计(配有 5 mm、10 mm、20 mm 比色皿,能在 652 nm 进行测量)、分液漏斗(250 mL,最好用聚四氟乙烯活塞)、索氏抽提器(150 mL 平底烧瓶,ϕ35 mm×160 mm抽出筒,蛇形冷凝管)、其他常规玻璃仪器。

②试剂：蒸馏水、氢氧化钠、硫酸、氯仿、直链烷基苯磺酸钠贮备溶液、直链烷基苯磺酸钠标准溶液、亚甲蓝溶液、洗涤液、酚酞指示剂溶液、玻璃棉或脱脂棉等。

要求各组长将本次项目涉及的任务在组内进行分解，各成员将分配到的任务填入表 4.8。

【知识链接】

阴离子表面活性剂是一类在水溶液中能降低液体表面张力的化学物质，它们通常含有疏水性（非极性）烃链和一个或多个极性亲水性（离子性）头部。这种结构使得它们在水和油之间具有良好的界面活性，能够降低水与油之间的表面张力，使油等非极性物质在水中分散成微小的颗粒，形成乳液。通过检测水体中的阴离子表面活性剂含量，可以评估水质的污染程度，及时发现和控制污染源，保护水资源。

（一）阴离子表面活性剂污染来源及危害

表面活性剂是一类极为重要的精细化工产品，广泛应用于日化、纺织、医药、采矿、采油和建筑等行业，也是日常生活中不可缺少的消费品。随着人们生活水平的提高，各种表面活性剂的消耗量不断增加，尤其是阴离子表面活性剂。阴离子表面活性剂是普通合成洗涤剂的主要活性成分，使用最广泛的阴离子表面活性剂是直链烷基苯磺酸钠（LAS）。由于它的大量使用，导致了很多未经妥善处理的阴离子表面活性剂排放到河流、海洋等环境水体中。

当水体中的阴离子表面活性剂达到一定浓度时，会在水体表面形成泡沫覆盖层，阻碍大气中的氧进入水体，从而造成水域局部缺氧，导致水质恶化，并且会对水生生物过氧化酶的活性产生严重影响，破坏细胞生理功能，甚至会导致大量水生生物死亡。

（二）水质阴离子表面活性剂测定方法

在《城镇污水处理厂污染物排放标准》（GB 18918—2002）中，阴离子表面活性剂被列为基本控制项目。水中阴离子表面活性剂的测定方法，主要有液相色谱法、电位滴定法、流动注射法和亚甲蓝分光光度法等。这里着重介绍亚甲蓝分光光度法（GB 7494—1987）。该方法适用于测定饮用水、地面水生活污水及工业废水中的低浓度亚甲蓝活性物质（MBAS），亦即阴离子表面活性物质。在实验条件下，主要被测物质是 LAS、烷基磺酸钠和脂肪醇硫酸钠，但可能存在一些干扰。该方法采用 LAS 作为标准物，其烷基碳链在 C10～C13 之间，平均碳数为 12，平均分子量为 344.4。

当采用 10 mm 光程的比色皿，试样体积为 100 mL 时，本方法最低检出浓度为 0.05 mg/L的 LAS，检测上限为 2.0 mg/L 的 LAS。

【任务实施】

活动 1　解读水中阴离子表面活性剂的测定标准

1. 查找与阅读标准

（1）上网搜索查找水中阴离子表面活性剂的测定方法标准（中华人民共和国生态环境部—生态环境标准、食品伙伴网—标准下载中心等）。

(2)仔细阅读国家标准《水质 阴离子表面活性剂的测定 亚甲蓝分光光度法》(GB 7494—1987),确定水中阴离子表面活性剂的测定方案,找出方法的适用范围、检测限、干扰、方法原理、精密度和准确度等内容,并列出所需的其他相关标准。

2. 仪器和试剂的确认

依据查阅的标准,确认所需仪器和试剂。

3. 数据记录

将阴离子表面活性剂的测定标准、仪器、试剂等填写在数据记录表中(表 4.9)。

活动 2　阴离子表面活性剂测定的仪器及试剂准备

1. 实验仪器

①分光光度计:能在 652 nm 进行测量,配有 5 mm、10 mm、20 mm 比色皿。

②分液漏斗:250 mL,最好用聚四氟乙烯(PTFE)活塞。

③索氏抽提器:150 mL 平底烧瓶,ϕ35 mm×160 mm 抽出筒,蛇形冷凝管。

④一般实验室常规玻璃仪器。

注意:玻璃器皿在使用前先用水彻底清洗,然后用 10%(质量分数)的乙醇盐酸清洗,最后用水冲洗干净。

2. 实验试剂

①氢氧化钠(NaOH),1 mol/L。

②硫酸(H_2SO_4),0.5 mol/L。

③氯仿($CHCl_3$)。

④直链烷基苯磺酸钠贮备溶液:称取 0.100 g 标准物 LAS(平均分子量 344.4),准确至 0.001 g,溶于 50 mL 水中,转移到 100 mL 容量瓶中,稀释至标线并混匀。每毫升含 1.00 mg LAS。保存于 4 ℃冰箱中。如需要,每周配制一次。

⑤直链烷基苯磺酸钠标准溶液:准确吸取 10.00 mL 直链烷基苯磺酸钠贮备溶液,用水稀释至 1000 mL,每毫升含 10.0 μg LAS。使用当天配制。

⑥亚甲蓝溶液:先称取 50 g 一水磷酸二氢钠($NaH_2PO_4 \cdot H_2O$)溶于 300 mL 水中,转移到 1000 mL 容量瓶内,缓慢加入 6.8 mL 浓硫酸(H_2SO_4,ρ=1.84 g/mL),摇匀。另称取 30 mg 亚甲蓝(指示剂级),用 50 mL 水溶解后也移入容量瓶,用水稀释至标线,摇匀此溶液后贮存于棕色试剂瓶中。

⑦洗涤液:称取 50 g 一水磷酸二氢钠($NaH_2PO_4 \cdot H_2O$)溶于 300 mL 水中,转移到 1000 mL 容量瓶内,缓慢加入 6.8 mL 浓硫酸(H_2SO_4,ρ=1.84 g/mL),用水稀释至标线。

⑧酚酞指示剂溶液:将 1.0 g 酚酞溶于 50 mL 乙醇[C_2H_5OH,95%(体积分数)],然后边搅拌边加入 50 mL 水,滤去形成的沉淀。

⑨玻璃棉或脱脂棉:将玻璃棉或脱脂棉在索氏抽提器中用氯仿抽提 4 h 后,取出干燥,保存在清洁的玻璃瓶中待用。

活动3　采集保存阴离子表面活性剂测定的水样

1. 样品采集

(1)取学校湖水的水样。

(2)将水样采集记录填写在表4.10中。

2. 注意事项

(1)取样和保存样品应使用清洁的玻璃瓶,并事先经甲醇清洗过。

(2)短期保存建议冷藏在4 ℃冰箱中,如果样品需保存超过24 h,则应采取保护措施:若保存期为4 d,加入1%(体积分数)的40%(体积分数)甲醛溶液即可;若保存期长达8 d,则需用氯仿饱和水样。

(3)为了测定水样中溶解态的阴离子表面活性剂,在测定前,应将水样预先经中速定性滤纸过滤以去除悬浮物。吸附在悬浮物上的表面活性剂不计在内。

活动4　水质阴离子表面活性剂的测定

1. 实验原理

阴离子染料亚甲蓝与阴离子表面活性剂作用,生成蓝色的盐类,统称为亚甲蓝活性物质(MBAS)。该生成物可被氯仿萃取,其色度和浓度成正比,用分光光度计在波长652 nm处测量氯仿层的吸光度。

2. 操作步骤

(1)绘制校准曲线

取一组分液漏斗10个,分别加入100 mL、99 mL、97 mL、95 mL、93 mL、91 mL、89 mL、87mL、85 mL、80 mL水,然后分别移入0 mL、1.00 mL、3.00 mL、5.00 mL、7.00 mL、9.00 mL、11.00 mL、13.00 mL、15.00 mL、20.00 mL直链烷基苯磺酸钠标准溶液,摇匀。按后续的操作步骤(3)处理每一标准,以测得的吸光度扣除试剂空白值(零标准溶液的吸光度)后与相应的LAS量(μg)绘制校准曲线。

(2)选择样品体积

为了直接分析水和废水样,可根据预计的亚甲蓝表面活性物质的浓度选择样品体积(表5.18)。当预计的MBAS浓度超过2 mg/L时,按表5.17选取样品量,用水稀释至100 mL。

表5.17　选择样品体积

预计的MBAS浓度/(mg/L)	取样量/mL	预计的MBAS浓度/(mg/L)	取样量/mL
0.05～2.0	100	10～20	10
2.0～10	20	20～40	5

(3)测定

①将所取试样移至分液漏斗,以酚酞为指示剂,逐滴加入1 mol/L氢氧化钠溶液至水溶液呈桃红色,再滴加0.5 mol/L硫酸到桃红色刚好消失。

②加入25 mL亚甲蓝溶液,摇匀后再移入10 mL氯仿,激烈振摇30 s,注意放气。过

分的摇动会发生乳化，加入少量异丙醇（小于 10 mL）可消除乳化现象。加相同体积的异丙醇至所有的标准溶液中，再慢慢旋转分液漏斗，使滞留在内壁上的氯仿液珠降落，静置分层。

③将氯仿层放入预先盛有 50 mL 洗涤液的第二个分液漏斗，用数滴氯仿淋洗第一个分液漏斗的放液管，重复萃取三次，每次用 10 mL 氯仿。合并所有氯仿至第二个分液漏斗中，激烈摇动 30 s，静置分层。将氯仿层通过玻璃棉或脱脂棉，放入 50 mL 容量瓶中。再用氯仿萃取洗涤液两次（每次用量 5 mL），此氯仿层也并入容量瓶中，加氯仿到标线。

注意：

如果液相中蓝色变淡或消失，说明水样中亚甲蓝表面活性物（MBAS）浓度超过了预计量，以致加入的亚甲蓝全部被反应掉。应弃去试样，再取份较少量的试样重新分析。

测定含量低的饮用水及地面水时可将萃取用的氯仿总量降至 25 mL。三次萃取用量分别为 10 mL、5 mL、5 mL，再用 3～4 mL 氯仿萃取洗涤液，此时检测下限可达到 0.02 mg/L。

④每一批样品要按照步骤（4）做一次空白试验，并按照操作步骤（1）做一种校准溶液的完全萃取。

⑤每次测定前，振荡容量瓶内的氯仿萃取液，并以此液洗三次比色皿，然后将比色皿充满至合适高度。在 652 nm 处，以氯仿为参比液，测定样品、校准溶液和空白试验的吸光度。测定时应使用相同光程的比色皿。每次测定后，用氯仿清洗比色皿。

以试样的吸光度减去空白试验的吸光度后，从校准曲线上查得 LAS 的质量。

（4）空白试验

按步骤（3）的规定进行空白试验，仅用 100 mL 水代替试样。在试验条件下，每 10 mm 光程空白试验的吸光度不应超过 0.02，否则应仔细检查设备和试剂是否有污染。

3. 干扰及其消除

（1）主要被测物以外的其他有机的硫酸盐、磺酸盐、羧酸盐、酚类以及无机的硫氰酸盐、氰酸盐、硝酸盐和氯化物等，它们或多或少地与亚甲蓝作用，生成可溶于氯仿的蓝色络合物，致使测定结果偏高。通过水溶液反洗可消除这些干扰（有机硫酸盐、磺酸盐除外），尤其是氯化物和硝酸盐的干扰大部分被去除。

（2）经水溶液反洗仍未除去的非表面活性物引起的正干扰，可借气提萃取法（见 GB 7494—1987 附录 A）将阴离子表面活性剂从水相转移到有机相而加以消除。

（3）一般存在于未经处理或一级处理的污水中的硫化物，它能与亚甲蓝反应，生成无色的还原物而消耗亚甲蓝试剂。可将试样调至碱性，滴加适量的过氧化氢（H_2O_2，30%）避免其干扰。

（4）存在季铵类化合物等阳离子物质和蛋白质时，阴离子表面活性剂将与其作用，生成稳定的络合物，而不与亚甲蓝反应，使测定结果偏低。这些阳离子类干扰物可采用阳离子交换树脂（在适当条件下）去除。

PDF

GB 7494—1987

(5)生活污水及工业废水中的一般成分，包括尿素、氨、硝酸盐，以及防腐用的甲醛和氯化汞已表明不产生干扰。但并非所有天然的干扰物都能消除，因此被检物总体应确切地称为阴离子表面活性物质或亚甲蓝活性物质(MBAS)。

(6)严格按标准要求采样、洗涤玻璃容器。

(7)试样与校准曲线的萃取频率要一致，萃取要达到三次。

活动5　水质阴离子表面活性剂的测定数据记录与处理

1. 数据记录

将测定数据及处理结果记录于表5.18中。

表5.18　阴离子表面活性剂测定的数据记录表

<table>
<tr><td>样品名称</td><td colspan="4"></td><td colspan="3">测定项目</td><td colspan="3"></td></tr>
<tr><td>测定方法</td><td colspan="4"></td><td colspan="3">测定时间</td><td colspan="3"></td></tr>
<tr><td colspan="11">一、标准曲线的绘制</td></tr>
<tr><td>直链烷基苯磺酸钠贮备溶液浓度/(μg/mL)</td><td colspan="10"></td></tr>
<tr><td>直链烷基苯磺酸钠标准溶液浓度/(μg/mL)</td><td colspan="10"></td></tr>
<tr><td>序号</td><td>1</td><td>2</td><td>3</td><td>4</td><td>5</td><td>6</td><td>7</td><td>8</td><td>9</td><td>10</td></tr>
<tr><td>直链烷基苯磺酸钠标准溶液体积/mL</td><td></td><td></td><td></td><td></td><td></td><td></td><td></td><td></td><td></td><td></td></tr>
<tr><td>直链烷基苯磺酸钠含量/μg</td><td></td><td></td><td></td><td></td><td></td><td></td><td></td><td></td><td></td><td></td></tr>
<tr><td>皿差</td><td colspan="10"></td></tr>
<tr><td>原始吸光度 A</td><td></td><td></td><td></td><td></td><td></td><td></td><td></td><td></td><td></td><td></td></tr>
<tr><td>皿差校正</td><td></td><td></td><td></td><td></td><td></td><td></td><td></td><td></td><td></td><td></td></tr>
<tr><td>空白校正吸光度 A'</td><td></td><td></td><td></td><td></td><td></td><td></td><td></td><td></td><td></td><td></td></tr>
<tr><td>标准曲线方程</td><td colspan="10"></td></tr>
<tr><td colspan="11">二、水质阴离子表面活性剂的测定</td></tr>
<tr><td>测定次数</td><td colspan="2">样品1</td><td colspan="3">平行1</td><td colspan="2">平行2</td><td colspan="3">空白</td></tr>
<tr><td>水样体积/mL</td><td colspan="2"></td><td colspan="3"></td><td colspan="2"></td><td colspan="3"></td></tr>
<tr><td>吸光度 A</td><td colspan="2"></td><td colspan="3"></td><td colspan="2"></td><td colspan="3"></td></tr>
<tr><td>皿差校正</td><td colspan="2"></td><td colspan="3"></td><td colspan="2"></td><td colspan="3"></td></tr>
<tr><td>空白校正吸光度 A'</td><td colspan="2"></td><td colspan="3"></td><td colspan="2"></td><td colspan="3"></td></tr>
<tr><td>水样中阴离子表面活性剂含量/μg</td><td colspan="2"></td><td colspan="3"></td><td colspan="2"></td><td colspan="3"></td></tr>
<tr><td>水样中阴离子表面活性剂浓度/(mg/L)</td><td colspan="2"></td><td colspan="3"></td><td colspan="2"></td><td colspan="3"></td></tr>
<tr><td>水样中亚甲蓝活性物(MBAS)的浓度/(mg/L)</td><td colspan="10"></td></tr>
<tr><td>相对标准偏差/%</td><td colspan="10"></td></tr>
</table>

2.数据处理

用亚甲蓝活性物质(MBAS)报告结果，以 LAS 计，平均分子量为 344.4。计算方法如下：

$$c = \frac{m}{V}$$

式中　c——水样中亚甲蓝活性物(MBAS)的浓度，mg/L；

m——从校准曲线上读取的 LAS 的表观质量，μg；

V——试样的体积，mL。

结果以三位小数表示。

【任务评价】

实验结束后，针对全过程进行评价(表 5.19)。

表 5.19　阴离子表面活性剂的测定任务评价

考核内容	序号	考核标准	分值	小组评价	教师评价
解读国家标准(10 分)	1	标准查找准确	2		
	2	仪器确认正确	2		
	3	试剂确认正确	2		
	4	解读标准的原始记录填写无误	4		
仪器准备(4 分)	5	仪器选择正确	2		
	6	仪器配套选择正确	2		
试剂准备(8 分)	7	试剂选择正确(种类、纯度)	2		
	8	正确配制所需溶液	6		
水样采集保存(15 分)	9	选择采样点、采样方法、容器、采样量、运输等正确	6		
	10	水样的保存方法、保存剂及用量、保存时间等正确	6		
	11	正确规范填写采样记录表	3		
测定操作(28 分)	12	水样预处理正确	5		
	13	标准曲线的配制准确	8		
	14	分光光度计使用操作规范	6		
	15	水样、空白测定正确	6		
	16	样品重复测定两次	3		
团队协作(5 分)	17	任务分工明确、各司其职	5		
职业规范(7 分)	18	仪器归位正确、器皿清洗干净、无损坏	2		
	19	药品、仪器摆放整齐	2		
	20	实验室台面整洁	1		
	21	实验后积极打扫实验室卫生	2		

续表 5.19

考核内容	序号	考核标准	分值	小组评价	教师评价
数据记录及处理(13 分)	22	正确、规范记录数据，无随意涂抹、篡改数据	3		
	23	空白、标准曲线、水样校正吸光度计算正确	5		
	24	相对标准偏差≤2.3%	5		
实验报告(10 分)	25	报告格式规范、完整	3		
	26	正确撰写报告内容	7		
考核结果(满分 100 分)					

练习巩固

练习

项目五任务九阴离子表面活性剂的测定 练习

项目六 工业废水监测

项目概述

工业废水监测是指对工业生产过程中产生的废水中各种污染物质的种类、浓度和数量进行系统地检测和评估的过程。这一过程对于保护环境、维护水体生态平衡、保障人民群众饮水安全和公共健康至关重要。工业废水监测主要学习内容包括工业废水监测方案制定、水样的采集、主要水污染指标测定等。

工业废水监测不仅需要高精度的仪器设备和专业的技术人员，还需要健全的管理制度和工作规程，以确保监测工作的高效、准确和规范。同时，监测结果将为政府决策、企业自律和公众监督提供科学依据，是维护我国水环境安全、推动绿色发展的重要手段。

思维导图

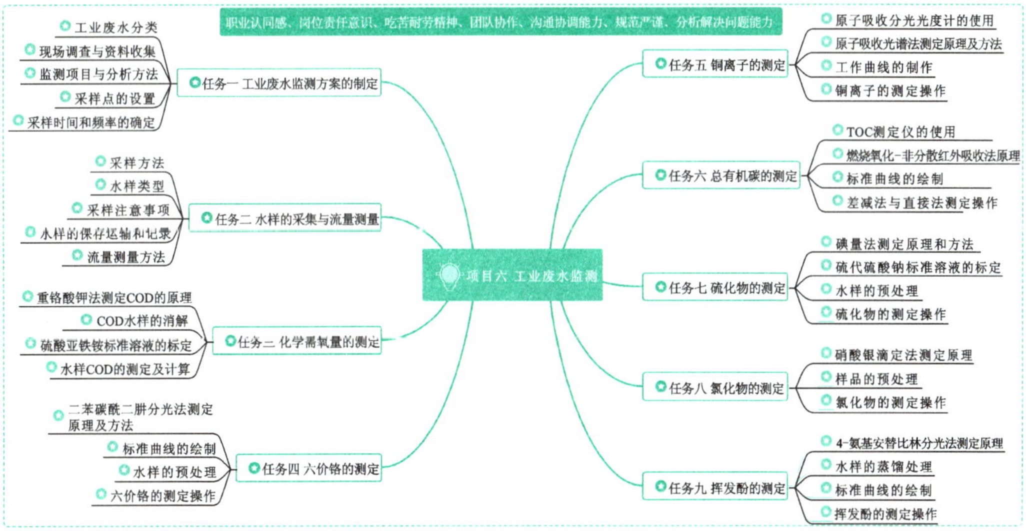

学习目标

1. 知识目标

(1)知道工业废水监测方案的制定流程及要点；

(2)熟悉废水采样时间和采样频率的确定方法；

(3)掌握废水水样采集和保存运输的方法；

(4)掌握废水常规项目检测与分析方法。

2. 技能目标

(1)能够制定出废水监测方案;

(2)能确定废水样的采样时间和采样频率;

(3)能按照正确的采样方法采集废水水样;

(4)能够对废水常规项目进行正确检测与分析。

3. 素质目标

(1)培养学生规范严谨、精益求精的科学素养;

(2)培养学生的环保意识,职业认同感与社会责任感;

(3)培养学生的法规观念、沟通协调能力与团队合作意识;

(4)培养学生吃苦耐劳的工作态度;

(5)提高学生分析和解决实际问题的能力。

学习任务

任务一　工业废水监测方案的制定

制定工业废水监测方案前,首先需要了解废水的类型,明确监测目的,熟悉有关国家标准和规范,如《地表水和污水监测技术规范》(HJ/T 91—2002)、《污水综合排放标准》(GB 8978—1996)及其他行业污水排放标准。对监测对象进行现场调查,收集相关资料,在此基础上确定监测项目、采样点位等。

一、工业废水的分类

工业废水是指工业生产企业在各种生产过程中排出的废水的统称,其中含有随水流失的工业生产原料、中间产物、副产品以及生产过程中产生的污染物等。一般认为其包括企业的生产废水、冷却水和生活污水。为了区分工业废水的种类、了解其性质、认识其危害、研究其处理措施,通常需进行废水的分类,一般有以下几种分类方法。

(一)按行业的产品加工对象分类

按行业的产品加工对象不同,工业废水分为冶金废水、造纸废水、淀粉废水、制革废水、炼焦煤气废水、金属酸洗废水、纺织印染废水、制药废水等。

(二)按所含主要污染物性质分类

按工业废水中所含主要污染物性质,工业废水分为无机废水和有机废水。无机废水以无机污染物为主,有机废水以有机污染物为主。例如,电镀和矿物加工过程的废水是无机废水,食品或石油加工过程的废水是有机废水。这种分类方法比较简单,对考虑处理方法有利。如对易生物降解的有机废水一般采用生物处理法，对无机废水一般采用物理、化学或物理化学法处理。但在工业生产过程中，一种废水往往既含无机物也含有机物。

(三)按所含污染物的主要成分分类

按废水中所含污染物的主要成分，工业废水可分为酸性废水、碱性废水、含酚废水、含镉废水、含铬废水、含汞废水、含氟废水、含有机磷废水、含放射性废水等。这种分类方法突出了废水的主要污染成分，可有针对性地考虑处理方法或进行回收利用。

实际上，一种工业可以排出几种不同性质的废水，而一种废水又可能含有多种不同的污染物。例如染料工业，既排出酸性废水，又排出碱性废水。纺织印染废水由于织物和染料的不同，其中的污染物种类和浓度往往有很大差别。

不同类型的工业废水，具体含有哪些污染物、浓度大小，都需要进行监测得到。

二、现场调查和资料收集

对于工业废水，必须全面掌握与污染源污水排放有关的工艺流程、污水类型、排放规律、污水管网走向等基本情况，才能制定出科学合理的监测方案。需了解各污染源排放部门或企业的用水量、生产废水和污水的类型(化学、生物和生物化学污染废水等)、主要污染物及其排水去向(江、河、湖等水体)和排放总量，调查相应的排污口位置和数量、废水处理情况。

通过深入工业企业，确定工业污染源需要收集的资料包括：工厂名称、地址、企业性质、生产规模等；工艺流程和原理、工艺水平、能源类型、原材料类型、产品和产量；供水类型、水源、供水量、水的重复利用率；污水排放系统、排放规律；污染物种类、排放浓度、排放量；生产布局、排污口数量和位置、排污去向、控制方法、污水处理情况。

排污单位需向地方环境监测站或检测公司提供废水监测基本信息登记表(表 6.1)。

三、监测项目及分析方法选择

(一)监测项目选择

工业废水的监测项目因行业不同而异，我国《地表水和污水监测技术规范》(HJ/T 91—2002)中规定了各行业工业废水监测项目(表 6.2)；《污水综合排放标准》(GB 8978—1996)[部分有效，本标准部分内容被《皂素工业水污染物排放标准》(GB 20425—2006)、《煤炭工业污染物排放标准》(GB 20426—2006)代替]中分年限规定了 69 种水污染物最高允许排放浓度及部分行业最高允许排放量。行业排放标准有多种，其规定的是该行业所排放的各种污染物的容许排放量，监测项目也是针对行业特点来确定的。

在确定某工业废水的监测项目时，首先查阅是否有该行业废水排放标准，如有，则查阅该行业排放标准；如没有行业排放标准，则根据《污水综合排放标准》(GB 8978—1996)和《地表水和污水监测技术规范》(HJ/T 91—2002)中的规定来确定监测项目。比如确定制革废水监测项目，则根据《制革及毛皮加工工业水污染物排放标准》(GB 30486—2013)中的规定。

表 6.1 废水监测基本信息登记表

污染源名称：		行业类型：	
联系地址：		主要产品：	
(1)总用水量/(m^3/a)： 其中，生产用水/(m^3/a)： 水平衡图(另附图)	新鲜水量/(m^3/a)： 生活用水/(m^3/a)：	回用水量/(m^3/a)：	
(2)主要原辅材料 生产工艺： 排污情况：			
(3)场区平面布置图及排水管网布置图(另附图)			
(4)废水处理设施情况 设计处理量/(m^3/a)： 废水处理基本工艺方框图(另附图) 废水性质： 排放去向：	实际处理量/(m^3/a)： 排放规律：	年运行小时数/(h/a)：	
废水处理设施处理效果			
污染因子	原始废水/(mg/L)	处理后出水/(mg/L)	去除率/%
备注			

表 6.2 工业废水监测项目及相关信息

类别	必测项目	选测项目
黑色金属矿山(包括磷铁矿、赤铁矿锰矿等)	pH、SS、重金属	硫化物
黑色冶金(包括选矿、烧结、炼焦、炼铁、炼钢、炼铸、轧钢等)	pH、SS、COD、挥发酚、氰化物、油类、六价铬、锌、氨氮	硫化物、氟化物、BOD、铬
选矿药剂	COD、BOD、SS、硫化物、重金属	
有色金属矿山及冶炼(包括选矿、烧结、电解、精炼等)	pH、COD、SS、氰化物、重金属	硫化物、铍、铝、钒、钴、锑、铋
非金属矿物制品业	pH、SS、COD、BOD、重金属	油类
煤气生产和供应业	pH、SS、COD、BOD、油类、重金属、挥发酚、硫化物	多环芳烃、苯并[a]芘、挥发性卤代烃
火力发电(热电)	pH、SS、硫化物、COD	BOD
焦化	pH、COD、SS、挥发酚、氨氮、氰化物、硫化物、油类	总有机碳

续表 6.2

类别		必测项目	选测项目
煤炭采造业		pH、SS、硫化物	砷、油类、汞、挥发酚、COD、BOD
石油开采		COD、BOD、SS、油类、硫化物、挥发性卤代烃、总有机碳	挥发酚、总铬
塑料		COD、BOD、油类、硫化物、SS、总有机碳	苯并[a]芘、苯系物、铝、氯化物
石油加工		COD、BOD、SS、油类、硫化物、挥发酚、总有机碳、多环芳烃	苯并[a]芘、苯系物、铝、氯化物
化学矿开采	硫铁矿	pH、COD、BOD、SS、硫化物、砷	
	磷矿	pH、SS、氟化物、磷酸盐、总磷、黄磷	
	汞矿	pH、SS、汞	硫化物、砷
无机原料	硫酸	pH(或酸度)、SS、硫化物、重金属	砷、氟化物、氯化物、铝
	氯碱	pH(或酸度、碱度)、COD、SS	汞
	铬盐	pH(或酸度、碱度)、总铬、六价铬、SS	汞
有机原料		COD、挥发酚、氰化物、SS	苯系物、硝基苯类、有机氯类、总有机碳、邻苯二甲酸酯等
医药生产		pH、COD、BOD、油类、SS、挥发酚	苯胺类、硝基苯类、氯化物、铝
染料		COD、苯胺类、挥发酚、SS、色度、总有机碳	硝基苯类、硫化物、氯化物
油漆		COD、挥发酚、油类、总有机碳、六价铬、铅	苯系物、硝基苯类
合成洗涤剂		COD、阴离子合成洗涤剂、油类、总磷、总有机碳	苯系物、氯化物、铝
化肥	磷肥	pH、COD、BOD、SS、磷酸盐、氟化物、总磷	砷、油类
	氮肥	COD、BOD、SS、氨氮、挥发酚、总氮、总磷	砷、铜、氰化物、油类
农药		COD、BOD、SS、挥发酚、硫化物、有机磷、总磷(有机磷农药)、有机氯(有机氯农药)	总有机碳、油类
电镀		pH、碱度、重金属、氰化物	钴、铝、氯化物、油类

续表 6.2

类别	必测项目	选测项目
烧碱	pH、SS、汞、石棉、活性氯	COD、油类
电子仪器、仪表	pH、COD、BOD、氰化物、重金属	氟化物、油类
造纸及纸制品业	pH、酸度(或碱度)、COD、BOD、SS、挥发酚、色度、硫化物、可吸附有机卤化物(AOX)	木质素、油类
纺织染整业	pH、色度、COD、BOD、SS、硫化物、氨氮、总有机碳、苯胺类、六价铬、铜	总有机碳、氯化物、油类、二氧化氯
皮革、皮毛及羽绒服制品	pH、色度、COD、BOD、SS、硫化物、总铬、六价铬、油类	总氮、总磷
水泥	pH、SS	油类
玻璃、玻璃纤维	COD、BOD、SS、挥发酚、氰化物、氟化物	铅、油类
木材加工	pH、COD、BOD、SS、挥发酚、甲醛	硫化物
食品加工	pH、COD、BOD、SS、氨氮、硝酸盐氮	总有机碳、铝、氯化物、挥发酚、油类、铅、锌、总氮、总磷
屠宰及肉类加工	pH、COD、BOD、SS、氨氮、动植物油、大肠菌群	石油类、细菌总数、总有机碳
饮料制造业	pH、COD、BOD、SS、氨氮、粪大肠菌群	细菌总数、挥发酚、油类、总氮、总磷
制糖、发酵和酿造业	pH、COD、BOD、SS、色度、总氮、总磷	硫化物、挥发酚、油类、总有机碳
电池	pH、SS、重金属	酸度、碱度、油类
货车洗刷和洗车	pH、COD、BOD、SS、色度、挥发酚、油	重金属、总氮、总磷
宾馆、饭店、游乐场所及公共服务业	pH、COD、BOD、SS、油类、挥发酚、阴离子洗涤剂、氨氮、总氮、总磷	粪大肠菌群、总有机碳、硫化物

(二)分析方法选择

1. 选择原则

优先选用国家标准分析方法，再考虑统一分析方法或行业标准方法，实际选用时根据水样干扰及污染物含量等实际情况从提供的标准分析方法中选择适合的预处理及分析方法。

2. 分析方法

《地表水和污水监测技术规范》(HJ/T 91—2002)中规定了污水监测项目的分析方

法，行业排放标准中也具体规定了该行业废水监测指标的分析方法，部分监测项目的分析方法见表6.3。

表6.3 部分监测项目分析方法

序号	监测指标	分析方法	有效数字最多位数	小数点后最多位数	方法标准
1	pH值	电极法	2	2	HJ 1147—2020
2	悬浮物	重量法	3	0	GB 11901—1989
3	色度	铂钴比色法	—	—	GB 11903—1989
4	化学需氧量	重铬酸盐法	3	0	HJ 828—2017
5	五日生化需氧量	稀释与接种法	3	1	HJ 505—2009
6	石油类和动植物油	红外分光光度法	3	2	HJ 637—2018
7	硫化物	亚甲基蓝分光光度法	3	3	GB/T 16489—1996
		碘量法	3	3	HJ/T 60—2000
8	氨氮	纳氏试剂分光光度法	4	3	HJ 535—2009
		水杨酸分光光度法	4	3	HJ 536—2009
		蒸馏-中和滴定法	4	2	HJ 537—2009
		气相分子吸收光谱法	3	4	HJ 195—2023
9	总磷	钼酸铵分光光度法	3	3	GB 11893—1989
10	总氮	碱性过硫酸钾消解紫外分光光度法	3	2	HJ 636—2012
11	总铬	高锰酸钾氧化-二苯碳酰二肼分光光度法	3	3	GB 7466—1987
12	六价铬	二苯碳酰二肼分光光度法	3	3	GB 7467—1987
13	铜、锌、铅、镉	原子吸收分光光度法	3	2	GB 7475—1987

四、采样点设置

（一）采样点设置原则

水污染源一般经管道或沟、渠排放，水流的截面积较小，因此不需要设置监测断面而直接设置采样点位即可。一般按下列原则设置采样点：

①首先判断监测项目是第一类污染物还是第二类污染物。第一类污染物在车间或车间处理设施排放口或专门处理此类污染物设施的排放口采样。第一类污染物包括汞、镉、砷、铅、六价铬、苯并[a]芘等，共13类，这些污染物毒性大且在环境中不易降解，具有生物累积性，会对人类健康产生长远的不良影响；第二类污染物在排污单位的总排污口

采样，这类指标包括 pH、COD、BOD_5、悬浮物、硫化物、挥发酚、氰化物、氨氮等，其长远影响小于第一类污染物。

②工业企业内部监测时通常选择在工厂的总排放口、车间或工段的排放口以及有关工序或设备的排放点取样。

③已有废水处理设施的工厂，在处理设施的排放口布设采样点，为了解废水处理效果，可在进、出口分别设置采样点。

④在排污渠道上，采样点应设在渠道较直、水量稳定、上游无污水汇入的地方。

⑤进入集中式污水处理厂和进入城市污水管网的污水采样点位应根据地方环境保护行政主管部门的要求确定。

（二）布点方法

排污单位需向地方环境监测站提供废水监测基本信息，在全面掌握与污染源污水排放有关情况的基础上确定采样点位。

布点时需要考虑废水的性质和采样点所处的位置。有时，企业会用管道或者明沟把工业废水排放到偏僻地方。厂区的排放点相对容易接近，但有时必须采用专门工具通过很深的采样孔采样。考虑到安全因素，最好设计成无须人进入的采样点。工厂排出的废水中可能含有生活污水，布点时应考虑避开这类污水。

（三）采样点位的管理

①采样点处必须设置明显标志。采样点一经确定，不得随意改动。标志内容包括点位名称、编号、排污去向和主要污染因子等。排污口按标准《环境保护图形标志 排放口（源）》（GB 15562.1—1995）的要求设置。

②经确定的采样点必须建立采样点管理档案，内容包括采样点性质、名称、位置和编号，采样点测流装置，排污规律和排污去向，采样的方式、频次及污染因子等。

③排污单位须加强采样点位的日常管理。经确认的采样点是法定排污监测点，如因生产工艺或其他原因需变更时，应由当地环保行政主管部门重新确认。排污单位必须经常进行排污口的清障、疏通及日常管理和维护。

五、采样时间和采样频率

不同类型废水的性质和排放特点各不相同，会随着时间的变化而不停地发生改变。因此，废水的采样时间和频率应能反映污染物排放的变化特征而具有较好的代表性。一般情况下，采样时间和采样频率由其生产工艺特点或生产周期所决定。行业不同，生产周期不同，即使行业相同，但采用的生产工艺也可能不同，生产周期仍会不同。工业废水中的污染物含量和排放量常随工艺条件的不同而有很大差异，因此采样时间和频率的选择是一个比较复杂的问题。

在《水污染物排放总量监测技术规范》（HJ/T 92—2002）中，对排放废水的采样时间和频率提出了明确的要求，归纳如下：

（一）监督性监测

地方环境监测站对污染源的监督性监测每年不少于 1 次；如被国家或地方环境保护

行政主管部门列为年度监测的重点排污单位，应增加到每年 2～4 次。因管理或执法需要所进行的抽查性监测由各级环境保护行政主管部门确定。

（二）企业自我监测

工业废水按生产周期和生产特点确定监测频率，一般每个生产日至少采样监测 3 次。

（三）排污单位自行监测的采样频次确定

应在正常生产条件下的一个生产周期内进行多次加密监测：周期在 8 h 以内的，每小时采 1 次样；周期大于 8 h 的，每 2 h 采 1 次样。但每个生产周期采样不少于 3 次，一般按 4 次。对于排污情况复杂、浓度变化大的污水，采样时间间隔要缩短，有时需要 5～10 min采样 1 次，并同时测定流量。根据监测结果绘制污水污染物排放曲线（浓度-时间、流量-时间、总量-时间），并与所掌握的资料对照，如基本一致，即可据此确定企业自行监测的采样频次。

（四）排污单位有污水处理设施的监测

排污单位如有污水处理设施并能正常运行使污水稳定排放，则污染物排放曲线比较平稳，监督监测可以采集瞬时水样；对于排放曲线有明显变化的不稳定排放污水，应根据曲线情况分时间单元采样，再组成混合样品。正常情况下，混合样品的单元采样次数不得少于 2 次。如排放污水的流量、浓度甚至组分都有明显变化，则在各单元采样时的采样量应与当时的污水流量成比例，以使混合样品更有代表性。

对于污染治理、环境科研、污染源调查和评价等工作中的污水监测，其采样频次根据工作方案要求另行确定。

任务二　水样的采集与流量测量

一、采样方法

工业废水流量一般相对较小，且都有固定的排污口，所处位置也不复杂，因此所用采样方法和采样器比较简单。采样方法一般包括以下几类：

（一）浅水采样

当废水以水渠形式排放到公共水域时，应设置适当的堰。水面距地面很近时，可用容器直接采集，或用聚乙烯塑料长柄采水勺直接采样。注意手不要接触污水。在排污管道或渠道中采样时，应在液体流动的部位采集水样。

（二）深层水采样

对于废水或污水处理池中的水样采集，可使用专用的深层采样器采集。水面距地面有一定距离时，可将聚乙烯塑料样品容器、玻璃试剂瓶固定于负重架内，或用金属桶，沉入一定深度的污水中采样。

（三）自动采样

利用自动采样器或连续自动定时采样器采集时，可在一个生产周期内，按时间程序将一定量的水样分别采集到不同的容器中自动混合。采样时采样器可定时连续地将一定量的水样或按流量比采集的水样汇集于一个容器中。

当污水排放量比较稳定时，可采用时间比例采样，否则必须采用流量比例采样。所用的自动采样器必须符合国家颁布的污水采样器技术要求。

自动采样对于制备混合水样（尤其是连续比例混合水样）及在一些难以抵达的地区采样等都是十分有用和有效的。

二、水样类型

（一）瞬时污水样

对于一些生产工艺连续恒定、污水中污染组分及浓度随时间变化较大的企业污水，采集瞬时水样具有较好的代表性。瞬时水样也适用于某些特定要求，如平均浓度合格而高峰排放浓度超标的污水，可间隔一定时间采集瞬时水样，然后分别测定，绘制浓度-时间关系曲线，确定其平均浓度和高峰排放浓度。

（二）平均污水样

生产的周期性影响排污规律，使工业污水的排放量及污染组分的浓度随时间大幅度变化，只有增大采样和测定频率，才能使监测结果具有代表性，此时最好采集平均混合水样或平均比例混合水样。

平均混合水样是指在污水流量比较稳定时，每隔相同时间采集等量污水样混合而成的水样。平均比例混合水样是指在污水流量不稳定时，在不同时间依据流量大小按比例采集污水样混合而成的水样。

有时需要同时采集几个排污口的污水样，按比例混合，其监测结果代表采样时的综合排放浓度。这类水样不适合测定 pH 值，对于测定 pH 值的水样，每次采样须单独测定。

三、采样注意事项

①用样品容器直接采样时，必须用水样冲洗三次后再行采样。但当水面有浮油时，采样的容器不能冲洗。

②采样时应注意除去水面的杂物、垃圾等漂浮物。

③用于测定悬浮物、BOD_5、硫化物、油类、余氯的水样，必须单独定容采样，全部用于测定。

④在选用特殊的专用采样器（如油类采样器）时，应按照该采样器的使用方法采样。

⑤采样时应认真填写“污水采样记录表”，表中应包含以下内容：污染源名称、监测目的、监测项目、采样点位、采样时间、样品编号、污水性质、污水流量、采样人姓名及其他有关事项等。

⑥凡需现场监测的项目，应在现场进行监测。其他注意事项可参见地表水质监测中的相关内容。

四、水样的保存、运输和记录

污水样品的组成往往相当复杂，其稳定性通常比地表水样更差，因此应尽快测定。保存和运输方面的具体要求可参照地表水监测中的相关内容。采样后要及时记录，并在每个样品瓶上贴好标签，标明采样点位编号、采样日期、测定项目和保存方法等。

五、流量测量方法

水流量的测量包括流向、流速和流量三方面。流向通常指的是水流的运动方向。在河流、溪流或管道中，流向可以通过罗盘、流向仪等测定；流速可以使用流速仪、漂浮物测定。这里主要介绍一下流量的测定方法。

（一）污水流量计法

使用污水流量计测量流量时，流量计的性能指标必须满足污水流量计技术要求。

（二）其他测定流量方法

1. 容积法

将污水纳入已知体积的容器中，测定其充满容器所需要的时间，从而计算污水流量。本法简单易行，测量精度较高，适用于计量污水量较小的连续或间歇排放的污水。

2. 流速仪法

通过测量排污渠道的过水截面积，以流速仪测量污水流速，计算污水流量。适当选用流速仪，可用于很宽范围的流量测量。多数用于渠道较宽的污水流量测量。本方法简单，但易受污水水质影响，难用于污水流量的连续测定。

3. 溢流堰法

溢流堰法是在固定形状的渠道上安装特定形状的开口堰板，过堰水头与流量有固定关系，据此测量污水流量。根据污水量大小可选择三角堰、矩形堰、梯形堰等。溢流堰法精度较高，在安装液位计后可实行连续自动测量。但堰板会造成一定的水头损失，另外固体沉积物在堰前堆积或藻类等物质在堰板上黏附均会影响测量精度。

为进行连续自动测量液位，已有的传感器有浮子式、电容式、超声波式等，目前超声波式流量计应用比较普遍。传感器均应定期进行计量检定。

4. 超声波式流量计

采用超声波通过空气以非接触的方式测量明渠内堰槽前指定位置的水位高度，再根据标准规定的液位-流量换算公式计算水的流量，仪器能自动显示流量。该方法常用于水利、水电、环保及其他各种明渠条件下的流量测量。

以上方法均可选用，但应注意各自的测量范围和所需条件。

练习巩固

项目六任务一、任务二 练习

任务三　化学需氧量的测定(快速消解+滴定法)

【任务目标】

(1)了解测定 COD 的意义和方法。

(2)熟悉并掌握硫酸亚铁铵标准溶液的标定实验。

(3)掌握密封催化消解法测定 COD 的原理和方法。

(4)熟练进行快速消解+滴定法测定 COD 的实验操作。

【任务分析】

1. 明确任务流程

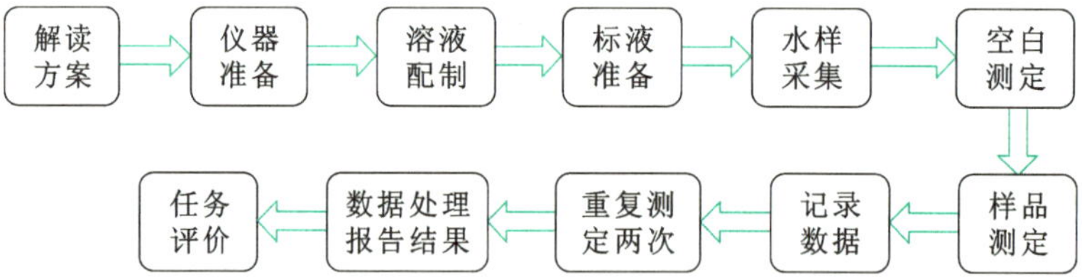

2. 任务重难点分析

(1)硫酸亚铁铵标准溶液的配制和标定。

(2)化学需氧量的测定原理及计算。

(3)化学需氧量的测定操作。

3. 任务前准备

(1)《水质 化学需氧量的测定 重铬酸盐法》(HJ 828—2017)和《水质 化学需氧量的测定 快速消解分光光度法》(HJ/T 399—2007)。

(2)水中化学需氧量测定的视频资料。

(3)水中化学需氧量测定所需的仪器和试剂。

①仪器:具密封塞的加热管、加热消解仪、移液管、锥形瓶和滴定管等。

②试剂：重铬酸钾标准溶液、消解液（含重铬酸钾）、催化剂（硫酸-硫酸银）、试亚铁灵指示剂和硫酸亚铁铵标准溶液。

要求各组长将本次项目涉及的任务在组内进行分解，各成员将分配到的任务填入任务分配表中（表 4.8）。

【知识链接】

（一）化学需氧量含义及测定意义

化学需氧量，简称 COD，反映水体受还原性物质（主要是有机物）污染的程度，具体是指在强酸并加热的条件下，氧化 1 L 水样中还原性物质所消耗强氧化剂（通常以重铬酸钾为氧化剂）的量，换算为氧量，以 O_2 的 mg/L 表示。

水中还原性物质既包括有机物，也包括无机物（如氯离子、亚硝酸盐、亚铁盐等），它们大多具有毒性，并能使水体中溶解氧减少，使水生生物窒息死亡，对生态系统产生严重影响，导致水质恶化。水体被有机物污染是很普遍的，通常水中有机物的数量远多于无机物，因此化学需氧量可作为有机物相对含量的指标之一，但只能反映能被氧化的有机物污染，不能反映多环芳烃、吡啶类等有机物污染状况。COD 值越大，表示水体受有机物的污染越严重。

化学需氧量是一个条件性指标，其测定结果随所用氧化剂的种类、浓度、反应温度和时间、反应液的酸度及催化剂有无等的变化而不同，因此必须严格按要求操作，测得的结果才具有可比性。

COD 是环境监测和水处理技术中一个非常重要的监测和控制指标，需要重点掌握。

（二）COD 测定的方法

化学需氧量是条件性指标，其随测定时所用氧化剂的种类、浓度、反应温度和时间、溶液的酸度、催化剂等变化而不同。水中化学需氧量的测定方法有重铬酸盐法（HJ 828—2017）、快速消解分光光度法（HJ/T 399—2007）、氯气校正法（HJ/T 70—2001）和碘化钾碱性高锰酸钾法（HJ/T 132—2003）等。

重铬酸盐法适用于各种类型的含 COD 值大于 30 mg/L 的水样，测定上限为 700 mg/L。本标准不适用于含氯化物浓度大于 1000 mg/L（稀释后）的含盐水。测定时使用 0.025 mol/L的重铬酸钾标准溶液（对应使用浓度相应减倍的硫酸亚铁铵标准溶液），样品最低检出浓度为 5 mg/L，测定上限为 50 mg/L。

快速消解分光光度法适用于地表水、地下水、生活污水和工业废水中化学需氧量的测定。对未经稀释的水样，COD 测定下限为 50 mg/L，测定上限为 1000 mg/L，其氯离子浓度不应大于 1000 mg/L，如大于此值，可经适当稀释后进行测定。

氯气校正法（HJ/T 70—2001）适用于氯离子含量小于 20000 mg/L 的高氯废水中 COD 的测定；碘化钾碱性高锰酸钾法适用于测定油气田氯离子含量高达几万或十几万毫克每升高氯废水中的 COD，方法的最低检出限为 0.2 mg/L，测定上限为 62.5 mg/L。

本次任务重点介绍重铬酸钾法（消解仪快速消解）测定水样中的 COD 值。

【任务实施】

活动 1　解读水中化学需氧量的测定标准

1. 查找与阅读标准

(1)上网搜索查找水样化学需氧量的测定方法标准(中华人民共和国生态环境部—生态环境标准、食品伙伴网—标准下载中心等)。

(2)测定方法使用标准的确定。

(3)仔细阅读标准《水质 化学需氧量的测定 重铬酸盐法》(HJ 828—2017),确定化学需氧量的测定方案,找出方法的适用范围、检测限、干扰、方法原理、精密度和准确度等内容,并列出所需的其他相关标准。

2. 仪器和试剂的确认

依据查阅的标准,确认所需仪器和试剂。

3. 数据记录

将化学需氧量的测定标准、仪器、试剂等填写在数据记录表中(表 4.9)。

活动 2　化学需氧量测定的仪器及试剂准备

1. 实验仪器

具密封塞的加热管、加热消解仪、移液管、锥形瓶、滴定管等。

2. 实验试剂

①重铬酸钾标准溶液(0.2500 mol/L):称取预先在 120 ℃烘干 2 h 的12.2580 g重铬酸钾溶于水中,移入 1000 mL 容量瓶中,定容至标线,摇匀。

②试亚铁灵指示剂:称取 1.485 g 邻菲啰啉、0.695 g 硫酸亚铁溶于水,稀释至 100 mL,贮于棕色瓶中。

③硫酸亚铁铵标准溶液(0.1 mol/L):称取 39.5 g 硫酸亚铁铵溶于水中,边搅拌边缓缓加入 20 mL 浓硫酸,冷却后移入 1000 mL 容量瓶中,定容至标线,摇匀。临用前,用重铬酸钾标准溶液标定。

④消化液Ⅰ:称取 19.60 g 重铬酸钾、50.0 g 硫酸铝钾、10.0 g 钼酸铵,溶解于 500 mL 水中,加入 200 mL 浓硫酸,冷却后,转移至 1000 mL 容量瓶中,用水稀释至标线,该溶液重铬酸钾浓度为 0.4 mol/L($c_{1/6\,K_2Cr_2O_7}$)。用于测定 COD 浓度在 1000～2500 mg/L 的水样(含 2500 mg/L 以上需稀释的水样)。

消化液Ⅱ:称取 9.80 g 重铬酸钾(硫酸铝钾、钼酸铵、硫酸的用量同消化液Ⅰ)按上述方法配制,重铬酸钾浓度为 0.2 mol/L($c_{1/6\,K_2Cr_2O_7}$)。用于测定 COD 浓度在 50～1000 mg/L的水样。

消化液Ⅲ:称取 2.45 g 重铬酸钾(硫酸铝钾、钼酸铵、硫酸的用量同消化液Ⅰ)按上述方法配制,重铬酸钾浓度为 0.05 mol/L($c_{1/6\,K_2Cr_2O_7}$)。用于测定 COD 浓度在 50 mg/L 以下的水样。

⑤催化剂：称取 4.4 g 硫酸银溶解于 500 mL 的浓硫酸中，摇匀。

⑥掩蔽剂：称取 30.00 g 硫酸汞溶解于 100 mL 10%的硫酸中(氯离子含量不高的可适当减少硫酸汞的量)。

⑦10% H_2SO_4：取 50 mL 蒸馏水，缓慢加入 10 mL 浓硫酸，冷却后定容至 100 mL。

3. 注意事项

(1)浓硫酸有强腐蚀性！取用需小心，要在通风橱中进行。

(2)重铬酸钾有毒。

(3)临用前，必须用 $K_2Cr_2O_7$ 标准溶液标定硫酸亚铁铵标准滴定溶液的浓度。

活动 3　采集化学需氧量测定的水样

1. 样品采集

(1)取学校湖水的水样。

采样容器：硬质玻璃瓶。

保存剂及用量：H_2SO_4，使样品 pH≤2，0～5 ℃，避光保存。

保存期：5 d。

容器洗涤：洗涤剂洗一次，自来水洗三次，蒸馏水洗一次。

技术规范：《水质 化学需氧量的测定 重铬酸盐法》(HJ 828—2017)。

(2)将水样采集和保存记录填写在表中(表 4.10)。

2. 注意事项

(1)按照《污水监测技术规范》(HJ 91.1—2019)的相关规定进行水样的采集和保存。

(2)采集水样的体积不得少于 100 mL。

(3)测定化学需氧量的水样应采集于玻璃瓶内，应尽快分析。

(4)水样采集后，应加入硫酸将 pH 值调至<2，以抑制微生物活动。在 4 ℃冷藏保存，并在 48 h 内测定。

活动 4　硫酸亚铁铵标准溶液的标定

1. 实验原理

(1)氧化还原反应

硫酸亚铁铵与重铬酸钾的反应是一种氧化还原反应。其中，硫酸亚铁铵为还原剂，可以将六价铬离子还原为三价铬离子，而重铬酸钾则是氧化剂。

(2)颜色变化

在滴定过程中，当所有的六价铬离子被还原为三价离子后，溶液会发生颜色变化。这是因为三价离子和六价离子具有不同的吸收光谱。在六价离子存在时，溶液呈现出橙红色；而当所有的六价离子被还原成三价离子后，溶液呈现出绿色。

2. 硫酸亚铁铵的标定

取 5.00 mL 浓度为 0.2500 mol/L 重铬酸钾标准溶液于 250 mL 锥形瓶中，加水稀释至 55 mL 左右，缓慢加入 15 mL 浓硫酸，混匀。冷却后，加入 2～3 滴试亚铁灵指示剂，用硫酸亚铁铵溶液滴定，溶液的颜色由黄色经蓝绿色至红褐色即为终点。

> **注意**：15 mL 浓硫酸要缓慢沿着锥形瓶壁倒入，边倒边搅拌。切忌快速倒入，以免引发危险！

$$c_{\text{硫酸亚铁铵}} = \frac{0.2500 \times 5.00}{V}$$

式中 $c_{\text{硫酸亚铁铵}}$——硫酸亚铁铵标准溶液的浓度，mol/L；

V——硫酸亚铁铵标准溶液的用量，mL。

标定做 3 次平行，取平均值。

3. 数据记录与处理

将数据填写在标定记录表中(表 6.4)。

表 6.4　硫酸亚铁铵的标定记录表

项目	编号		
	1	2	3
滴定管初读数/mL			
滴定管终读数/mL			
硫酸亚铁铵溶液用量/mL			
空白消耗/mL			
硫酸亚铁铵溶液浓度/(mol/L)			
硫酸亚铁铵平均浓度/(mol/L)			
偏差			
相对平均偏差/%			

活动 5　水样 COD 值的测定

1. 实验原理

重铬酸钾($K_2Cr_2O_7$)具有强氧化性，在水样中加入已知量过量的重铬酸钾溶液，在酸性条件下加入硫酸银进行催化作用时，直链脂肪族化合物可有效地被氧化。过量的重铬酸钾，以试亚铁灵作指示剂，用硫酸亚铁铵溶液回滴，由消耗的重铬酸钾量可计算出水样中有机物的含量。

重铬酸钾与有机物的反应：

$$2Cr_2O_7^{2-} + 3C + 16H^+ \longrightarrow 4Cr^{3+} + 8H_2O + 3CO_2\uparrow$$

过量的重铬酸钾以试亚铁灵作指示剂，用亚铁盐溶液回滴：

$$Cr_2O_7^{2-}（过量的）+14H^+ +6Fe^{2+} = 6Fe^{3+} +2Cr^{3+} +7H_2O$$

本方法主要的干扰物为氯化物，若水样中含有氯离子则易被重铬酸钾氧化，与催化剂硫酸银反应生成沉淀，从而影响测试结果。可使用硫酸汞络合氯离子生成可溶性的氯汞络合物以排除干扰。硫酸汞溶液的用量可根据水样中氯离子的含量，按质量比 $m_{HgSO_4}:m_{Cl^-} \geq 20:1$ 加入，最大加入量为 2 mL（按氯离子浓度 1000 mg/L），氯离子含量可提前粗略测定。具体测定方法请扫二维码查看。

PDF

氯离子含量粗略测定方法

2. 水样 COD 的测定

①吸取 3.00 mL 水样置于具密封塞的加热管中，然后加入 3 mL 消化液和 3 mL 催化剂，旋紧密封盖，混匀。

注意：投加消化液和催化剂要缓慢，沿着加热管管壁加入。切忌快速，以免引发危险！

②将加热器接通电源，待温度达到 165 ℃时，再将加热管放入加热器中。打开计时开关，经 7 min 待液体也达到 165 ℃时，继续加热工作 15 min 之后取出加热管，冷却。

③将消解后的水样移入锥形瓶中，用 20 mL 蒸馏水分 3 次冲洗消化管（加热管），冲洗液倒入锥形瓶中。加 2～3 滴试亚铁灵指示剂，用硫酸亚铁铵标准溶液滴定，溶液的颜色由黄色经蓝绿色至红褐色即为终点，记录硫酸亚铁铵标准溶液的用量（记为 V_1）。

④需要做 3 个平行水样样品，计算平均值。

3. 空白样的测定

吸取 3.00 mL 蒸馏水代替水样，其余操作与水样 COD 的测定相同的步骤进行，记录滴定空白时硫酸亚铁铵标准溶液的用量（记为 V_0）。空白试验中硫酸银-硫酸溶液和硫酸汞溶液的用量应与样品中的用量保持一致。

4. 计算与结果表示

按下式计算样品中化学需氧量的质量浓度：

$$COD = \frac{(V_0 - V_1) \times c \times 8 \times 1000}{V_2}$$

式中　c——硫酸亚铁铵标准溶液的浓度，mol/L；

V_0——滴定空白样时硫酸亚铁铵标准溶液的用量，mL；

V_1——滴定实际水样时硫酸亚铁铵标准溶液的用量，mL；

V_2——实际待测水样的体积，mL；

8——$1/4O_2$ 的相对分子质量以 mg/mol 为单位的换算值。

当 COD 测定结果小于 100 mg/L 时保留至整数位；当测定结果大于或等于 100 mg/L 时，保留三位有效数字。

将数据填写在记录表格中（表 6.5）。

表 6.5 COD 测定结果记录表

项目	编号		
	样品 1	样品 2	样品 3
水样体积/mL			
滴定管初读数/mL			
滴定管终读数/mL			
硫酸亚铁铵溶液用量/mL			
空白样消耗/mL			
硫酸亚铁铵溶液浓度/(mol/L)			
COD 值 /(mg/L)			
COD 平均值/(mg/L)			
相对标准偏差/%			

5. 质量控制

(1)空白试验

每批样品应至少做两个空白试验。

(2)精密度控制

每批样品应做 10%的平行样。若样品数少于 10 个，应至少做一个平行样。平行样的相对偏差不超过±10%。

(3)准确度控制

每批样品测定时，应分析一个有证标准样品或质控样品，其测定值应在保证值范围内或达到规定的质量控制要求，确保样品测定结果的准确性。

6. 注意事项

①取样时水样一定要摇匀，有的水样上下层液的 COD 值相差很大，所以在取样的时候一定要摇匀后马上吸取。

②加消化液和催化剂后充分摇匀后才能加热消解，消解后若溶液颜色变绿，说明 COD 含量太高，应适当稀释后测定。

稀释方法：先取上述操作所需体积 1/10 的废水样和试剂，加入硬质玻璃试管中，摇匀，加热后观察是否变成绿色。如溶液显绿色，再适当减少废水取样量，直到溶液不变绿色为止，从而确定废水样分析时应取用的体积。所取废水样的体积不得少于 5 mL，且溶液加入对应量的试剂后加热不变绿色为止。

③试亚铁灵指示剂加入量应尽量一致，溶液颜色先变为蓝绿色，再变到红褐色即达到终点，几分钟后可能还会重现蓝绿色。

④水样的取用体积不同，所加试剂用量或浓度也要按表 6.6 相应调整。

表 6.6　不同水样取用量对应的试剂用量或浓度

水样体积/mL	0.2500 mol/L $K_2Cr_2O_7$ 溶液/mL	H_2SO_4-Ag_2SO_4 溶液/mL	$HgSO_4$/g	$(NH_4)_2Fe(SO_4)_2$ /(mol/L)	滴定前总体积/mL
10.00	5.00	15	0.2	0.05	70.0
20.00	10.00	30	0.4	0.10	140.0
30.00	15.00	45	0.6	0.15	210.0
40.00	20.00	60	0.8	0.20	280.0
50.00	25.00	75	1.0	0.25	350.0

【任务评价】

实验结束后，针对全过程进行评价（表 6.7）。

表 6.7　化学需氧量的测定任务评价

考核内容	序号	考核标准	分值	小组评价	教师评价
解读国家标准（10 分）	1	标准查找准确	2		
	2	仪器确认正确	2		
	3	试剂确认正确	2		
	4	解读标准的原始记录填写无误	4		
仪器准备（4 分）	5	仪器选择正确	2		
	6	仪器配套选择正确	2		
试剂准备（8 分）	7	试剂选择正确（种类、纯度）	2		
	8	正确配制所需溶液	6		
水样采集保存（15 分）	9	选择采样点、采样方法、容器、采样量、运输等正确	6		
	10	水样的保存方法、保存剂及用量、保存时间等正确	6		
	11	正确规范填写采样记录表	3		
测定操作（26 分）	12	正确规范进行硫酸亚铁铵标准溶液的标定	10		
	13	化学需氧量的测定操作正确	10		
	14	读数正确	3		
	15	样品重复测定两次	3		
团队协作（5 分）	16	任务分工明确、各司其职	5		

续表 6.7

考核内容	序号	考核标准	分值	小组评价	教师评价
职业规范（7 分）	17	仪器归位正确、器皿清洗干净、无损坏	2		
	18	药品、仪器摆放整齐	2		
	19	实验室台面整洁	1		
	20	实验后积极打扫实验室卫生	2		
数据记录及处理（15 分）	21	正确、规范记录数据，无随意涂抹、篡改数据	3		
	22	硫酸亚铁铵浓度计算正确	3		
	23	化学需氧量计算正确	4		
	24	相对标准偏差≤1%	5		
实验报告（10 分）	25	报告格式规范、完整	3		
	26	正确撰写报告内容	7		
考核结果（满分 100 分）					

练习巩固

练习

项目六任务三化学需氧量的测定 练习

任务四　水样六价铬的测定

【任务目标】

(1)了解六价铬的定义及测定意义。

(2)掌握二苯碳酰二肼分光光度法测定六价铬的原理和方法。

(3)能完成二苯碳酰二肼分光光度法测定水样六价铬的实验操作。

【任务分析】

1. 明确任务流程

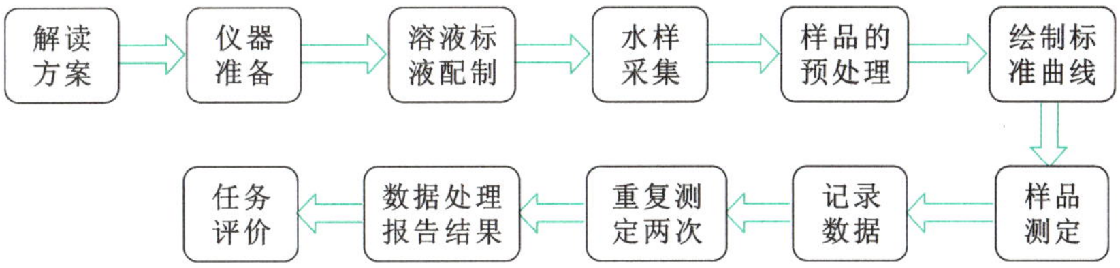

2. 任务重难点分析

(1)六价铬测定的溶液配制及标准曲线绘制。

(2)实验过程中的质量控制。

3. 任务前准备

(1)《水质 六价铬的测定 二苯碳酰二肼分光光度法》(GB 7467—1987)。

(2)水中六价铬测定的视频资料。

(3)水中六价铬测定所需的仪器和试剂。

①仪器：可见分光光度计、10 mm 比色皿(30 mm 比色皿)、50 mL 比色管、分析天平以及移液管、容量瓶、烧杯等常规玻璃仪器等。

②试剂：蒸馏水、丙酮、硫酸溶液(1+1)、磷酸溶液(1+1)、氢氧化钠溶液、铬标准贮备溶液、氢氧化锌共沉淀剂、高锰酸钾溶液和二苯碳酰二肼显色剂等。

要求各组长将本次项目涉及的任务在组内进行分解，各成员将分配到的任务填入表4.8。

【知识链接】

(一)六价铬的测定意义及来源

铬是银灰色、质脆而硬的金属，在自然界中主要形成铬铁矿。铬是生物体必需的微量元素之一，金属铬对人体是无毒的，缺乏铬反而引起动脉粥样硬化。另外铬还对植物生长有刺激作用，可提高收获量。但浓度高时则对人体有害，过量铬也会对动植物造成危害。自然形成的铬常以三价状态存在，污染的水中铬有三价和六价两种价态，在水体中一般以 CrO_4^{2-}、$HCr_2O_7^-$、$Cr_2O_7^{2-}$ 三种形式存在。铬的毒性与其存在价态有极大的关系，六价铬具有强烈的毒性，且易被人体吸收，并在体内蓄积导致肝癌。六价铬有强氧化性，对皮肤和黏膜有剧烈的腐蚀性，可以通过消化、呼吸道、皮肤及黏膜侵入人体对人体产生危害。通过呼吸道进入时人会有不同程度的沙哑、鼻黏膜萎缩等；经消化道侵入时可引起呕吐、腹疼；还有研究表明，六价铬具有致癌作用，通常认为六价铬的毒性比三价铬高 100 倍。铬会抑制水体自净，易累积于鱼体内，也可使水生生物死亡。用含铬的水灌溉农作物，铬会富集于果实中。

铬的污染来源主要是含铬矿石的加工、金属表面处理、皮革鞣制、印染、制药、化工等行业的工业废水。铬是水质污染控制的一项重要指标。铬为第一类污染物，对于工业废水，需在车间排放口或车间处理设施排放口采样。《污水综合排放标准》(GB 8978—1996)中总铬最高允许排放浓度为 1.5 mg/L，六价铬为 0.5 mg/L。

(二)六价铬测定的方法

六价铬是卫生标准中的重要指标，世界卫生组织(WHO)《饮用水水质准则》中要求，饮用水中总铬含量不得超过 0.05 mg/L。美国 EPA《国家饮用水水质标准》中规定，饮用水中总铬含量不得超过 0.1 mg/L。我国要求饮用水中铬的浓度不得超过 0.05 mg/L，农业灌溉用水与渔业用水应小于 0.1 mg/L。铬的测定方法有二苯碳酰二肼分光光度法、原子吸收分光光度法、等离子发射光谱法和硫酸亚铁铵滴定法等。二苯碳酰二肼分光光度法是国内外普遍使用的标准方法，适用于地表水和工业废水中六价铬的测定。硫酸亚铁铵滴定法（测定总铬）适用于总铬浓度大于 1 mg/L 的水样。

下面重点介绍二苯碳酰二肼分光光度法（GB 7467—1987）。

【任务实施】

活动 1　解读水中六价铬的测定标准

1. 查找与阅读标准

(1)上网搜索查找水中六价铬的测定方法标准（中华人民共和国生态环境部—生态环境标准、食品伙伴网—标准下载中心等）。

(2)测定方法使用标准的确定。

(3)仔细阅读国家标准《水质 六价铬的测定 二苯碳酰二肼分光光度法》（GB 7467—1987），确定六价铬测定方案，找出方法的适用范围、检测限、干扰、方法原理、精密度和准确度等内容，并列出所需的其他相关标准。

2. 仪器和试剂的确认

依据查阅的标准，确认所需仪器和试剂。

3. 数据记录

将六价铬的测定标准、仪器、试剂等填写在数据记录表中（表 4.9）。

活动 2　六价铬测定的仪器及试剂准备

1. 实验仪器

可见分光光度计、10 mm 比色皿（30 mm 比色皿）、50 mL 比色管、分析天平，以及移液管、容量瓶、烧杯等常规玻璃仪器等。

2. 实验试剂

蒸馏水、丙酮、硫酸溶液（1＋1）、磷酸溶液（1＋1）、氢氧化钠溶液、氢氧化锌共沉淀剂、高锰酸钾溶液、铬标准贮备溶液、二苯碳酰二肼显色剂、尿素、亚硝酸钠溶液等。

①4 g/L 氢氧化钠溶液：将 1 g 氢氧化钠溶于水并稀释至 250 mL。

②氢氧化锌共沉淀剂：将 100 mL 80 g/L 硫酸锌（$ZnSO_4 \cdot 7H_2O$）溶液和 120 mL 20 g/L氢氧化钠溶液混合（8 g 硫酸锌溶于 100 mL 水配成溶液Ⅰ；2.4 g 氢氧化钠溶于 120 mL蒸馏水配成溶液Ⅱ。溶液Ⅰ和溶液Ⅱ混合后为氢氧化锌共沉淀剂）。

③40 g/L 高锰酸钾溶液：称取 4 g 高锰酸钾，在加热和搅拌下溶于水，最后稀释至 100 mL。

④铬标准贮备液（100 mg/mL）：称取于 110 ℃干燥 2 h 的 0.2829±0.0001 g 重铬酸钾

（优级纯），用水溶解后，移入 1000 mL 容量瓶中，用水稀释至标线，摇匀。此溶液 1 mL 含有 100 μg 六价铬。

⑤显色剂（Ⅰ）：称取二苯碳酰二肼（$C_{13}N_{14}H_4O$）0.2 g，溶于 50 mL 丙酮中，加水稀释到 100 mL，摇匀，储于棕色瓶，置于冰箱中（颜色变深后不能使用）。

⑥显色剂（Ⅱ）：称取二苯碳酰二肼（$C_{13}N_{14}H_4O$）2 g，溶于 50 mL 丙酮中，加水稀释到 100 mL，摇匀，储于棕色瓶，置于冰箱中（颜色变深后不能使用）。

⑦200 g/L 尿素溶液：将 20 g 尿素[$(NH_2)_2CO$]溶于水并稀释至 100 mL。

⑧20 g/L 亚硝酸钠溶液：将 2 g 亚硝酸钠（$NaNO_2$）溶于水并稀释至 100 mL。

活动 3　采集保存六价铬测定的水样

1. 样品采集

（1）取学校湖水的水样。

（2）将水样采集记录填写在表 4.10 中。

2. 注意事项

（1）实验室样品应采用玻璃瓶采集，采集时，加入氢氧化钠，调节样品 pH 值为 8 左右，采集后尽快测定，放置不能超过 24 h。

（2）采集的水样不应使用磨口及内壁已磨的容器，以避免吸附铬。

活动 4　水样六价铬的测定

1. 实验原理

在酸性溶液中，水样中的六价铬与二苯碳酰二肼反应生成紫红色化合物，在其最大吸收波长 540 nm 处测定吸光度，利用标准曲线法求出水样中六价铬的含量（如果测定总铬，需先用高锰酸钾将水样中的三价铬氧化为六价铬，再用分光光度法测定）。

当取样体积为 50 mL，使用光程为 30 mm 比色皿时，方法最小检出量为 0.2 μg 六价铬，最低检出浓度为 0.004 mg/L；使用光程为 10 mm 比色皿时，测定上限为 1.0 mg/L。

2. 操作步骤

（1）铬标准使用液配制

吸取 1 mL 铬标准贮备液，置于 100 mL 容量瓶中，用水稀释至标线，摇匀（每毫升溶液含 1.00 μg 六价铬，使用时当天配制）。

（2）标准曲线的绘制

①在 9 个 50 mL 比色管中，分别加入 0 mL、0.20 mL、0.50 mL、1.00 mL、2.00 mL、4.00 mL、6.00 mL、8.00 mL、10.00 mL 的铬标准使用液，加水稀释至刻度标线（其所对应的六价铬含量分别为 0 μg、0.20 μg、0.50 μg、1.00 μg、2.00 μg、4.00 μg、6.00 μg、8.00 μg、10.00 μg）；

②每个比色管中加入 0.5 mL 的硫酸溶液（1＋1）和 0.5 mL 的磷酸溶液（1＋1），摇匀；

③加入显色剂（Ⅰ）2 mL，摇匀。5～10 min 后，于 540 nm 波长处，用 10 mm 或

30 mm比色皿，以蒸馏水做参比，测定吸光度并作空白校正，绘制标准曲线。

(3)水样预处理

①对不含悬浮物、低色度的清洁地面水，可直接进行测定。

②色度校正：如果水样有颜色但不太深时，可进行色度校正。即另取一份试样，加入除显色剂以外的各种试剂，以 2 mL 丙酮代替显色剂，用此溶液为测定试样溶液吸光度的参比溶液，其他步骤与“水样的测定”步骤相同。试样溶液测得的吸光度扣除此色度校正吸光度后，再行计算。

③锌盐沉淀分离法：对浑浊、色度较深的样品可用此法进行前处理。

取适量样品(含六价铬少于 100 μg)于 150 mL 烧杯中，加水至 50 mL。滴加氢氧化钠溶液，调节溶液 pH 值至 7～8。在不断搅拌下，滴加氢氧化锌共沉淀剂至溶液 pH 值为 8～9。将此溶液转移至 100 mL 容量瓶中，用水稀释至标线。用慢速滤纸过滤，弃去 10～20 mL 初滤液，取其中 50.0 mL 滤液供测定。

④二价铁、亚硫酸盐、硫代硫酸盐等还原性物质的消除：取适量样品(含六价铬少于 50 μg)于 50 mL 比色管中，用水稀释至标线，加入 4 mL 显色剂(Ⅰ)，混匀，放置 5 min 后，加入 1 mL 硫酸溶液摇匀。5～10 min 后，在 540 nm 波长处，用 10 mm 或 30 mm 光程的比色皿，以水作参比，测定吸光度。扣除空白试验测得的吸光度后，从标准曲线查得六价铬含量。用相同方法做标准曲线。

⑤次氯酸盐等氧化性物质的消除：取适量样品(含六价铬少于 50 μg)于 50 mL 比色管中，用水稀释至标线，加入 0.5 mL 硫酸溶液(1+1)、0.5 mL 磷酸溶液(1+1)和 1.0 mL 尿素溶液，摇匀。逐滴加入 1 mL 亚硝酸钠溶液，边加边摇，以除去由过量的亚硝酸钠与尿素反应生成的气泡，待气泡除尽后，以下步骤同“水样的测定”步骤(注意免去加硫酸液和磷酸溶液)。

(4)水样的六价铬测定

①吸取 50 mL 经处理后水样于比色管中，加入 0.5 mL 的硫酸溶液(1+1)和 0.5 mL 的磷酸溶液(1+1)，摇匀。

②加入 2 mL 显色剂(Ⅰ)，摇匀。5～10 min 后，于 540 nm 波长处，用 10 mm 或 30 mm 比色皿，以蒸馏水做参比，测定吸光度并作空白校正，从标准曲线中算出六价铬的含量。

③本次实验需测定六价铬 3 次，即做 3 个平行样。

3. 质量控制

①本实验中包括采样瓶在内的所有玻璃器皿内壁须光洁，以免吸附铬离子。不得用重铬酸钾洗液洗涤。可用硝酸、硝酸混合液或合成洗涤剂洗涤，洗涤后要冲洗干净。

②铬标准使用液有两种浓度，其中每毫升含 5.00 μg 六价铬的标准溶液适用于铬含量高的水样测定，显色及测定时使用显色剂(Ⅱ)和 10 mm 比色皿。

③六价铬与显色剂的显色反应一般控制酸度在 0.05～0.3 mol/L($1/2H_2SO_4$)范围，以 0.2 mol/L 时显色最好。显色前，水样应调至中性。显色时，温度和放置时间对显色有影响，在 15 ℃时，5～15 min 颜色即可稳定。

④校准曲线的相关系数应不小于 0.9990。

4. 注意事项

①水中含有低价铁、亚硫酸盐、硫化物等还原性物质时，调节至 pH=8 后加入显色剂（Ⅱ）$_{1}$ 5 min 后酸化显色。

②水中含有次氯酸盐等氧化性物质时，需加入尿素和亚硝酸钠消除。

③氧化性、还原性物质均有干扰，水样浑浊时，不便测定。水中有机物也有干扰，可加高锰酸钾氧化后测定。

活动 5　水样六价铬的测定数据记录与处理

1. 数据记录

将测定数据及处理结果记录于表 6.8 中。

表 6.8　六价铬测定的数据记录表

样品名称					测定项目				
测定方法					测定时间				
一、标准曲线的绘制									
六价铬标准贮备液浓度/(μg/ mL)									
六价铬标准使用液浓度/(μg/mL)									
序号	1	2	3	4	5	6	7	8	9
六价铬标准使用液体积/mL									
标准溶液六价铬含量/μg									
皿差									
原始吸光度 A									
皿差校正									
空白校正吸光度 A'									
标准曲线方程									
二、水样六价铬的测定									
测定次数	样品 1	样品 2	样品 3	空白					
水样体积/mL									
吸光度 A									
皿差校正									
空白校正吸光度 A'									
水样中六价铬含量/μg									
水样中六价铬浓度/(mg/L)									
水样中六价铬平均浓度/(mg/L)									
相对标准偏差/%									

注意：相对标准偏差应小于 0.6%。

2. 数据处理

水样中六价铬质量浓度计算如下：

$$\rho(\mathrm{mg/L})=\frac{m}{V}$$

式中 ρ——水样中六价铬的质量浓度，mg/L；

m——标准曲线算出的六价铬量，μg；

V——水样体积，mL。

【任务评价】

实验结束后，针对全过程进行评价（表 6.9）。

表 6.9　水样六价铬的测定任务评价

考核内容	序号	考核标准	分值	小组评价	教师评价
解读国家标准（10 分）	1	标准查找准确	2		
	2	仪器确认正确	2		
	3	试剂确认正确	2		
	4	解读标准的原始记录填写无误	4		
仪器准备（4 分）	5	仪器选择正确	2		
	6	仪器配套选择正确	2		
试剂准备（8 分）	7	试剂选择正确（种类、纯度）	2		
	8	正确配制所需溶液	6		
水样采集保存（15 分）	9	选择采样点、采样方法、容器、采样量、运输等正确	6		
	10	水样的保存方法、保存剂及用量、保存时间等正确	6		
	11	正确规范填写采样记录表	3		
测定操作（28 分）	12	水样预处理正确	5		
	13	标准曲线的配制准确	8		
	14	分光光度计使用操作规范	6		
	15	水样、空白测定正确	6		
	16	样品重复测定两次	3		
团队协作（5 分）	17	任务分工明确、各司其职	5		
职业规范（7 分）	18	仪器归位正确、器皿清洗干净、无损坏	2		
	19	药品、仪器摆放整齐	2		
	20	实验室台面整洁	1		
	21	实验后积极打扫实验室卫生	2		

续表 6.9

考核内容	序号	考核标准	分值	小组评价	教师评价
数据记录及处理（13 分）	22	正确、规范记录数据，无随意涂抹、篡改数据	3		
	23	空白、标准曲线、水样校正吸光度计算正确	5		
	24	标准曲线相关系数≥0.9990	5		
实验报告（10 分）	25	报告格式规范、完整	3		
	26	正确撰写报告内容	7		
考核结果（满分 100 分）					

练习巩固

练习

项目六任务四水样六价铬的测定 练习

任务五　水样中铜离子的测定

【任务目标】

(1)熟悉原子吸收分光光度计的使用方法。

(2)熟悉火焰原子吸收法测量条件的选择方法。

(3)掌握原子吸收法测定金属元素的原理和操作技术。

(4)通过测定水中的铜含量，掌握基于标准曲线法的定量方法。

【任务分析】

1. 明确任务流程

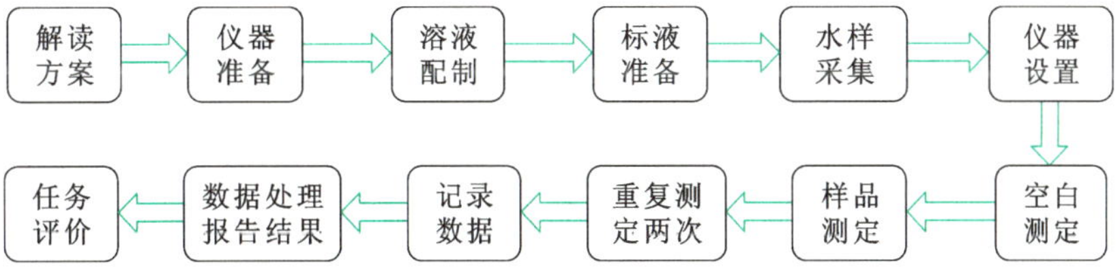

2.任务重难点分析

(1)原子吸收分光光度计的操作使用。

(2)基于标准曲线法的定量方法 。

3.任务前准备

(1)《水质 铜、锌、铅、镉的测定 原子吸收分光光度法》(GB 7475—1987)。

(2)原子吸收分光光度计操作使用的视频资料。

(3)水中铜的测定所需的仪器和试剂。

①仪器:原子吸收分光光度计、空气钢瓶或无油气体压缩机、乙炔钢瓶,以及容量瓶、移液管、烧杯等常规玻璃仪器。

②试剂:蒸馏水、硝酸铜、硝酸溶液(1+1)、硝酸溶液(2+100)、铜标准溶液Ⅰ和铜标准溶液Ⅱ等。

要求各组长将本次项目涉及的任务在组内进行分解,各成员将分配到的任务填入表4.8。

【知识链接】

水中的金属污染物,由于其存在的形态不同,毒性大小也不同,因此需要分别测定溶解的、悬浮的以及总的金属量。溶解的金属是指能通过孔径为 0.45 μm 微孔滤膜的部分;悬浮的金属是指不能通过 0.45 μm 微孔滤膜的部分;总的金属量是未经过滤的水样经消解后测得的总的金属量,应为溶解的与悬浮的金属之和。本任务以水中铜的测定为例,使用原子吸收分光光度计测量水中的金属元素。

(一)铜的污染来源及危害

铜是人体必不可少的元素,人体缺乏铜会引起贫血、生长异常、动脉异常等,但过量摄入对人体有害。铜对水生生物毒性很大,毒性与其形态有关,游离铜离子的毒性比配合物的毒性大。当水中铜的含量达 0.01 mg/L 时,对水体自净有明显的抑制作用。

铜污染主要来自采矿、电镀、冶炼、五金、石油化工和化学工业等企业排放的污水。

(二)铜测定的方法

铜的测定方法有分光光度法、原子吸收分光光度法、极谱法和滴定法等。监测工作中主要采用原子吸收分光光度法(又称原子吸收光谱仪),用原子吸收分光光度法进行测定,关键在于试样处理,一般是采用消解的方法来处理水样。由于该方法相互干扰很少,故可以在一份试样中同时测定多个项目。以下依据《水质 铜、锌、铅、镉的测定 原子吸收分光光度法》(GB 7475—1987)着重介绍原子吸收光谱法。该方法分为两部分,第一部分为直接法,适用于测定地下水、地面水和废水中的铜(锌、铅、镉);第二部分为螯合萃取法,适用于测定地下水和清洁地面水中低浓度的铜(锌、铅、镉)。这里主要介绍直接法,其测定浓度范围与仪器的特性有关。

【任务实施】

活动 1　解读水中铜离子的测定标准

1. 查找与阅读标准

(1)上网搜索查找水中铜离子的测定方法标准(中华人民共和国生态环境部—生态环境标准、食品伙伴网—标准下载中心等)。

(2)测定方法使用标准的确定。

(3)仔细阅读国家标准《水质 铜、锌、铅、镉的测定 原子吸收分光光度法》(GB 7475—1987),确定水中铜离子的测定方案,找出方法的适用范围、检测限、干扰、方法原理、精密度和准确度等内容,并列出所需的其他相关标准。

2. 仪器和试剂的确认

依据查阅的标准,确认所需仪器和试剂。

3. 数据记录

将铜离子的测定标准、仪器、试剂等填写在数据记录表中(表 4.9)。

活动 2　铜离子测定的仪器及试剂准备

1. 实验仪器

原子吸收分光光度计及相应的辅助设备(配有乙炔-空气燃烧器,仪器操作参数可参照厂家的说明进行选择),以及容量瓶(100 mL)、移液管、烧杯等常规玻璃仪器。

2. 实验试剂

蒸馏水、铜丝(或硫酸铜)、硫酸溶液(1+1)、硝酸溶液(1+1)、硝酸溶液(2+100)和铜标准溶液。

①铜标准溶液Ⅰ:称取铜丝(高纯)1.0000 g,精确至 0.0002 g,放入 200 mL 烧杯中,加入 50.0 mL 水和 1.0 mL 硝酸溶液(1+1),在电炉上缓慢加热使铜丝完全溶解,赶尽氮的氧化物,冷却后用硝酸溶液(2+100)稀释至 1000 mL 容量瓶中,摇匀,此溶液 1.00 mL 含1.00 mg铜。或者称取 3.9281 g 硫酸铜($CuSO_4 \cdot 5H_2O$)溶于少量水中,滴入几滴硫酸溶液(1+1),移入 1000 mL 容量瓶中,用水稀释至刻度,摇匀。此溶液 1 mL 含有 1 mg 铜。

铜标准溶液Ⅱ:移取铜标准溶液Ⅰ 2.5 mL,放入 100 mL 容量瓶中,用硝酸溶液(2+100)稀释至刻度,此溶液 1.00 mL 含 0.025 mg 铜,即 0.025 mg/mL。

②燃气:乙炔,用钢瓶或乙炔发生器供给,纯度不低于 99.6%。

③助燃气:空气。由空气压缩机供给,进入燃烧器之前要过滤,以除去其中的水、油和其他杂质。

活动3 采集保存铜离子测定的水样

1.样品采集

①取学校湖水的水样。

②将水样采集记录填写在表4.10中。

2.注意事项

①用聚乙烯塑料瓶采集样品。如非一次性采样瓶，则需要先用洗涤剂洗净，再在硝酸溶液(1+1)中浸泡，使用前用水冲洗干净。

②分析金属总量的样品，采集后立即加浓硝酸酸化至pH值约为1～2，正常情况下，每1000 mL样品加2 mL硝酸。

③分析溶解的金属时，样品采集后立即通过0.45 μm微孔滤膜过滤，得到的滤液再按要求进行酸化。

活动4 水样铜离子的测定

1.实验原理

原子吸收光谱法(AAS)，又称原子吸收分光光度法，通常简称为原子吸收法。原子吸收法是基于从光源发射的被测元素的特征谱线通过样品蒸气时，被蒸气中待测元素基态原子吸收，由谱线的减弱程度求得样品中被测元素的含量。谱线的吸收与原子蒸气的浓度遵守朗伯-比耳定律：

$$A = kcL$$

式中 A——吸光度；

k——摩尔吸光系数，L/(mol·cm)；

c——吸光物质的浓度，mol/L；

L——吸收层厚度，cm。

这是本方法的定量分析基础。原子吸收光谱仪按照原子化方式的不同，可分为火焰原子吸收法和石墨炉原子吸收法。

本实验采用火焰原子吸收法。测定时，首先将被测样品转变为溶液，经雾化系统导入火焰中，在火焰原子化器中经过喷雾燃烧完成干燥、熔融、挥发、离解等一系列变化，使被测元素转化为气态的基态原子。本实验采用标准曲线法测定未知液中铜的含量。

水样经雾化喷入空气-乙炔火焰中原子化，在原子蒸汽中铜原子处于基态状态。以铜特征线(共振线)324.7 nm为分析线，测定吸光度，将测得的样品吸光度和标准溶液的吸光度进行比较，确定样品中被测元素的浓度。

2.操作步骤

(1)原子吸收光谱法检测铜离子工作条件的选择

按照仪器说明书所提供的最佳条件调节波长为324.7 nm，调试灯电流、通带、积分时间、火焰条件、背景扣除等，仪器开机点火后需稳定5～10 min方能进行测定。

(2)铜离子测定步骤

①试样的制备

取现场水样约 500 mL，加入浓硝酸酸化至 pH＝1～2(每升水样加入 2.0 mL 浓硝酸)。当水样中悬浮物较多时，需用中速定量滤纸过滤，滤液贮于聚乙烯塑料瓶中(试样最长可放置 2 周)。

②工作曲线的绘制(25 mg/mL)

移取铜标准溶液Ⅱ 0.0 mL(空白)、1.0 mL、2.0 mL、3.0 mL、5.0 mL、10.0 mL 放置 100 mL 容量瓶中，用硝酸溶液(2＋100)稀释至刻度，摇匀，此标准系列铜含量依次为 0 μg、25 μg、50 μg、75 μg、125 μg、250 μg，放在仪器的最佳工作条件下，于波长324.7 nm 处，将原子吸收仪按操作步骤进行调节，待仪器读数稳定后即可进样。在测定之前，先用高纯水喷雾，调节读数至零点，然后按照浓度由低到高的原则，依次测量标准溶液，以空白校正的各标准系列的吸光度为纵坐标，相对应的铜含量为横坐标，绘制出工作曲线(或者以测定的吸光度为纵坐标，相对应的铜离子质量浓度 mg/L 为横坐标，绘制出工作曲线)。

③测定

用移液管移取试样溶液 20.0 mL，放置于 100 mL 容量瓶中，用硝酸溶液(2＋100)稀释至刻度，摇匀。按与绘制工作曲线时相同的条件，测定其吸光度并做空白校正，从工作曲线中查出相对应的铜的含量。

④关机

测定结束后，先用高纯水清洁燃烧器，然后关闭仪器。关闭仪器时，必须先关闭乙炔，再关电源，最后关闭空气。

3.注意事项

①电压要稳定，不要频繁开关机。在使用之前，废液管内一定要有水(从下端倒入即可)。

②常开机防潮，夏季最好一周一次，下雨开机要更勤，一次开机至少 20 min。开机时，先开空气阀，后开乙炔阀。空气压力在 0.2～0.3 MPa，乙炔压力在 0.05～0.1 MPa。点火后，燃烧器上的蓝条必须呈直线，火焰不能太高。关机时，先关乙炔阀，烧一会儿，吹一会儿空气，燃烧器温度降下来后，再关空气阀。

③室内温度控制在 10～30 ℃(最好是 15 ℃)，湿度≤60%。

④空气压缩机内的水，一定要排出，若未及时排出，则会被抽入空气流量计中，影响使用。

活动 5　水样铜的测定数据记录与处理

1.数据记录

将测定数据及处理结果记录于表 6.10 中。

表 6.10　铜离子测定的数据记录表

样品名称						
测定方法			测定时间			
一、标准曲线的绘制						
铜标准溶液Ⅰ/(mg/mL)						
铜标准溶液Ⅱ/(μg/mL)						
序号	1	2	3	4	5	6
铜标准溶液Ⅱ体积/mL						
标准溶液铜含量/μg						
原始吸光度 A						
空白校正吸光度 A'						
标准曲线方程						
二、水样铜的测定						
测定次数	样品 1	样品 2	样品 3	空白		
水样体积/mL						
吸光度 A						
空白校正吸光度 A'						
水样中铜含量/μg						
水样中铜浓度/(mg/L)						
水样中铜平均浓度/(mg/L)						
相对偏差/%						

2. 数据处理

以铜离子质量浓度表示的铜含量 ρ(mg/L)：

$$\rho(\text{mg/L}) = \frac{m}{V}$$

式中　m——从标准曲线中查得的铜的含量，μg；

V——试样的体积，mL。

【任务评价】

实验结束后，针对全过程进行评价(表 6.11)。

表 6.11　水样中铜离子的测定任务评价

考核内容	序号	考核标准	分值	小组评价	教师评价
解读国家标准（10 分）	1	标准查找准确	2		
	2	仪器确认正确	2		
	3	试剂确认正确	2		
	4	解读标准的原始记录填写无误	4		
仪器准备（4 分）	5	仪器选择正确	2		
	6	仪器配套选择正确	2		
试剂准备（8 分）	7	试剂选择正确（种类、纯度）	2		
	8	正确配制所需溶液	6		
水样采集保存（15 分）	9	选择采样点、采样方法、容器、采样量、运输等正确	6		
	10	水样的保存方法、保存剂及用量、保存时间等正确	6		
	11	正确规范填写采样记录表	3		
测定操作（29 分）	12	试样的制备准确	4		
	13	气瓶、空压机开关机、调节正确	3		
	14	原子吸收分光光度计操作正确、条件选择准确	9		
	15	工作曲线制作操作规范	5		
	16	水样、空白测定正确	5		
	17	样品重复测定两次	3		
团队协作（5 分）	18	任务分工明确、各司其职	5		
职业规范（7 分）	19	仪器归位正确、器皿清洗干净、无损坏	2		
	20	药品、仪器摆放整齐	2		
	21	实验室台面整洁	1		
	22	实验后积极打扫实验室卫生	2		
数据记录及处理（12 分）	23	正确、规范记录数据，无随意涂抹、篡改数据	3		
	24	标准曲线相关系数≥0.9990	6		
	25	结果计算正确	3		
实验报告（10 分）	26	报告格式规范、完整	3		
	27	正确撰写报告内容	7		
考核结果（满分 100 分）					

练习巩固

练习

项目六任务五水样中铜离子的测定 练习

任务六　废水总有机碳(TOC)的测定

【任务目标】

(1)了解总有机碳的含义及测定意义。

(2)熟悉 TOC 测定仪的工作原理和使用方法。

(3)掌握氧化燃烧法测定总有机碳的原理和方法。

【任务分析】

1. 明确任务流程

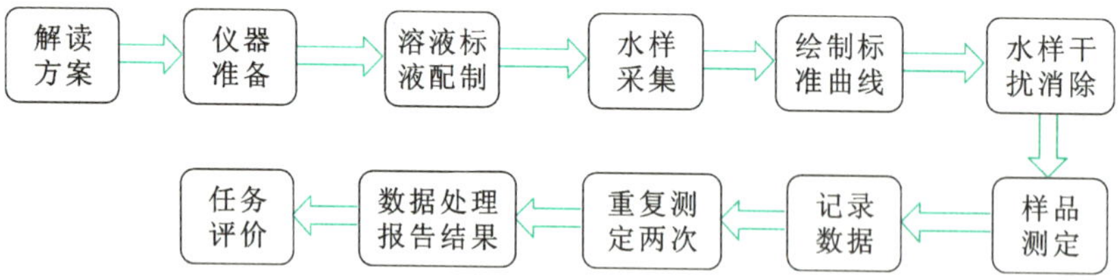

2. 任务重难点分析

(1)TOC 测定仪的设置和使用。

(2)实验过程中的质量控制。

3. 任务前准备

(1)《水质 总有机碳的测定 燃烧氧化-非分散红外吸收法》(HJ 501—2009)。

(2)水中总有机碳测定的视频资料。

(3)水中总有机碳测定所需的仪器和试剂。

①仪器:TOC 测定仪、微量注射器(50 μL,具有刻度)、100 mL 容量瓶,以及移液管、烧杯等常规玻璃仪器。

②试剂:邻苯二甲酸氢钾、无水碳酸钠、碳酸氢钠、硫酸、氢氧化钠溶液、有机碳标准贮备液、无机碳标准贮备液、差减法标准使用液和直接法标准使用液等。

要求各组长将本次项目涉及的任务在组内进行分解，各成员将分配到的任务填入表4.8。

【知识链接】

（一）总有机碳概述

总有机碳（Total Organic Carbon，TOC）指溶解和悬浮在水中所有有机物的含碳量，是以碳的含量表示水体中有机物总量的综合指标。水中有机物的种类很多，目前还不能全部进行分离鉴定。由于TOC的测定采用燃烧法，能将有机物全部氧化，因此它比BOD_5或COD更能直接表示有机物的总量，也常被用来评价水体中有机物污染的程度。

（二）总有机碳测定的方法

近年来，国内外已研制出各种总有机碳分析仪，按工作原理可分为燃烧氧化-非色散红外吸收法、电导法、气相色谱法、湿法氧化-非色散红外吸收法等。目前广泛采用燃烧氧化-非色散红外吸收法。该方法只需一次性转化，流程简单、重现性好、灵敏度高，适用于地表水、生活污水和工业废水中总有机碳的测定，因此这种TOC分析仪目前被国内外广泛采用。

以下依据《水质 总有机碳的测定 燃烧氧化-非分散红外吸收法》（HJ 501—2009）着重介绍总有机碳测定的方法。该方法检出限为0.1 mg/L，测定下限为0.5 mg/L。该测定方法分为差减法和直接法。当水中苯、甲苯、环己烷和三氯甲烷等挥发性有机物含量较高时，宜采用差减法测定；当水中挥发性有机物含量较少而无机碳含量相对较高时，宜采用直接法测定。

1. 差减法

将试样连同净化气体分别导入高温燃烧管（900 ℃）和低温反应管（150 ℃）中，经高温燃烧管的试样被高温催化氧化，其中的有机碳和无机碳均转化为二氧化碳，低温石英管中装有磷酸浸渍的玻璃棉，能使无机碳酸盐在150 ℃分解为二氧化碳，而有机物却不能被氧化分解。将两种反应管中生成的二氧化碳分别导入非分散红外检测器，分别测得总碳（TC）和无机碳（IC），二者之差即为总有机碳（TOC）。

2. 直接法

试样经过酸化将其中的无机碳转化为二氧化碳，曝气去除二氧化碳后，再将试样注入高温燃烧管中，以铂和三氧化钴或三氧化二铬为催化剂，使有机物燃烧转化为二氧化碳，导入非分散红外检测器直接测定总有机碳。

该法可使水样中的有机物完全氧化，因此TOC比COD、BOD_5和高锰酸盐指数能更准确地反映水样中有机物的总量。当地表水中无机碳含量远高于总有机碳时，会影响总有机碳的测定精度。地表水中常见共存离子如SO_4^{2-}、Cl^-、NO_3^-、PO_4^{3-}、S^{2-}等无明显干扰，当共存离子浓度较高时，可影响红外吸收，用无二氧化碳的纯水稀释后再测。

【任务实施】

活动1 解读水中总有机碳的测定标准

1. 查找与阅读标准

(1)上网搜索查找水质总有机碳的测定方法标准(中华人民共和国生态环境部—生态环境标准、食品伙伴网—标准下载中心等)。

(2)测定方法使用标准的确定。

(3)仔细阅读国家标准《水质 总有机碳的测定 燃烧氧化-非分散红外吸收法》(HJ 501—2009),确定水质总有机碳的测定方案,找出方法的适用范围、检测限、干扰、方法原理、精密度和准确度等内容,并列出所需的其他相关标准。

2. 仪器和试剂的确认

依据查阅的标准,确认所需仪器和试剂。

3. 数据记录

将总有机碳的测定标准、仪器、试剂等填写在数据记录表中(表4.9)。

活动2 总有机碳测定的仪器及试剂准备

1. 实验仪器

TOC测定仪、微量注射器(50 μL,具有刻度)、100 mL容量瓶,以及移液管、烧杯等常规玻璃仪器。

2. 实验试剂

除另有说明外,所用试剂均为分析纯试剂,所用水均为无二氧化碳水。

①无二氧化碳水:将重蒸馏水在烧杯中煮沸蒸发(蒸发量10%),冷却后备用。也可使用纯水机制备的纯水或超纯水。临用现制,并检验其TOC不应超过0.5 mg/L。

②邻苯二甲酸氢钾($KHC_8H_4O_4$):优级纯。

③无水碳酸钠(Na_2CO_3):优级纯。

④碳酸氢钠($NaHCO_3$):优级纯,存放于干燥器中。

⑤硫酸:密度为1.84 g/mL。

⑥氢氧化钠溶液:10 g/L。

⑦有机碳标准贮备液:TOC=400 mg/L。称取0.8502 g邻苯二甲酸氢钾(预先在110~120 ℃干燥2 h,置于干燥器中冷却至室温),溶解于水中,移入1000 mL容量瓶内,用水稀释至标线,混匀。在低温(4 ℃)冷藏条件下可保存60 d。

⑧无机碳标准贮备液:IC=400 mg/L。称取1.4000 g碳酸氢钠(预先在干燥器中干燥)和1.7634 g无水碳酸钠(预先在105 ℃干燥至恒重),溶解于水中,转入1000 mL容量瓶内,稀释至标线,混匀。4 ℃冷藏条件下可保存2周。

⑨差减法标准使用液:TC=200 mg/L,IC=100 mg/L。用单标线吸量管分别吸取50.00 mL有机碳标准贮备液和无机碳标准贮备液于200 mL容量瓶内,用水稀释至标

线，混匀。4 ℃冷藏条件下可保存 1 周。

⑩直接法标准使用液：TOC＝100 mg/L。用单标线吸量管吸取 50.00 mL 有机碳标准贮备液于 200 mL 容量瓶内，用水稀释至标线，混匀。4 ℃冷藏条件下可保存 1 周。

⑪载气：氮气或氧气，纯度大于 99.99％ 。

活动 3　采集保存总有机碳测定的水样

1. 样品采集

(1)取学校湖水的水样。

(2)将水样采集记录填写在表 4.10 中。

2. 注意事项

(1)水样应采集在棕色玻璃瓶中并应充满采样瓶，不留顶空。采样瓶在使用前需要用盐酸或硝酸清洗，然后用水彻底冲洗干净，并烘干。

(2)防止剧烈振荡，以免造成样品中悬浮物的沉积或混合。

(3)水样采集后应在 24 h 内测定，否则应加入浓硫酸将水样酸化至 pH≤2，在 4 ℃条件下可保存 7 d。

活动 4　水质总有机碳的测定

1. 实验原理

燃烧氧化-非色散红外吸收法按照测定方式不同可分为差减法和直接法。

(1)差减法

将样品连同净化空气(干燥并除去二氧化碳)分别导入高温燃烧管和低温反应管中，经高温燃烧管的水样受高温催化氧化，有机物和无机碳酸盐均转化成二氧化碳；经低温反应管的水样受酸化，无机碳酸盐分解成二氧化碳，其所生成的二氧化碳依次引入非色散红外检测器。由于一定波长的红外线可被二氧化碳选择吸收，在一定浓度范围内二氧化碳对红外线吸收的强度与二氧化碳的浓度成正比，故可对水样总碳(TC)和无机碳(IC)进行定量测定。总碳与无机碳的差值，即为总有机碳(TOC)。

(2)直接法

将水样酸化后曝气，将无机碳酸盐分解生成二氧化碳除去，再注入高温燃烧管中，可直接测定总有机碳。但由于在曝气过程中会损失可吹扫有机碳(POC)，因此其测定结果是不可吹扫有机碳(NPOC)。

2. 操作步骤

(1)仪器的调试

按说明书调试 TOC 测定仪，设定测试条件参数(如灵敏度、测量范围、总碳高温燃烧管温度及载气流量等)。

(2)标准曲线的绘制

①差减法标准曲线

在 7 个 100 mL 容量瓶中，分别加入 0 mL、2.00 mL、5.00 mL、10.00 mL、20.00 mL、

40.00 mL、100.00 mL 差减法标准使用液，用蒸馏水稀释至标线，混匀，配制成总碳质量浓度为 0 mg/L、4.0 mg/L、10.0 mg/L、20.0 mg/L、40.0 mg/L、80.0 mg/L、200.0 mg/L 和无机碳质量浓度依次为 0 mg/L、2.0 mg/L、5.0 mg/L、10.0 mg/L、20.0 mg/L、40.0 mg/L、100.0 mg/L的标准系列溶液。测定前用氢氧化钠溶液调至中性，取一定体积注入 TOC 测定仪测定，记录相应的响应值。基于溶液的质量浓度和相应的响应值，分别绘制总碳和无机碳标准曲线，亦可按线性回归方程的方法，计算出标准曲线的直线回归方程。

②直接法标准曲线

在 7 个 100 mL 容量瓶中，分别加入 0 mL、2.00 mL、5.00 mL、10.00 mL、20.00 mL、40.00 mL、100.00 mL 直接法标准使用液，用蒸馏水稀释至标线，混匀。配制成有机碳质量浓度依次为 0 mg/L、2.0 mg/L、5.0 mg/L、10.0 mg/L、20.0 mg/L、40.0 mg/L、100.0 mg/L 的标准系列溶液。取一定体积酸化至 pH≤2 的样品，注入 TOC 测定仪，经曝气除去无机碳后导入高温氧化炉，记录相应的响应值。绘制有机碳标准曲线，亦可按线性回归方程的方法，计算出标准曲线的直线回归方程。

(3)样品测定

①干扰消除

水中常见共存离子超过下列含量时，对测定有干扰，应做适当的预处理，以消除对测定的影响：SO_4^{2-}，400 mg/L；Cl^-，400 mg/L；NO_3^-，100 mg/L；PO_4^{3-}，100 mg/L；S^{2-}，100 mg/L。可用无二氧化碳水稀释水样至干扰离子低于上述浓度后再进行测定。

水样含大颗粒悬浮物时，由于受微量注射器针孔的限制，测定结果往往不包括全部颗粒态有机碳。

②差减法测定

经酸化的水样，在测定前应以氢氧化钠溶液中和至中性，用两个 50 μL 微量注射器分别准确吸取一定体积的混匀水样，依次注入总碳高温燃烧管和无机碳低温反应管，记录仪器的响应值。

③直接法测定

将一定体积的用硫酸酸化至 pH≤2 的水样注入 TOC 测定仪，曝气除去无机碳后导入高温氧化炉，记录响应值。

(4)空白试验

用无二氧化碳水代替水样，按上述步骤测定的响应值即为空白值。每次测定前应先检测无二氧化碳水的 TOC，测定值应不超过 0.5 mg/L。

3. 注意事项

①按仪器说明书规定，定期更换二氧化碳吸收剂、高温燃烧管中的催化剂和低温反应管中的分解剂等。

②若采用注射器手动进样，每次注射时尽量将注射针对准进样垫十字切口中心位置。

③注射针每次插入后，等 30 s 后才能将注射器拔出来。

④每次测试完毕后，应进几针空白液，待仪器指示稳定后，再退出软件，关闭仪器。

活动 5　水质总有机碳的测定数据记录与处理

1. 数据记录

将测定数据及处理结果记录于表 6.12 中。

表 6.12　总有机碳测定的数据记录表

样品名称				测定项目			
测定方法				测定时间			
一、标准曲线的绘制							
差减法标准使用液Ⅰ/(mg/L)							
直接法标准使用液Ⅱ/(mg/L)							
差减法测定							
序号	1	2	3	4	5	6	7
差减法标准使用液体积/mL							
仪器响应值							
总碳标准曲线							
无机碳标准曲线							
直接法测定							
序号	1	2	3	4	5	6	7
直接法标准使用液体积/mL							
仪器响应值							
总有机碳标准曲线							
二、水质总有机碳的测定							
差减法							
测定次数	样品 1	样品 2	样品 3	空白			
水样体积/mL							
总碳质量浓度/(mg/L)							
无机碳质量浓度/(mg/L)							
相对偏差/%							
直接法							
测定次数	样品 1	样品 2	样品 3	空白			
水样体积/mL							
总有机碳质量浓度/(mg/L)							
相对偏差/%							

2. 数据处理

(1)差减法

根据所测样品的响应值，由标准曲线上查得或由标准曲线回归方程算得总碳(TC，mg/L)和无机碳(IC，mg/L)的质量浓度，总碳与无机碳质量浓度之差即为样品总有机碳(TOC,mg/L)的质量浓度：

$$TOC = TC - IC$$

(2)直接法

根据所测样品的响应值，从标准曲线上查得或由标准曲线回归方程算得总有机碳(TOC,mg/L)的质量浓度。

当测定结果小于 100 mg/L 时，其结果保留一位小数；大于等于 100 mg/L 时，其结果保留三位有效数字。

【任务评价】

实验结束后，针对全过程进行评价(表 6.13)。

表 6.13　废水总有机碳(TOC)的测定任务评价

考核内容	序号	考核标准	分值	小组评价	教师评价
解读国家标准(10 分)	1	标准查找准确	2		
	2	仪器确认正确	2		
	3	试剂确认正确	2		
	4	解读标准的原始记录填写无误	4		
仪器准备(4 分)	5	仪器选择正确	2		
	6	仪器配套选择正确	2		
试剂准备(8 分)	7	试剂选择正确(种类、纯度)	2		
	8	正确配制所需溶液	6		
水样采集保存(15 分)	9	选择采样点、采样方法、容器、采样量、运输等正确	6		
	10	水样的保存方法、保存剂及用量、保存时间等正确	6		
	11	正确规范填写采样记录表	3		
测定操作(29 分)	12	水样干扰消除	4		
	13	TOC 仪器的调试准确	7		
	14	标准曲线制作操作规范	7		
	15	水样、空白测定正确	6		
	16	样品重复测定两次	5		
团队协作(5 分)	17	任务分工明确、各司其职	5		
职业规范(7 分)	18	仪器归位正确、器皿清洗干净、无损坏	2		
	19	药品、仪器摆放整齐	2		
	20	实验室台面整洁	1		
	21	实验后积极打扫实验室卫生	2		

续表 6.13

考核内容	序号	考核标准	分值	小组评价	教师评价
数据记录及处理（12 分）	22	正确、规范记录数据，无随意涂抹、篡改数据	3		
	23	结果计算正确	5		
	24	空白试验测定值不超过 0.5 mg/L	4		
实验报告（10 分）	25	报告格式规范、完整	3		
	26	正确撰写报告内容	7		
考核结果（总分 100 分）					

练习巩固

练习

项目六任务六废水总有机碳（TOC）的测定 练习

任务七　水中硫化物的测定

【任务目标】

（1）了解水中硫化物的含义及测定意义。

（2）熟悉含硫废水样的固定方法。

（3）掌握碘量法测定硫化物的基本原理，巩固碘量法滴定的基本操作。

【任务分析】

1. 明确任务流程

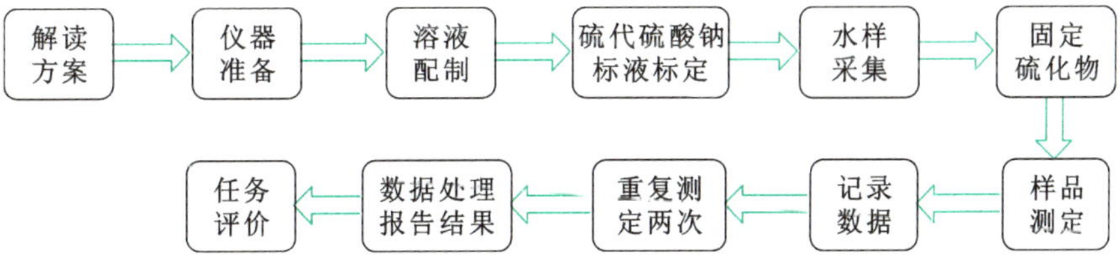

2. 任务重难点分析

(1)硫代硫酸钠的标定。

(2)实验过程中的质量控制。

3. 任务前准备

(1)《水质 硫化物的测定 碘量法》(HJ/T 60—2000)。

(2)水中硫化物测定的视频资料。

(3)水中硫化物测定所需的仪器和试剂。

①仪器:分析天平、移液管、500 mL 烧杯、250 mL 碘量瓶和 50 mL 滴定管、中速定量滤纸等。

②试剂:蒸馏水、乙酸锌溶液、硫酸溶液(1+5)、氢氧化钠溶液、1%淀粉溶液、重铬酸钾标准溶液、硫代硫酸钠标准溶液和碘标准溶液。

要求各组长将本次项目涉及的任务在组内进行分解,各成员将分配到的任务填入表 4.8。

【知识链接】

(一)硫化物的测定意义及来源

地下水,特别是温泉水中常含有硫化物。通常地表水中硫化物含量不高,受到污染时,水中的硫化物主要来自在厌氧条件下硫酸盐和含硫有机物通过微生物的还原和分解,生成硫化氢,产生臭味并使水呈黑色。生活污水中有机硫化物含量较高,某些工业废水(如石油炼制、人造纤维、制革、印染、焦化、造纸等)中也含有硫化物。

硫化氢为强烈的神经毒物,对黏膜有明显刺激作用,在水中达到一定浓度(200 mg/L)会致水生生物死亡,当空气中含有 0.2%硫化氢气体时,几分钟内就会致人死亡。硫化氢还会腐蚀金属,如被氧化为硫酸,则会腐蚀混凝土下水道。

当环境中检出硫化物时,往往说明水质已受到严重污染,因此,硫化物是水体污染的一项重要指标。

(二)硫化物测定的方法

测定硫化物的方法有对氨基二甲基苯胺分光光度法、碘量法、电位滴定法、离子色谱法、恒电流库仑法和比浊法等。本次任务主要介绍碘量法。

水中的硫化物包括溶解性的 H_2S、HS^-、S^{2-},存在于悬浮物中的可溶性硫化物、可溶性金属硫化物以及未电离的有机或无机类硫化物。硫化氢易从水中逸散于空气中,产生臭味,且毒性很大,它可与人体内的细胞色素、氧化酶及该类物质中的二硫键(—S—S—)作用,影响细胞氧化过程,造成细胞组织缺氧,严重时危及生命。在厌氧工艺中,一般采用碘量法测定硫化物,即硫化物在酸性条件下,与过量的碘作用,然后剩余的碘用硫代硫酸钠标准溶液滴定,由硫代硫酸钠标准溶液所消耗的量,间接求出硫化物的量。

本方法所测定的硫化物是指水和废水中溶解性的无机硫化物和酸溶性金属硫化物,碘量法适用于硫化物含量大于 1 mg/L 的水和废水的测定。当试样体积为 200 mL,用 0.01 mol/L硫代硫酸钠标准溶液滴定时,可用于测定含硫化物 0.40 mg/L 以上的水和污水。

该法硫离子最低检出浓度为 0.02 mg/L,测定上限为 0.8 mg/L。

【任务实施】

活动 1 解读水中硫化物的测定标准

1. 查找与阅读标准

(1)上网搜索查找水样硫化物的测定方法标准(中华人民共和国生态环境部—生态环境标准、食品伙伴网—标准下载中心等)。

(2)测定方法使用标准的确定。

(3)仔细阅读国家标准《水质 硫化物的测定 碘量法》(HJ/T 60—2000),确定硫化物测定方案,找出方法的适用范围、检测限、干扰、方法原理、精密度和准确度等内容,并列出所需的其他相关标准。

2. 仪器和试剂的确认

依据查阅的标准,确认所需仪器和试剂。

3. 数据记录

将硫化物的测定标准、仪器、试剂等填写在数据记录表中(表 4.9)。

活动 2 硫化物测定的仪器及试剂准备

1. 实验仪器

分析天平、移液管、500 mL 烧杯、250 mL 碘量瓶、50 mL 滴定管和中速定量滤纸等。

2. 实验试剂

蒸馏水、乙酸锌溶液、硫酸溶液(1+5)、氢氧化钠溶液、1%淀粉溶液、重铬酸钾标准溶液、硫代硫酸钠标准溶液和碘标准溶液。

①1 mol/L 乙酸锌溶液:溶解 220 g 乙酸锌[$Zn(CH_3COO)_2 \cdot 2H_2O$]于水中,用水稀释至 1000 mL,即得。

②1 mol/L NaOH 溶液:溶解 40 g NaOH 于水中,用水稀释至 1000 mL,即得。

③1%淀粉溶液:称取 1 g 可溶性淀粉用少量水调成糊状,再用刚煮沸的水稀释至 100 mL。

④0.0500 mol/L 重铬酸钾($1/6K_2Cr_2O_7$)标准溶液:称取 105~110 ℃烘干 2 h 并冷却的 0.6128 g 重铬酸钾溶于水,移入 250 mL 容量瓶中,用水稀释至标线,摇匀即得。

⑤0.05 mol/L 硫代硫酸钠标准溶液:称取 12.4 g 硫代硫酸钠($Na_2S_2O_3 \cdot 5H_2O$)溶于水中,稀释至 1000 mL,加入 0.2 g 无水碳酸钠,保存于棕色瓶中。

硫代硫酸钠标准溶液的标定:向 250 mL 碘量瓶中加入 1 g 碘化钾及 50 mL 水,加入 0.0500 mol/L 重铬酸钾标准溶液 10.00 mL,加入 5.00 mL 硫酸溶液(1+5),密塞摇匀。置于暗处静置 5 min,用待标定的硫代硫酸钠溶液滴定至溶液呈淡黄色时,加入 1 mL 淀粉指示剂,继续滴定至蓝色刚好消失,记录标准溶液用量(同时做空白滴定)。硫代硫酸钠标准溶液的浓度按下式计算:

$$c_{Na_2S_2O_3} = \frac{10.00 \times 0.0500}{V_1 - V_0}$$

式中　V_1——滴定重铬酸钾标准溶液消耗硫代硫酸钠标准溶液的体积，mL；

V_0——滴定空白溶液消耗硫代硫酸钠标准溶液的体积，mL。

⑥0.05 mol/L 碘(1/2 I_2)标准溶液：准确称取 6.400 g 碘于 250 mL 烧杯中，加入 20 g碘化钾，加适量水溶解后，转移至 1000 mL 棕色容量瓶中，用水稀释至标线，摇匀。

活动 3　采集保存硫化物测定的水样

1.样品采集

(1)取学校湖水的水样。

(2)将水样采集记录填写在表 4.10 中。

2.注意事项

(1)实验室样品可采用玻璃瓶或聚乙烯瓶采集，采集后尽快测定，放置不能超过 24 h。

(2)硫化物很容易被氧化，且硫化氢易从水样中逸出，因此在采集时应防止曝气，并加入一定量的乙酸锌溶液和氢氧化钠溶液，使水样呈碱性并生成硫化锌沉淀。具体操作：取 100 mL 水样于 100 mL 容量瓶中，加入 0.2 mL 乙酸锌溶液和 0.1 mL 氢氧化钠溶液，摇匀沉淀完全后用中速定量滤纸过滤。

活动 4　水样硫化物的测定

1.实验原理

碘量法测定硫离子的原理：水样中的硫化物与乙酸锌生成白色硫化锌沉淀，将其用酸溶解后，加入过量碘溶液，则碘与硫化物反应析出硫，用硫代硫酸钠标准溶液滴定剩余的碘，根据硫代硫酸钠标准溶液消耗量，间接计算得出硫化物的含量。

水样中还原性物质、色度、浊度会干扰测定，必须进行适当的预处理。当水样中只含有少量硫代硫酸盐、亚硫酸盐等干扰物质时，可在现场取样时加过乙酸锌固定水样，在实验室中用中速定量滤纸或玻璃纤维滤膜进行过滤，然后测定沉淀中的硫化物：

$$Zn(CH_3COO)_2 + H_2S = ZnS\downarrow + 2CH_3COOH$$

$$ZnS + 2HCl = ZnCl_2 + H_2S$$

$$H_2S + I_2 = 2HI + S\downarrow$$

(碘和硫化物的物质的量之比是 1∶1)

$$I_2 + 2Na_2S_2O_3 = 2NaI + Na_2S_4O_6$$

(碘和硫代硫酸钠的物质的量之比是 1∶2)

2.操作步骤

(1)试样的预处理

①连接好酸化—吹气—吸收装置，通载气检查各部位气密性。

②分取 2.5 mL 乙酸锌溶液于两个吸收瓶中，用水稀释至 50 mL。

③取 200 mL 现场已固定并混匀的水样于反应瓶中，放入恒温水浴内，装好导气管、加酸漏斗和吸收瓶。开启气源，以 100 mL/min 的流速连续吹氮气 5 min 驱除装置内的空气，关闭气源。

④向加酸漏斗加入磷酸溶液(1+1)20 mL,待磷酸溶液接近全部流入反应瓶后,迅速关闭活塞。

⑤开启气源,水浴温度控制在60～70 ℃,以75～100 mL/min的流速吹气20 min,以300 mL/min流速吹气10 min,再以400 mL/min流速吹气5 min,赶尽最后残留在装置中的硫化氢气体。关闭气源,按碘量法操作步骤分别测定两个吸收瓶中硫化物的含量。

(2)滴定

将硫化锌沉淀连同滤纸转入250 mL锥形瓶中,用玻璃棒搅碎,加50 mL蒸馏水或纯水、10.00 mL碘标准溶液和5 mL硫酸溶液(1+5),密塞摇匀,暗处放置5 min,用硫代硫酸钠标准溶液滴定至溶液呈淡黄色时,加入1 mL淀粉指示剂,继续滴定至蓝色刚好消失,记录标准溶液用量V_1。

(3)空白试验

取100 mL水样,倒入250 mL锥形瓶中,加50 mL蒸馏水或纯水、10.00 mL碘标准溶液和5 mL硫酸溶液(1+5),密塞摇匀,暗处放置5 min,用硫代硫酸钠标准溶液滴定至溶液呈淡黄色时,加入1 mL淀粉指示剂,继续滴定至蓝色刚好消失,记录标准溶液用量V_0。

3. 注意事项

(1)当加入碘标准溶液和硫酸溶液后,若溶液为无色,说明硫化物含量较高,应补加适量碘标准溶液,使溶液呈淡黄棕色。空白试验亦加入相同量的碘标准溶液。

(2)水样的预处理是测定硫化物的一个关键性步骤,应注意既要消除干扰物的影响,又不至于造成硫化物的损失。

①本实验中所采取的乙酸锌沉淀过滤法,适用于含少量硫代硫酸盐、亚硝酸盐等干扰物质的水样。

②若水样中存在悬浮物或浑浊度高、色度深时,宜采用酸化—吹气法。即将现场采集固定后的水样加入一定量的磷酸,使水样中的硫化锌转变为硫化氢气体,利用载气将硫化氢吹出,用乙酸锌-乙酸钠或2%氢氧化钠溶液吸收,再进行测定。

③若水样污染严重,不仅含有不溶性物质及影响测定的还原性物质,并且浊度和色度都高时,宜用过滤—酸化—吹气分离法。即将现场采集且固定的水样,用中速定量滤纸过滤后,按酸化—吹气法进行预处理。

本实验的重复性较高,具有较高的精确度。但是在对试剂进行配制时,由于人员误差,可能会使所配制的重铬酸钾标准溶液的浓度不够精确,造成硫代硫酸钠的标定浓度存在误差,从而使硫化物浓度计算结果产生误差。

活动5　水样硫化物的测定数据记录与处理

1. 数据记录

将水样1、水样2、水样3和空白试验的取样量、滴定数据及测定结果记录于表6.14中。

表 6.14　硫化物测定的数据记录表

项目	编号			
	水样 1	水样 2	水样 3	空白
水样体积/mL				
滴定管初读数/mL				
滴定管终读数/mL				
硫代硫酸钠标准溶液用量/mL				
硫化物含量/(mg/L)				
硫化物含量平均值/(mg/L)				
相对标准偏差/%				

2.数据处理

硫化物含量的计算：

$$\text{硫化物质量浓度(mg/L)} = \frac{(V_0 - V_1) \times c \times 16.03 \times 1000}{V}$$

式中　V_0——空白实验中，硫代硫酸钠标准溶液用量，mL；

V_1——水样滴定时，硫代硫酸钠标准溶液用量，mL；

V——水样体积，mL；

16.03——硫离子($1/2S^{2-}$)的摩尔质量，g/mol；

c——硫代硫酸钠标准溶液浓度，mol/L。

【任务评价】

实验结束后，针对全过程进行评价(表 6.15)。

表 6.15　水中硫化物的测定任务评价

考核内容	序号	考核标准	分值	小组评价	教师评价
解读国家标准(10 分)	1	标准查找准确	2		
	2	仪器确认正确	2		
	3	试剂确认正确	2		
	4	解读标准的原始记录填写无误	4		
仪器准备(4 分)	5	仪器选择正确	2		
	6	仪器配套选择正确	2		
试剂准备(8 分)	7	试剂选择正确(种类、纯度)	2		
	8	正确配制所需溶液	6		

续表 6.15

考核内容	序号	考核标准	分值	小组评价	教师评价
水样采集保存（15 分）	9	选择采样点、采样方法、容器、采样量、运输等正确	6		
	10	水样的保存方法、保存剂及用量、保存时间等正确	6		
	11	正确规范填写采样记录表	3		
测定操作（26 分）	12	正确规范进行硫代硫酸钠标准溶液的标定	10		
	13	硫化物的测定操作正确	10		
	14	读数正确	3		
	15	样品重复测定两次	3		
团队协作（5 分）	16	任务分工明确、各司其职	5		
职业规范（7 分）	17	仪器归位正确、器皿清洗干净、无损坏	2		
	18	药品、仪器摆放整齐	2		
	19	实验室台面整洁	1		
	20	实验后积极打扫实验室卫生	2		
数据记录及处理（14 分）	21	正确、规范记录数据，无随意涂抹、篡改数据	3		
	22	硫代硫酸钠浓度计算正确	3		
	23	硫化物浓度计算正确	3		
	24	相对标准偏差$\leqslant$0.5%	5		
实验报告（11 分）	25	报告格式规范、完整	4		
	26	正确撰写报告内容	7		
考核结果（满分 100 分）					

练习巩固

练习

项目六任务七水中硫化物的测定 练习

任务八　水中氯化物的测定

【任务目标】

（1）了解氯化物的含义和测定意义。

（2）熟悉硝酸银滴定法测定氯化物的原理及实验过程。

（3）掌握用硝酸银滴定法测定氯化物的实验操作方法。

【任务分析】

1.明确任务流程

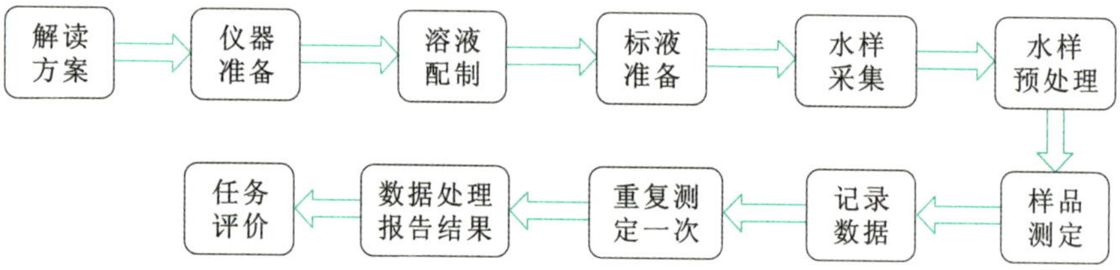

2.任务重难点分析

（1）硝酸银滴定法测定氯化物的实验操作。

（2）实验原理及质量控制。

3.任务前准备

（1）《水质 氯化物的测定 硝酸银滴定法》（GB 11896—1989）。

（2）水中氯化物测定的视频资料。

（3）水中氯化物测定所需的仪器和试剂。

①仪器：分析天平、移液管、烧杯、锥形瓶和滴定管等。

②试剂：蒸馏水、高锰酸钾溶液、过氧化氢（H_2O_2）、95%乙醇、硫酸溶液、氢氧化钠溶液、氢氧化铝悬浮液、氯化钠标准溶液、硝酸银标准溶液、铬酸钾溶液和酚酞指示剂等。

要求各组长将本次项目涉及的任务在组内进行分解，各成员将分配到的任务填入表4.8。

【知识链接】

（一）氯化物的测定意义及来源

氯离子是由氯原子得到一个电子而带负电荷的离子，化学符号为 Cl^-。氯离子是一种广泛存在于自然界中的离子，通常与金属离子结合形成氯化物（如食盐 NaCl），是一种常见的无机化合物。氯离子虽广泛分布于天然水中，但含量因水的种类不同而不同。未被污染的河流、湖泊、地下水等的氯离子含量一般在 10～20 mg/L，而在海水、盐湖中的氯离子含量则相对较高。人类的生存活动离不开氯化物，所以氯化物也成为生活污水和工业废水中一种常见的无机阴离子。

几乎所有的水中都存在氯化物。氯化物常与钠结合，较少与钾、钙、镁结合，氯化物是水中最稳定的组分之一。它的来源包括天然矿物沉积物、海水入侵、农业或灌溉排水、城市采用氯化物盐类融化冰雪后的径流、生活污水、工业废水等。来自化工、石油化工、化学制药、造纸、水泥、肥皂、纺织、油漆、颜料、食品、机械制造和鞣革等行业所排放的工业废水中所含的氯化物是地表水中氯化物污染的主要来源。虽然生活污水中氯化物的含量较低，但也是地表水中氯化物污染的重要来源之一。

大多数河流和湖泊水中的氯化物浓度低于 50 mg/L，如果明显地升高则表明水质受到污染。饮用水中过高的氯化物浓度会增加铸铁、钢及其他金属管道的腐蚀速度。味觉敏感的人在氯化物含量达到 150 mg/L 时就可觉察；当氯化物大于 250 mg/L 时可产生明显的咸味。

氯离子是保持人体细胞内外体液量、渗透压以及水和电解质平衡不可缺少的要素。氯化物含量过高，会干扰人体电解质平衡，进而代谢过程出现故障。水中的氯离子达到一定浓度时，常常和相对应的阳离子（Na^+、Ca^{2+}、Mg^{2+} 等）共同作用，使水产生不同的味道，水质会发生感官性状的恶化。在工业废水和生活污水中的氯化物含量较高时，不进行处理直接排入水体，会破坏水体的自然生态平衡，使水质恶化，导致渔业生产、水产养殖和淡水资源的破坏，严重时还会污染地下水和饮用水源。当其氯化物含量大于 250 mg/L 时，则不适合作饮用水。因此，氯化物的检测越来越受到各级环境监测部门的重视。

（二）氯化物测定的方法

水中氯化物的测定可以采用电化学法、滴定法、荧光法、离子选择电极法、光度法和离子色谱法等多种方法。根据实际需求和实验条件的不同，选择合适的测定方法进行分析，可以准确快速地测定水中氯化物的浓度，为环境监测和水质评价提供可靠的数据依据。

本次任务中主要介绍硝酸银滴定法测定氯化物的方法。本方法主要依据《水质 氯化物的测定 硝酸银滴定法》（GB 11896—1989），是基层环境监测站在实际工作中测定水中氯化物的最常用的分析方法之一。其他方法如离子色谱法设备太昂贵，硝酸汞滴定法使用的汞盐有剧毒而不被推荐。硝酸银滴定法适用于天然水中氯化物的测定，也适用于经过稀释的高矿化度水，如咸水、海水等，以及经过预处理除去干扰物的生活污水或工业废水。硝酸银滴定法适用于浓度范围为 10～500 mg/L 的氯化物，高于此范围的水样经稀释后可以扩大其测定范围。

【任务实施】

活动 1　解读水中氯化物的测定标准

1. 查找与阅读标准

(1)上网搜索查找水中氯化物的测定方法标准（中华人民共和国生态环境部—生态

环境标准、食品伙伴网—标准下载中心等)。

(2)测定方法使用标准的确定。

(3)仔细阅读国家标准《水质 氯化物的测定 硝酸银滴定法》(GB 11896—1989),确定氯化物的测定方案,找出方法的适用范围、检测限、干扰、方法原理、精密度和准确度等内容,并列出所需的其他相关标准。

2. 仪器和试剂的确认

依据查阅的标准,确认所需仪器和试剂。

3. 数据记录

将氯化物的测定标准、仪器、试剂等填写在数据记录表中(表 4.9)。

活动 2 氯化物测定的仪器及试剂准备

1. 实验仪器

分析天平、移液管、烧杯、锥形瓶和滴定管等。

2. 实验试剂

蒸馏水、高锰酸钾溶液、过氧化氢(H_2O_2)、95%乙醇、硫酸溶液、氢氧化钠溶液、氢氧化铝悬浮液、氯化钠标准溶液、硝酸银标准溶液、铬酸钾溶液和酚酞指示剂等。

①高锰酸钾,$c_{1/5KMnO_4}=0.01$ mol/L。

②过氧化氢(H_2O_2),30%。

③乙醇(C_2H_5OH),95%。

④硫酸溶液,$c_{1/2H_2SO_4}=0.05$ mol/L。

⑤氢氧化钠溶液,$c_{NaOH}=0.05$ mol/L。

⑥氢氧化铝悬浮液:溶解 125 g 硫酸铝钾 [$KAl(SO_4)_2 \cdot 12H_2O$]于 1 L 蒸馏水中,加热至 60 ℃,然后边搅拌边缓缓加入 55 mL 浓氨水,放置约 1 h 后,移至大瓶中,用倾泻法反复洗涤沉淀物,直到洗出液不含氯离子为止。然后用水稀释至约 300 mL。

⑦0.141 mol/L 氯化钠标准溶液:称取 4.121 g 于 500~600 ℃灼烧至恒重的优级纯氯化钠,溶于水,移至 500 mL 容量瓶中,用水稀释至标线。此溶液每毫升含 5 mg 氯离子。

0.0141 mol/L 氯化钠标准溶液:用移液管移取 10.0 mL 上述标准溶液,在容量瓶中准确稀释至 100 mL。此溶液每毫升含 0.5 mg 氯离子。

⑧硝酸银标准溶液,$c_{AgNO_3}=0.0141$ mol/L:称取 2.395 g 于 105 ℃烘半小时的硝酸银,溶于蒸馏水中,在容量瓶中稀释至 1000 mL,贮于棕色瓶中。

硝酸银标准溶液的标定:采用氯化钠标准溶液标定其浓度,用移液管准确吸取 25.00 mL氯化钠标准溶液于 250 mL 锥形瓶中,加蒸馏水 25 mL。另取一锥形瓶,量取蒸馏水 50 mL 作空白。各加入 1 mL 铬酸钾溶液,在不断摇动下用硝酸银标准溶液滴定至砖红色沉淀刚刚出现为终点。计算每毫升硝酸银溶液所相当的氯化物量,然后校正其浓度,再做最后标定。

1.00 mL 此标准溶液相当于 0.50 mg 氯化物(Cl^-)。

⑨铬酸钾溶液,50 g/L:称取 5 g 铬酸钾溶于少量蒸馏水中,滴加硝酸银溶液至有红色沉淀生成。摇匀,静置 12 h,然后过滤并用蒸馏水将滤液稀释至 100 mL。

⑩酚酞指示剂溶液：称取 0.5 g 酚酞溶于 50 mL 95%乙醇中，加入 50 mL 蒸馏水，再滴加 0.05 mol/L 氢氧化钠溶液使其呈微红色。

活动 3　采集保存氯化物测定的水样

1. 样品采集

(1)取学校湖水的水样。

(2)将水样采集记录填写在表 4.10 中。

2. 注意事项

(1)实验室样品可采用干净的玻璃瓶或聚乙烯瓶采集，两者均不会对氯化物分析产生干扰。但应避免使用含有氯元素的塑料瓶，如 PVC。

(2)水样采集后尽快测定，不能放置超过 24 h。如果需要延迟分析，应将样品保存在 4 ℃左右的冰箱中，以减缓微生物活动和化学变化。避免将样品暴露在阳光下和高温环境中，以免影响样品的稳定性。

活动 4　水样氯化物的测定

1. 实验原理

在中性至弱碱性范围(pH＝6.5～10.5)以铬酸钾为指示剂，用硝酸银滴定氯化物时，由于氯化银的溶解度小于铬酸银的溶解度，氯离子首先被完全沉淀，然后铬酸盐以铬酸银的形式被沉淀，产生砖红色，指示滴定终点到达。该沉淀滴定的反应式如下：

$$Ag^{+} + Cl^{-} \longrightarrow AgCl\downarrow$$

$$2Ag^{+} + CrO_4^{2-} \longrightarrow Ag_2CrO_4\downarrow\text{(砖红色)}$$

沉淀形成的快慢与铬酸根离子的浓度有关，必须加入足量的指示剂。且由于稍过量的硝酸银与铬酸钾形成铬酸银沉淀，终点较难判断，所以需要用蒸馏水做空白滴定，以作对照判断，使终点色调一致。

2. 操作步骤

(1)样品的预处理

①若水样浑浊且带有颜色，则取 150 mL 或取适量水样稀释至 150 mL，置于 250 mL 锥形瓶中，加入 2 mL 氢氧化铝悬浮液，振荡并过滤，弃去最初滤下的 20 mL，用干的清洁锥形瓶接取滤液备用。

②如果有机物含量高或色度高，可用马弗炉灰化法预先处理水样。取适量废水水样于瓷蒸发皿中，调节 pH 值至 8～9，置水浴上蒸干，然后放入马弗炉在 600 ℃下灼烧 1 h，取出冷却后，加 10 mL 蒸馏水，移入 250 mL 锥形瓶中，并用蒸馏水清洗三次，一并转入锥形瓶中，调节 pH 值到 7 左右，稀释至 50 mL。

③由有机质产生的较轻色度，可以加入 0.01 mol/L 高锰酸钾 2 mL，煮沸。再滴加乙醇以除去多余的高锰酸钾至水样褪色，过滤，滤液贮于锥形瓶中备用。

④如果水样中含有硫化物、亚硫酸盐或硫代硫酸盐，则加入氢氧化钠溶液将水样调至中性或弱碱性，加入 1 mL 30%过氧化氢，摇匀。1 min 后加热至 70～80 ℃，以除去过

量的过氧化氢。

(2)样品的测定

①用吸管吸取 50 mL 水样或经过预处理的水样(若氯化物含量高,可取适量水样用蒸馏水稀释至 50 mL),置于锥形瓶中。另取一锥形瓶加入 50 mL 蒸馏水作空白试验。

②如水样 pH 值为 6.5～10.5,可直接滴定,超出此范围的水样应以酚酞作指示剂,用稀硫酸或氢氧化钠溶液调节至红色刚刚褪去。

③加入 1 mL 铬酸钾溶液,用硝酸银标准溶液滴定至砖红色沉淀刚刚出现即为滴定终点。使用相同方法作空白滴定。

3. 注意事项

(1)硝酸银滴定法不能在酸性或碱性介质中进行,酸性太强 CrO_4^{2-} 容易水解,Ag_2CrO_4 砖红色沉淀将出现过迟,甚至不出现沉淀;碱性太强容易造成 Ag 的沉淀,所以适宜的 pH 范围为 6.5～10.5。

(2)配制硝酸银溶液时,溶剂用蒸馏水不用自来水,防止自来水中的氯离子产生干扰。

(3)硝酸银不稳定,遇光容易分解,滴定管需要用棕色玻璃管。氯离子与银离子反应生成白色沉淀氯化银,氯化银不溶于盐酸、硫酸和硝酸。干燥的氯化银为白色粉末,在光照作用下颜色会变深(见光变紫色并逐渐变黑)。

(4)控制好铬酸钾指示剂的浓度和用量。在 50～100 mL 滴定液中加入 5%铬酸钾溶液 1 mL 为宜。若铬酸钾浓度过高,会导致终点出现过早,且溶液颜色过深,影响终点的观察;若铬酸钾浓度过低,会导致终点出现过迟,也影响滴定的准确度。

(5)把握好滴定速度。空白要逐滴滴下,开始时以每秒 3～4 滴的速度为宜(注意要用力振摇),接近终点滴速以每次半滴为宜(轻轻振摇),以免过量,但也不能过于缓慢,整个滴定过程要控制在 15 min 之内完成。

活动 5　水样氯化物的测定数据记录与处理

1. 数据记录

将水样 1、水样 2 和空白试验的取样量、滴定数据及测定结果记录于表 6.16 中。

表 6.16　氯化物测定的数据记录表

项目	编号		
	样品 1	样品 2	空白
水样体积/mL			
滴定管初读数/mL			
滴定管终读数/mL			
硝酸银标准溶液用量/mL			
硝酸银标准溶液浓度/(mol/L)			
氯化物含量/(mg/L)			
氯化物含量平均值/(mg/L)			
相对标准偏差/%(≤0.27%)			

2.数据处理

氯化物含量 c(mg/L)按下式计算：

$$c=\frac{(V_2-V_1)\times M\times 35.45\times 1000}{V}$$

式中 V_1——蒸馏水消耗的硝酸银标准溶液体积，mL；

V_2——试样消耗的硝酸银标准溶液体积，mL；

M——硝酸银标准溶液浓度，mol/L；

V——试样体积，mL；

35.45——氯离子摩尔质量，g/mol。

取平行测定的两个结果的算术平均值，作为水样中氯离子的含量。

【任务评价】

实验结束后，针对全过程进行评价(表6.17)。

表6.17 水中氯化物的测定任务评价

考核内容	序号	考核标准	分值	小组评价	教师评价
解读国家标准(10分)	1	标准查找准确	2		
	2	仪器确认正确	2		
	3	试剂确认正确	2		
	4	解读标准的原始记录填写无误	4		
仪器准备(4分)	5	仪器选择正确	2		
	6	仪器配套选择正确	2		
试剂准备(8分)	7	试剂选择正确(种类、纯度)	2		
	8	正确配制所需溶液	6		
水样采集保存(15分)	9	选择采样点、采样方法、容器、采样量、运输等正确	6		
	10	水样的保存方法、保存剂及用量、保存时间等正确	6		
	11	正确规范填写采样记录表	3		
测定操作(27分)	12	正确规范进行硝酸银标准溶液的标定	8		
	13	样品的预处理操作正确	8		
	14	滴定操作规范、读数正确	8		
	15	样品重复测定一次	3		
团队协作(5分)	16	任务分工明确、各司其职	5		

续表 6.17

考核内容	序号	考核标准	分值	小组评价	教师评价
职业规范（7分）	17	仪器归位正确、器皿清洗干净、无损坏	2		
	18	药品、仪器摆放整齐	2		
	19	实验室台面整洁	1		
	20	实验后积极打扫实验室卫生	2		
数据记录及处理（14分）	21	正确、规范记录数据，无随意涂抹、篡改数据	3		
	22	硝酸银标准溶液浓度计算正确	3		
	23	氯化物含量计算正确	3		
	24	相对标准偏差≤0.27%	5		
实验报告（10分）	25	报告格式规范、完整	4		
	26	正确撰写报告内容	6		
考核结果（满分100分）					

练习巩固

练习

项目六任务八水中氯化物的测定 练习

任务九　水中挥发酚的测定

【任务目标】

（1）了解挥发酚的概念及酚污染对环境的影响。

（2）掌握4-氨基安替比林分光光度法测定水中挥发酚的原理和操作技术。

（3）熟练掌握分光光度计的使用、标准曲线的绘制及有关计算方法。

【任务分析】

1. 明确任务流程

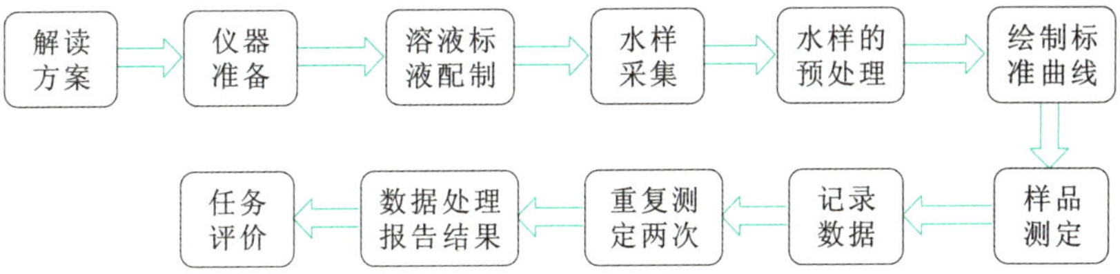

2. 任务重难点分析

(1)4-氨基安替比林分光光度法测定挥发酚的实验操作。

(2)实验原理及质量控制。

3. 任务前准备

(1)《水质 挥发酚的测定 4-氨基安替比林分光光度法》(HJ 503—2009)。

(2)水质挥发酚测定的视频资料。

(3)水质挥发酚测定所需的仪器和试剂。

①仪器:分光光度计、10 mm 比色皿、500 mL 全玻璃蒸馏器、50 mL 具塞比色管、500 mL锥形分液漏斗,以及移液管、烧杯等常规玻璃器皿。

②试剂:无酚水、硫酸铜($CuSO_4 \cdot 5H_2O$)、磷酸、甲基橙指示剂、苯酚、溴酸钾、溴化钾、重铬酸钾、硫代硫酸钠($Na_2S_2O_3 \cdot 5H_2O$)、4-氨基安替比林、0.5%淀粉溶液、氯化铵缓冲溶液和 8%铁氰化钾溶液等。

要求各组长将本次项目涉及的任务在组内进行分解,各成员将分配到的任务填入表 4.8。

【知识链接】

(一)挥发酚的含义及来源

挥发酚类通常指沸点在 230 ℃以下的酚类,属一元酚,是高毒物质。生活饮用水和Ⅰ、Ⅱ类地表水水质限值均为 0.002 mg/L,污染物中最高容许排放浓度为 0.5 mg/L(一、二级标准)。

工业废水中挥发酚的主要来源包括:

①化工行业。包括石油化工、塑料、涂料、油漆、橡胶生产过程中产生的废水,这些化工产品生产过程中会使用或产生挥发酚。

②炼油厂和石化厂。在炼油和石化过程中,酚类化合物作为副产品出现在废水中。

③焦化厂。焦化过程中产生的焦炉煤气中含有酚类化合物,这些化合物在煤气净化过程中进入废水。

④造纸和木材防腐行业。在造纸工业中,木材防腐剂和某些化学药品的使用会使得废水含有挥发酚。

⑤合成氨工业。合成氨的生产过程中会产生含有酚类化合物的废水。

⑥金属加工和采矿工业。金属加工和采矿活动中的化学品使用也会导致废水中酚类化合物的污染。

⑦制药工业。制药过程中可能会产生含有酚类化合物的废水。

⑧生活污水。生活中使用的清洁剂、涂料、化肥等产品也可能含有酚类化合物，这些产品使用后一部分会进入生活污水系统。

这些行业排放的废水需要经过适当的处理，以去除其中的挥发酚，避免对环境和人体健康造成危害。

（二）挥发酚测定的方法

测定挥发酚类的方法有4-氨基安替比林分光光度法、溴化容量法和气相色谱法等。目前各国普遍采用4-氨基安替比林分光光度法，高浓度含酚废水可采用溴化容量法。

此法依据《水质 挥发酚的测定 4-氨基安替比林分光光度法》(HJ 503—2009)，用4-氨基安替比林分光光度法测定水中挥发酚。该方法适用于地表水、地下水、饮用水、工业废水和生活污水中挥发酚的测定。挥发酚是指随水蒸气蒸馏出的并能和4-氨基安替比林反应生成有色化合物的挥发性酚类化合物，结果以苯酚计。

地表水、地下水和饮用水宜用萃取分光光度法测定，检出限为0.0003 mg/L，测定下限为0.001 mg/L，测定上限为0.04 mg/L。工业废水和生活污水宜用直接分光光度法测定，检出限为0.01 mg/L，测定下限为0.04 mg/L，测定上限为2.50 mg/L。对于浓度高于标准测定上限的样品，可适当稀释后进行测定。

【任务实施】

活动1 解读水中挥发酚的测定标准

1.查找与阅读标准

(1)上网搜索查找水样挥发酚的测定方法标准(中华人民共和国生态环境部—生态环境标准、食品伙伴网—标准下载中心等)。

(2)测定方法使用标准的确定。

(3)仔细阅读国家标准《水质 挥发酚的测定 4-氨基安替比林分光光度法》(HJ 503—2009)，确定挥发酚的测定方案，找出方法的适用范围、检测限、干扰、方法原理、精密度和准确度等内容，并列出所需的其他相关标准。

2.仪器和试剂的确认

依据查阅的标准，确认所需仪器和试剂。

3.数据记录

将挥发酚的测定标准、仪器、试剂等填写在数据记录表中(表4.9)。

活动2 挥发酚测定的仪器及试剂准备

1.实验仪器

①分光光度计：具510 nm波长，并配有光程为10 mm的比色皿。

②蒸馏装置如图6.1所示，包括500 mL全玻璃蒸馏器。

③50 mL具塞比色管、500 mL锥形分液漏斗，以及移液管、烧杯等常规玻璃器皿。

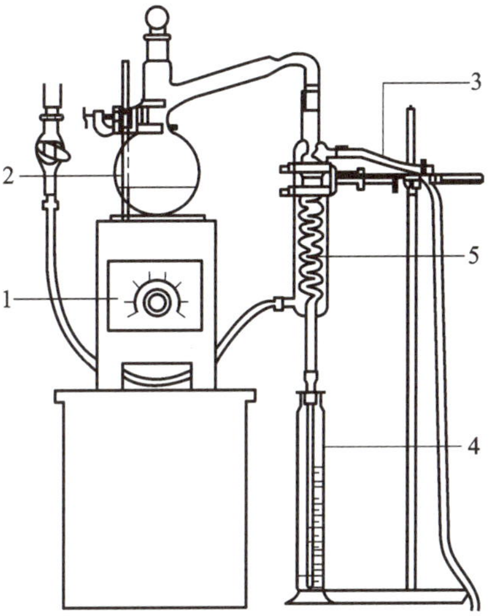

图 6.1 蒸馏装置

1—电炉;2—500 mL 全玻璃蒸馏器;3—冷凝水;4—接收瓶;5—冷凝管

2.实验试剂

①无酚水:可按照下面的方法进行制备,无酚水应贮于玻璃瓶中,取用时,应避免与橡胶制品(橡皮塞或乳胶管等)接触。

于 1 L 水中加入 0.2 g 经 200 ℃活化 30 min 的活性炭粉末,充分振摇后,放置过夜,用双层中速滤纸过滤,滤出液储于硬质玻璃瓶中备用。或加氢氧化钠使水呈强碱性,并加入高锰酸钾溶液至紫红色,移入全玻璃蒸馏器中加热蒸馏,收集馏出液备用。

②硫酸铜溶液:称取 50 g 硫酸铜($CuSO_4 \cdot 5H_2O$)溶于水,稀释至 500 mL。

③磷酸溶液:量取 10 mL85%的磷酸用水稀释至 100 mL。

④甲基橙指示剂溶液:称取 0.05 g 甲基橙溶于 100 mL 水中。

⑤苯酚标准贮备液:称取 1.00 g 无色苯酚溶于水,移入 1000 mL 容量瓶中,用水稀释至标线,标定。置冰箱内冷藏,可稳定保存一个月。

标定方法:吸取 10.00 mL 苯酚标准贮备液于 250 mL 碘量瓶中,加 100 mL 水和 10.00 mL 0.1 mol/L 溴酸钾-溴化钾溶液后,立即加入 5 mL 浓盐酸,盖好瓶塞,轻轻摇匀,于暗处放置 10 min。再加入 1 g 碘化钾,密塞,轻轻摇匀,于暗处放置 5 min 后,用 0.0125 mol/L硫代硫酸钠标准溶液滴定至淡黄色,加 1 mL 淀粉溶液,继续滴定至蓝色刚好褪去,记录硫代硫酸钠标准溶液用量。以水代替苯酚贮备液做空白试验,记录硫代硫酸钠标准溶液用量。苯酚贮备液浓度按下式计算:

$$\text{苯酚(mg/L)} = \frac{(V_1 - V_2) \times c \times 15.68 \times 1000}{V}$$

式中 V_1——空白试验消耗的硫代硫酸钠标准溶液量,mL;

V_2——滴定苯酚标准贮备液时消耗的硫代硫酸钠标准溶液量,mL;

V——取用的苯酚标准贮备液体积,mL;

c——硫代硫酸钠标准溶液浓度,mol/L;

15.68——苯酚（1/6 C_6H_5OH）的摩尔质量，g/mol。

⑥苯酚标准工作液：取适量苯酚贮备液，用水稀释至每毫升含 0.010 mg 苯酚。使用时当天配制。

⑦溴酸钾-溴化钾标准参考溶液（$c_{1/6KBrO_3}=0.1$ mol/L）：称取 2.784 g 溴酸钾（$KBrO_3$）溶于水，加入 10 g 溴化钾（KBr），使其溶解，移入 1000 mL 容量瓶中，稀释至标线。

⑧重铬酸钾标准溶液（$c_{1/6K_2Cr_2O_3}=0.0125$ mol/L）：称取于 105 ～110 ℃烘干 2 h 并冷却的重铬酸钾 0.6129 g，溶于水，移入 1000 mL 容量瓶中，用水稀释至标线，摇匀。

⑨硫代硫酸钠标准溶液（0.0125 mol/L）：称取 3.1 g 硫代硫酸钠（$Na_2S_3O_3 \cdot 5H_2O$）溶于煮沸放冷的水中，加入 0.2 g 碳酸钠，稀释至 1000 mL，临用前进行标定。

标定方法：在 250 mL 碘量瓶中加入 25 mL 蒸馏水、0.5 g 碘化钾、10.00 mL 0.0125 mol/L 重铬酸钾溶液和 5 mL 硫酸溶液（1+5），摇匀，加塞后置于暗处 5 min，用待标定的硫代硫酸钠溶液滴定至浅黄色，然后加入 0.5％淀粉溶液 1.0 mL，继续滴定至蓝色刚好变为淡绿色为止，记录用量，并用下式计算其浓度。再重复做 2 份，取平均值。

$$c_1=\frac{c_2\times 10}{V_1}$$

式中 c_1——标定后硫代硫酸钠溶液的浓度，mol/L；

c_2——重铬酸钾标准溶液的浓度，mol/L；

V_1——消耗的硫代硫酸钠溶液的体积，mL。

⑩0.5％淀粉溶液：称取 0.5 g 可溶性淀粉，用少量水调成糊状，加沸水至 100 mL，搅拌均匀，冷却后，置冰箱内保存。

⑪缓冲溶液（pH 值约为 10.7）：称取 20 g 氯化铵（NH_4Cl）溶于 100 mL 氨水中，加塞，置于冰箱中保存，根据使用情况适量配制。为避免氨的挥发所引起 pH 值的改变，应注意在低温下保存，且取用后立即加塞盖严。

⑫2％（m/V）4-氨基安替比林溶液：称取 4-氨基安替比林（$C_{11}H_{13}N_3O$）2 g 溶于水，稀释至 100 mL，置于冰箱内保存。可使用一周。

注：固体试剂易潮解、氧化，宜保存在干燥器中。

⑬8％（m/V）铁氰化钾溶液：称取 8 g 铁氰化钾溶于水，稀释至 100 mL，置于冰箱内保存。可使用一周。

活动 3　采集保存挥发酚测定的水样

1. 样品采集

（1）取学校湖水的水样。在样品采集现场，用淀粉-碘化钾试纸检测样品中有无游离单质氯等氧化剂的存在。若试纸变蓝，应及时加入过量硫酸亚铁去除。

（2）将水样采集记录填写在表 4.10 中。

2. 注意事项

（1）样品采集量应大于 500 mL，贮于硬质玻璃瓶中。采集后的样品应在 4 ℃下冷藏，24 h 内进行测定。

（2）采集后的样品应及时加磷酸酸化至 pH 值约为 4.0，并加适量硫酸铜，使样品中硫酸铜质量浓度约为 1 g/L，以抑制微生物对酚类的生物氧化作用。

(3)水样中的酚不稳定，易被氧化或受微生物作用而损失，因此，水样采集后应加氢氧化钠保存剂与适量硫酸铜溶液，并尽快测定。

活动 4 水样挥发酚的测定

1. 实验原理

用蒸馏法将挥发性酚类化合物蒸馏出，并与干扰物质和固定剂分离。由于酚类化合物的挥发速度随馏出液体积而变化，因此，馏出液体积必须与试样体积相等。被蒸馏出的酚类化合物，于 pH＝10.0±0.2 介质中，在铁氰化钾的存在下，与 4-氨基安替比林反应生成橙红色的安替比林染料，显色后，在 30 min 内，于 510 nm 波长处测定吸光度。

由于样品中所含酚的种类不同，各种酚的相对含量不同，因而不能提供一个含混合酚的通用标准。通常选用苯酚做标准，任何其他酚在反应中产生的颜色都看成苯酚作用的结果。所以，测定结果以含苯酚的浓度(mg/L)表示。

2. 操作步骤

(1)水样预处理

水样预蒸馏的目的是分离出挥发酚及消除颜色、浑浊和金属离子的干扰。当水样中含有氧化剂、还原剂、油类等干扰物质时，应在蒸馏前去除。

①量取 100 mL 水样(如酚含量高，可分取适量水样加水至 100 mL，使酚含量不超过 1.0 mg)置于蒸馏瓶中，加数粒小玻璃珠或沸石以防暴沸，再加 2 滴甲基橙指示液，用磷酸溶液调节至 pH 值为 4(溶液呈橙红色)，加 5.0 mL 硫酸铜溶液(如采样时已加过硫酸铜，则补加适量)。

加入硫酸铜溶液后产生较多量的黑色硫化铜沉淀，则摇匀后放置片刻，待沉淀后，再滴加硫酸铜溶液，直到不再产生沉淀为止。

②连接好冷凝管和接收器皿(100 mL 量筒)，检查仪器各接口(磨口)处不漏气后，先打开冷却水，再打开电炉开关，加热蒸馏，并控制馏出液流出速度，以每秒 1 ～2 滴为宜。待至蒸馏出约 75 mL 时，停止加热，冷却至不再沸腾后向蒸馏瓶中加入 25 mL 无酚蒸馏水，继续蒸馏至馏出液为 100 mL 为止，将馏出液摇匀备用。

注意：

- 蒸馏时即使杂质量很少也不能蒸干！蒸馏过程中，如发现甲基橙的红色褪去，应在蒸馏结束后，放冷，再加 1 滴甲基橙指示液。如发现蒸馏后残液不呈酸性，则应重新取样，增加磷酸加入量，进行蒸馏。
- 不得用橡胶塞、橡胶管连接蒸馏瓶及冷凝器，以防止对测定产生干扰。
- 蒸馏不同水样的设备不能混用。每次试验前后，应清洗整个蒸馏设备。

(2)标准曲线的绘制

于一组 7 支 50 mL 比色管中，分别加入 0 mL、0.50 mL、1.00 mL、3.00 mL、5.00 mL、7.00 mL、10.00 mL 苯酚标准工作液，加水至 50 mL 标线。加 0.5 mL 缓冲溶液，混匀，

此时 pH 值为 10.0±0.2，加 4-氨基安替比林溶液 1.0 mL，混匀。再加 1.0 mL 铁氰化钾溶液，充分混匀，放置 10 min 后立即于 510 nm 波长处，用 20 mm 比色皿，以水为参比，在 30 min 内测量吸光度。经空白校正后，绘制吸光度对苯酚含量(mg)的标准曲线。

(3)水样的测定

分取 25.00 mL 馏出液于 50 mL 比色管中，稀释至 50 mL 标线(或直接分取 50 mL 馏出液于 50 mL 比色管中)。用与绘制标准曲线相同的步骤测定吸光度，计算减去空白试验后的吸光度。空白试验是以蒸馏水代替水样，经蒸馏后，按与水样的测定相同的步骤进行测定。

3. 注意事项

(1)水样中氧化性、还原性物质，金属离子及芳香胺类化合物等会干扰测定，预蒸馏可除去大多数干扰物，一次蒸馏足以净化样品，若出现馏出液浑浊，需用磷酸酸化后再次进行蒸馏。

(2)所用移液管一定要洗干净，放入试剂瓶中，并且要等实验完毕后，才能取出来清洗，以防试剂被污染。

(3)缓冲溶液应在低温下保存，取用后应立即加塞盖严，以避免氨挥发引起 pH 值的改变。

(4)样品显色与标准系列一定要同步进行。使用比色皿时，切记不要装满溶液！

(5)废液须倒入废液桶内(因为用铁氰化钾作氧化剂，操作过程中产生的氰化物会污染环境)。

(6)如水样含挥发酚较多，移取适量水样并加至 100 mL 进行蒸馏，则在计算时应乘以稀释倍数。如水样中挥发酚类浓度低于 0.5 mg/L 时，采用 4-氨基安替比林萃取分光光度法。

(7)试剂加入顺序。碱应先加，而且注意混匀。因为当先将 4-氨基安替比林与铁氰化钾加入蒸馏水中，则可产生深红色。如先用氨水调节至 pH=10，再加入 4-氨基安替比林和铁氰化钾，然后滴加稀酸使 pH 值降低，亦没有明显的色泽呈现。

4. 质量控制

(1)对含酚质量浓度为 0.25 mg/L，1.25 mg/L 和 2.25 mg/L 的统一样品进行测定，实验室内相对标准偏差分别为 2.0%～2.1%，0.6%～0.9%和 0.4%～0.6%。

(2)对含酚质量浓度为(1.21±0.05)mg/L 的标准物质进行测定，相对误差为 −1.7%～0.8%。

(3)每批样品应带一个中间校核点，中间校核点测定值和校准曲线相应点浓度的相对误差不超过 10%。

活动 5　水样挥发酚测定的数据记录与处理

1. 数据记录

将测定数据及处理结果记录于表 6.18 中。以苯酚含量(μg)为横坐标，校正吸光度为纵坐标绘制标准线，并写出回归方程。

表 6.18　挥发酚测定的数据记录表

样品名称				测定项目			
测定方法				测定时间			
一、标准曲线的绘制							
苯酚标准贮备液/(mg/mL)							
苯酚标准使用液/(μg/mL)							
序号	1	2	3	4	5	6	7
苯酚使用液体积/mL							
苯酚含量/μg							
原始吸光度 A							
空白校正吸光度 A'							
标准曲线方程							

二、水样挥发酚的测定				
测定次数	样品 1	样品 2	样品 3	空白
水样体积/mL				
吸光度 A				
空白校正吸光度 A'				
水中挥发酚含量/μg				
挥发酚浓度/(mg/L)				
挥发酚平均浓度/(mg/L)				
相对标准偏差/%				

注:空白值应小于 0.05;标准曲线相关系数≥0.9990。

2.数据处理

(1)如果做空白试验,水样中挥发酚类的含量按下式计算

$$挥发酚浓度(以苯酚计,mg/L)=1000\times\frac{m_x-m_0}{V}$$

式中　m_x——由水样测得的校正吸光度,从标准曲线上查得相应的挥发酚的含量,mg;

m_0——由空白试验测得的校正吸光度,从标准曲线上查得相应的挥发酚的含量,mg;

V——比色时所取馏出液体积,mL。

(2)如果不做空白试验,水样中挥发酚类的含量按下式计算:

$$挥发酚浓度(以苯酚计,mg/L)=1000\times\frac{m}{V}$$

式中　m——水样吸光度经空白校正后从标准曲线上查得的苯酚含量,mg;

V——移取的馏出液体积,mL。

【任务评价】

实验结束后，针对全过程进行评价(表6.19)。

表6.19　水中挥发酚的测定任务评价

考核内容	序号	考核标准	分值	小组评价	教师评价
解读国家标准(10分)	1	标准查找准确	2		
	2	仪器确认正确	2		
	3	试剂确认正确	2		
	4	解读标准的原始记录填写无误	4		
仪器准备(4分)	5	仪器选择正确	2		
	6	仪器配套选择正确	2		
试剂准备(8分)	7	试剂选择正确(种类、纯度)	2		
	8	正确配制所需溶液	6		
水样采集保存(15分)	9	选择采样点、采样方法、容器、采样量、运输等正确	6		
	10	水样的保存方法、保存剂及用量、保存时间等正确	6		
	11	正确规范填写采样记录表	3		
测定操作(28分)	12	水样预处理正确	5		
	13	标准曲线的配制准确	8		
	14	分光光度计使用操作规范	6		
	15	水样、空白测定正确	6		
	16	样品重复测定两次	3		
团队协作(5分)	17	任务分工明确、各司其职	5		
职业规范(7分)	18	仪器归位正确、器皿清洗干净、无损坏	2		
	19	药品、仪器摆放整齐	2		
	20	实验室台面整洁	1		
	21	实验后积极打扫实验室卫生	2		
数据记录及处理(13分)	22	正确、规范记录数据，无随意涂抹、篡改数据	3		
	23	空白、标准曲线、水样校正吸光度计算正确	5		
	24	标准曲线相关系数≥0.9990	5		
实验报告(10分)	25	报告格式规范、完整	3		
	26	正确撰写报告内容	7		
考核结果(满分100分)					

练习巩固

练习

项目六任务九水中挥发酚的测定 练习

模块三　综合能力训练

项目七　水体综合监测与评价

项目概述

随着社会经济的快速发展和城市化进程的推进，水体污染问题日益严重。为了改善水质，保障水资源的可持续利用，维护水生态系统平衡，需要对水体进行综合监测与评价。水体综合监测与评价是一项系统性的工作，其目的在于通过建立科学、完整、连续的水体监测体系，监测水体的各种性质和变化，实现对水体质量和生态状况的全面了解；基于监测数据，依据国家相关标准，结合地区特点，建立科学合理的评价体系，对水体进行定期健康评价和动态监控，制定有针对性的水体保护和修复策略，并提出保护和管理水体的恢复措施。

通过这些综合性的监测与评价活动，可以更好地了解水体状况，预防和解决水体污染问题，保护和恢复水体生态功能，促进人与自然和谐发展。

学习目标

1. 知识目标

(1)掌握水体污染的基本概念、原因、影响及其与水体监测和评价的相关性。

(2)熟悉水体监测的基本原理和方法，包括物理、化学和生物监测技术。

(3)熟悉水体评价的标准、指标和评价方法。

(4)熟悉国家及地方水环境保护的相关政策和法规。

2. 技能目标

(1)能对水体进行监测，包括采样、测试、数据记录和分析。

(2)能对水体进行综合评价，运用所学知识对水体状况进行评估。

(3)能根据监测和评价结果，提出水体保护和修复建议。

(4)能将监测评价结果有效地传达给公众和决策者。

3. 素质目标

(1)提升学生对水环境保护重要性的认知，培养学生保护环境的责任感和使命感。

(2)培养学生遵守环境保护法律法规、诚实守信、公正客观的职业道德。

(3)通过课程学习和实践操作,培养学生的团队合作精神和沟通协调能力。

(4)激发学生对水环境保护领域的兴趣和愿望,培养其终身学习的能力。

学习任务

任务　校园景观水体水质监测、评价及净化方案探索

本任务以校园内人工湖为监测对象,按照水环境质量监测程序完成整个监测过程,并做出质量评价,编制监测报告。

【任务目标】

(1)对校园人工湖景观用水进行监测,了解校园内的水质现状。

(2)进一步强化环境监测实验基本操作的综合技能训练,将所学知识运用到实践中,学会制定水质监测方案并按步实施,训练学生独立完成地表水水质监测任务的能力。

(3)使学生学会合理、准确地选择样品预处理方法及分析监测方法,熟悉常用的水质监测中的实验操作技术,掌握地表水各种指标与污染物的测定方法。

(4)训练学生科学地处理监测数据,以及对监测结果的分析和评价能力。

(5)熟悉环境质量标准评价的各项标准,并学会运用其来评价水质,提出改善校园水质的意见和建议。

【任务内容】

(1)监测断面和采样点的设置及水样采集。

(2)对校园湖水样品分别进行分析测试。

(3)数据处理,以合理的方式表示监测结果。

(4)写出校园湖水水质监测报告,并对校园湖水水质进行简单评价。

【任务实施】

1. 分组分工

将整班学生分组,每组 4～5 个人,含 1 个组长。学生在指导老师的带领下进行具体操作。

2. 水质监测方案的制定

(1)校园人工湖景观水体水质调查分为基础资料的收集和现场勘查两部分。

(2)监测断面和采样点的布设。在水质监测中,通过对基础资料和文献资料、以及现

场调查结果进行系统分析和综合判断，综合考虑实际情况，合理确定监测断面。确定了监测断面后，还应根据水面的宽度合理布设监测断面上的采样垂线，依此进一步确定采样点的位置和数量。

监测断面和采样点的设置应根据监测目的和监测项目，并结合水域类型等，综合诸多方面因素提出优化方案，在研究和论证的基础上确定。

(3)监测时间与频率。根据课时安排可连续监测 1～2 d，根据情况每天采样 1～2 次。

(4)采样方法。根据监测项目确定是混合采样还是单独采样。采样器需事先用洗涤剂、自来水、10%硝酸或盐酸和蒸馏水洗涤干净、沥干，采样前用被采集的水样洗涤 2～3 次。采样时应避免激烈搅动水体和漂浮物进入采样桶；采样桶桶口要迎着水流方向浸入水中，水充满后迅速提出水面，需加保存剂时应在现场加入。为特殊监测项目采样时，要注意特殊要求，如应用碘量法测定水中溶解氧时，需防止曝气或残存气泡的干扰等。

3. 水样的采集和保存

水样的采集和保存是水质分析的重要环节之一。要获得准确可靠的水质分析数据，水样采集和保存方法必须规范、统一，并要求各个环节都不能有疏漏，使采集到的水样必须具有足够的代表性，并且不能受到任何意外的污染。

选择合适的采样器及盛水器(水样瓶)，并按要求进行洗涤。采集的水样按每个监测指标的具体要求进行分装和保存。

另外，水样存放过程中，由于吸附、沉淀、氧化还原、微生物作用等，样品的成分可能发生变化，因此如不能及时运输和分析测定的水样，需采取适当的方法保存。较为普遍采用的保存方法有控制溶液的 pH 值、加入化学试剂、冷藏和冷冻。

采取的水样除一部分现场测定使用外，大部分要运送到实验室进行分析测试。在运输过程中，为继续保证水样的完整性、代表性，使之不受污染、不被损坏和丢失，必须遵守各项保存措施。根据水样采样记录表清点样品，塑料容器要塞紧内塞、旋紧外塞；玻璃瓶要塞紧磨口塞，然后用细绳将瓶塞与瓶颈拴紧。需冷藏的样品，配备专门的隔热容器，放冷却剂。冬季运送样品，应采取保温措施，以免冻裂样品瓶。应按照采样技术规范要求采集全程序空白样和平行样。

4. 监测项目及测定方法

对校园湖水样品分别进行分析测试，监测项目主要包括水温、pH、色度、浊度、COD、BOD_5、DO、氨氮、总磷和高锰酸盐指数等。

(1)水温的测定

用温度计现场测定，并做好记录。

(2)浊度的测定

用浊度仪测定。先调试浊度仪并校准仪器，然后将比色管洗净，用水样润洗，装入水样并盖上盖子，外壁用专用布擦干，放入比色槽，测定浊度并记录。

(3)pH 值的测定

用电极法测定。先调试 pH 计并校准仪器，然后将水样装入干净的烧杯中，测定 pH 值并记录。

(4)溶解氧(DO)的测定

①采用碘量法测定。用虹吸法将水样引入培养瓶中(不能混入空气),加 $MnSO_4$ 和碱性 KI 各 1 mL,盖紧瓶塞、充分混匀、沉淀(反复二次),再加 1 mL 浓 H_2SO_4 摇匀,待沉淀溶解后,静放 5 min,最后用 $Na_2S_2O_3$ 标液滴定至淡黄色,加 1 mL 淀粉指示剂继续滴定至蓝色刚好退去为止,并记录。

②用膜电极法测定。采用适当型号的溶氧仪进行测定。

(5)化学需氧量(COD)的测定

采用消解仪+滴定法测定。

①打开消解仪并加热至 165 ℃。

②打开 COD 消解试管,加入 2.00 mL 样品,拧紧盖子,摇匀,并插入消解仪中进行消解。

③用蒸馏水代替样品,做空白消解。

④消解结束后先冷却 20 min 左右,然后拿出消解管并摇匀再放入试管架,冷却至室温。

⑤打开分光光度计,选择测试程序。

⑥擦干净空白消解管的外表,并插入光度计的试管孔,按"调零"键进行空白调零。

⑦擦干净样品消解管的外表,并插入光度计的试管孔,按"读数"键测定样品 COD 值。

(6)五日生化需氧量(BOD_5)的测定

用稀释与接种法。

先配制稀释水,然后根据上述 COD 值,计算出三个稀释倍数及取样体积,同时按三个稀释倍数分别配制三组培养液并用虹吸法装瓶,盖好盖子,做好标记,水封。另外还做一组空白培养。接着从各稀释倍数的培养液中取一瓶及一瓶空白液测定当天的溶解氧,其余各瓶水封后送入 20 ℃培养箱中培养 5 d 整,并测定溶解氧。或者用 BOD 测定仪测定其 BOD_5。

(7)氨氮(NH_3-N)的测定

采用纳氏试剂分光光度法测定。首先进行蒸馏预处理,取 50 mL 硼酸吸收液于250 mL 容量瓶中,分取 250 mL 接近中性的水样至凯氏烧瓶中,加入 0.25 g 轻质氧化镁和数粒玻璃珠,立即连接,并加热蒸馏至馏出液达 200 mL 左右时,停止蒸馏,定容至 250 mL,同时做空白液的蒸馏。然后绘制工作曲线,分别取 0 mL,1.00 mL,3.00 mL,5.00 mL,7.00 mL铵标液于 50 mL 容量瓶中,再各加 1.0 mL 酒石酸钾钠,并用无氨水加至约 40 mL 左右,摇匀,然后再各加 1.5 mL 纳氏试剂,并用无氨水稀释至标线,摇匀,放置 10 min 后,在波长 420 nm 处,用光程为 10 mm 的比色皿,以空白为参比,测量吸光度。接着分取 40.00 mL 馏出液于 50 mL 容量瓶中,并按上述操作步骤测量吸光度。或者用多参数测定仪进行测定。

(8)总磷的测定

采用钼酸铵分光光度法测定。首先将样品经过酸消解,即加入 4 mL 过硫酸钾溶液($K_2S_2O_8$)作为消解剂,在高温下(通常为 125~175 ℃)加热样品,使样品中的有机磷和无机磷转化为可溶性的磷酸盐。在 7 个 50 mL 比色管中,分别加入 0 mL、0.50 mL、1.00 mL、3.00 mL、5.00 mL、10.00 mL、15.00 mL 的磷标准使用溶液,每个比色管中加水至 25 mL,按照与样品相同的处理方法进行处理,然后测定吸光度。通过制作标准曲线，得到磷浓度与吸光度之间的关系。

5. 数据记录与处理

(1)数据处理

监测结果的原始数据要根据有效数字的保留规则正确书写，监测数据的运算要遵循运算规则。在数据处理中，对出现的可疑数据，首先从技术上查明原因，然后再用统计检验方法进行处理，经验证后属于离群数据的应予剔除，以使测定结果更符合实际。

(2)分析结果的表示

水质监测分析结果可按表 7.1 进行统计。

表 7.1 水质监测分析结果

污染因子	pH	SS	DO	COD	BOD_5	总磷	氨氮	…
浓度/(mg/L)								
标准值/(mg/L)								
超标倍数								

6. 水质评价

目前我国颁布的水质标准主要有《地表水环境质量标准》(GB 3838—2002)、《生活饮用水卫生标准》(GB 5749—2022)等。《地表水环境质量标准》适用于全国江河、湖泊、水库等水域。因此，学生根据监测结果，对照《地表水环境质量标准》，对湖水进行评价，判断水质属于几类，推断污染物的来源，对污染物的种类进行分类，并提出改进的建议。

【任务评价】

实验结束后，针对全过程进行评价(表 7.2)。

表 7.2 校园景观水体水质监测、评价及净化方案探索任务评价

考核内容	考核标准	分值	小组评价	教师评价
水体监测方案制定	方案制定准确、完整(包括采样布点、采样时间频率、监测项目确定、水质测定方法的选择等)	15		
水样的采集保存	水样采集设备和贮存容器、保存试剂的选择等正确	10		
试剂的配制	所用试剂及纯度、试剂的配制方法、配制量等正确	10		
水样的预处理	过滤、消解等预处理正确	10		
水样的分析	包括标准曲线的绘制、样品及空白的测定、数据分析与处理等正确	35		
水质评价	水样各指标的评价与分析正确	15		
报告出具	检测与评价报告格式规范、完整	5		
考核结果(满分 100 分)				

附录　水质常规检测项目质量控制

序号	项目	样品含量范围/(mg/L)	精密度/%		准确度/%		
			室内($d_i/\bar{x}$)	室间($d_i/\bar{x}$)	加标回收率	室内相对误差	室间相对误差
1	氨氮	0.02～0.1	≤20	≤25	90～110	±10	±15
		0.1～1.0	≤15	≤20	95～105	±5	±10
		>1.0	≤10	≤15	90～110	±5	±10
2	总氮	0.025～1.0	≤10	≤15	90～110	±10	±15
		>1.0	≤5	≤10	95～105	±5	±10
3	高锰酸盐指数	≤2.0	≤25	≤30	—	—	—
		>2.0	≤8	≤10	—	—	—
4	化学需氧量(COD)	5～50	≤20	≤25	—	±15	±20
		50～100	≤15	≤20	—	±10	±15
		>100	≤10	≤15	—	±5	±10
5	总镉	≤0.005	≤20	≤25	85～115	±15	±20
		0.005～0.1	≤15	≤20	90～110	±10	±15
		>0.1	≤10	≤15	90～110	±10	±15
6	六价铬	≤0.01	≤15	≤20	85～115	±10	±15
		0.01～1.0	≤10	≤15	90～110	±5	±10
		>1.0	≤5	≤15	90～110	±5	±10
7	总铅	<0.05	≤30	≤35	80～120	±15	±20
		0.05～1.0	≤25	≤30	85～115	±10	±15
		>1.0	≤15	≤20	90～110	±8	±15
8	挥发酚	≤0.05	≤25	≤30	85～115	±15	±20
		0.05～1.0	≤15	≤20	90～110	±10	±15
		>1.0	≤10	≤15	90～110	±10	±15
9	溶解氧	≤4.0	≤10	≤15	—	—	—
		>4.0	≤5	≤10	—	—	—

续表

序号	项目	样品含量范围/(mg/L)	精密度/%		准确度/%		
			室内($d_i/\bar{x}$)	室间($d_i/\bar{x}$)	加标回收率	室内相对误差	室间相对误差
10	氯化物	1～50	≤10	≤15	90～110	±10	±15
		50～250	≤8	≤10	90～110	±5	±10
		>250	≤5	≤5	95～105	±5	±5
11	铁	<0.3	≤15	≤20	85～115	±15	±20
		0.3～1.0	≤15	≤20	90～110	±10	±15
		>1.0	≤5	≤10	95～105	±5	±10
12	总锰	<0.1	≤15	≤20	85～115	±10	±15
		0.1～1.0	≤10	≤15	90～110	±5	±10
		>1.0	≤5	≤10	95～105	±5	±10
13	锌	<0.05	≤15	≤20	85～115	±10	±15
		0.05～1.0	≤10	≤15	90～110	±5	±10
		>1.0	≤5	≤10	95～105	±5	±10
14	总磷	<0.025	≤15	≤20	85～115	±10	±15
		0.025～0.6	≤10	≤15	90～110	±8	±10
		>0.6	≤5	≤8	95～105	±5	±5
15	五日生化需氧量(BOD_5)	<3	≤15	≤20	—	±15	±20
		3～100	≤10	≤15	—	±10	±15
		>100	≤5	≤10	—	±5	±10
16	砷	≤0.05	≤20	≤25	85～115	±15	±15
		>0.05	≤10	≤15	90～110	±10	±10
17	汞	≤0.001	≤20	≤25	85～115	±15	±20
		0.001～0.005	≤15	≤20	90～110	±10	±15
		>0.005	≤10	≤15	90～110	±10	±15
18	总铬	<0.01	≤15	≤20	90～110	±10	±15
		0.01～1.0	≤10	≤15	90～110	±8	±10
		>1.0	≤5	≤10	95～105	±5	±10
19	电导率	≤100	≤10	≤15	—	±8	±10
		>100	≤8	≤10	—	±5	±5
20	pH	1～14	≤0.05 pH单位	≤0.1 pH单位			

续表

序号	项目	样品含量范围/(mg/L)	精密度/%		准确度/%		
			室内($d_i/\bar{x}$)	室间($d_i/\bar{x}$)	加标回收率	室内相对误差	室间相对误差
21	亚硝酸盐氮	<0.05	≤20	≤25	85～115	±15	±20
		0.05～0.2	≤15	≤20	85～105	±5	±10
		>0.2	≤10	≤15	95～105	±5	±10
22	硝酸盐氮	<0.5	≤25	≤30	85～115	±15	±20
		0.51～4.0	≤20	≤25	90～110	±10	±15
		>4.0	≤15	≤20	90～110	±10	±15
23	氟化物	≤1.0	≤15	≤20	90～110	±10	±15
		>1.0	≤10	≤15	95～105	±5	±10
24	硒	≤0.01	≤25	≤30	85～115	±15	±20
		>0.01	≤20	≤25	90～110	±10	±15
25	总氰化物	≤0.05	≤20	≤25	85～115	±15	±20
		0.05～0.5	≤15	≤20	90～110	±10	±15
		>0.5	≤10	≤15	90～110	±10	±15
26	阴离子表面活性剂	≤0.2	≤20	≤30	80～120	±20	±25
		0.2～0.5	≤15	≤20	90～110	±10	±15
		>0.5	≤10	≤15	90～110	±10	±15
27	总硬度(以$CaCO_3$计)	≤50	≤15	≤20	90～110	±10	±15
		>50	≤10	≤15	95～105	±5	±10

参 考 文 献

[1] 国家环境保护总局《水和废水监测分析方法》编委会. 水和废水监测分析方法[M]. 4 版. 北京:中国环境科学出版社,2002.
[2] 汪葵,吴奇. 环境监测[M]. 上海:华东理工大学出版社,2013.
[3] 张欣. 环境监测[M]. 北京:化学工业出版社,2014.
[4] 曾爱斌. 环境监测技术与实训[M]. 北京:中国人民大学出版社,2014.
[5] 刘绮,潘伟斌. 环境监测教程[M]. 2 版. 广州:华南理工大学出版社,2014.
[6] 秦文淑,黄玲,孙蕾. 环境监测与治理综合实训指导书[M]. 武汉:武汉理工大学出版社,2015.
[7] 姚运先,贾劲松,罗玲. 水环境监测[M]. 北京:化学工业出版社,2005.
[8] 张宝军. 水环境监测与评价[M]. 2 版. 北京:高等教育出版社,2015.
[9] 王英健,杨永红. 环境监测[M]. 3 版. 北京:化学工业出版社,2015.
[10] 邓晓燕,初永宝,赵玉美. 环境监测实验[M]. 北京:化学工业出版社,2015.
[11] 李党生,付翠彦. 环境监测[M]. 北京:化学工业出版社,2017.
[12] 李广超,袁兴程. 环境监测[M]. 2 版. 北京:化学工业出版社,2017.
[13] 奚旦立. 环境监测[M]. 5 版. 北京:高等教育出版社,2019.
[14] 张欣,徐洁,张蒲. 环境分析与监测[M]. 2 版. 北京:化学工业出版社,2024.
[15] 陈玲,赵建夫,仇雁翎,等. 环境监测[M]. 3 版. 北京:化学工业出版社,2021.
[16] 李怡庭,齐文启. 水质监测岗位技术考核题集与环境监测技术问题解答[M]. 北京:中国水利水电出版社,2021.
[17] 王亚林,贾金平. 环境监测实验简明教程[M]. 北京:化学工业出版社,2023.
[18] 马林转. 环境监测实验[M]. 北京:化学工业出版社,2022.
[19] 邓超,周洋,邓英春,等. 水环境监测质量保证手册[M]. 北京:化学工业出版社,2023.
[20] 王怀宇,田春艳,雷旭阳. 环境监测[M]. 北京:化学工业出版社,2023.
[21] 刘德全,张雪容. 生态环境监测技术培训教程[M]. 北京:中国环境出版集团,2024.
[22] 龚正君,王东梅,黄小英. 环境监测实验[M]. 北京:化学工业出版社,2024.